认知诊断评估中的题目-属性关系

喻晓锋 著

江西高校出版社
JIANGXI UNIVERSITIES AND COLLEGES PRESS

图书在版编目（ＣＩＰ）数据

认知诊断评估中的题目－属性关系/喻晓锋著.－－
南昌:江西高校出版社,2023.11（2025.1重印）
ISBN 978－7－5762－4316－1

Ⅰ.①认… Ⅱ.①喻 Ⅲ.①心理测量学—研究
Ⅳ.①B841.7

中国国家版本馆 CIP 数据核字（2023）第 213303 号

出 版 发 行	江西高校出版社
社 址	江西省南昌市洪都北大道96号
总编室电话	（0791）88504319
销 售 电 话	（0791）88522516
网 址	www.juacp.com
印 刷	三河市京兰印务有限公司
经 销	全国新华书店
开 本	700 mm×1000 mm 1/16
印 张	16.25
字 数	264 千字
版 次	2023 年 11 月第 1 版 2025 年 1 月第 2 次印刷
书 号	ISBN 978－7－5762－4316－1
定 价	68.00 元

赣版权登字 -07 -2023 -809

前　言

　　"认知诊断评估中的题目-属性关系"是江西省高校教改重点课题"心理统计测量方向本科生编程课程教学模式研究与实践（JXJG－19－2－13）"、国家自然科学基金项目"复杂测验情境下认知诊断的关键技术问题研究（32360208）"和江西省教育科学"十四五"规划2021年度课题"智慧学习和智慧测评关键技术研究（21YB027）"的研究成果。该研究旨在帮助教育统计与测量专业的学习者、使用者和研究人员系统地学习现代测量新技术的理论、方法和技术，促进现代测验新技术的应用和发展。

　　现代心理与教育测量理论和技术有了长足的发展，在很多方面有重大和关键的革新。认知诊断作为心理与教育测量理论的新发展，具有经典测量理论和项目反应理论无法比拟的优势。经典测量理论在指导实践的过程中暴露出许多不足，如理论假设很难实际界定和操作、参数严重依赖于样本、项目特性与被试特性之间没有建立内在联系等。项目反应理论在被试针对性指导方面也做得不够好，而认知诊断则很好地解决了这些问题，因此在实践指导和应用中具有更强的生命力。

　　然而,认知诊断在实际测量中的推广和应用却受到许多因素的制约,以至于只有专门从事测量学研究的学者们才能较好地理解和掌握它,而其他心理学和教育学研究者则不容易掌握和使用这门方法和技术。这使得认知诊断的优势无法转变成现实,其推广应用范围不能与它本身的优势相匹配。

　　笔者希望能够将近些年在心理和教育测量领域的理论和实践与大家分享;希望能够将现代测量学理论、方法和技术用更通俗的语言进行推广,拉近测量学研究者与心理学、教育学其他领域研究者之间的距离,使测量学的最新研究成果能够用于心理学和教育学的研究和应用实践中,而心理学和教育学的研究和应用实践又可以反过来促进测量学理论和技术的发展。为了达到这个目的,本书的写作原则为:

　　一、内容基础性和与时俱进。所有内容为认知诊断测验有关的基础性内容,但是又与时俱进,为读者理解认知诊断理论中的模型、技术和方法,打下良好的基础。许多内容的选择是为了启发读者去进一步理解该领域其他相似的内容。

　　二、内容叙述过程更加通俗易懂。力求把认知诊断的原理、技术、方法通过文字形式和更加简单的式子呈现给读者。尽量从初学者、未接触认知诊断的心理学或教育学研究者的角度,来剖析认知诊断中的各种原理、技术和方法,并通过日常实例进行讲解。

　　三、实践应用性。通过多个具体的研究,讲解认知诊断技术在实际应用中的使用过程,并给予详细的说明,让读者在理解内容的同时,能够实际动手操作,加深印象。

　　四、内容要与国内外发展接轨,概念能反映国际的统一界定。

　　全书共包括9章内容：第一章主要讲述贝叶斯网与测量模型，及贝叶斯网作为测量模型的优势；第二章主要介绍与贝叶斯网测量模型有关的理论基础，具体介绍各种常用模型；第三章介绍利用贝叶斯网结构学习得到属性之间的层级结构；第四章介绍贝叶斯网分类器在认知诊断分类中的应用及关于贝叶斯网作为诊断模型的进一步讨论；第五章介绍基于贝叶斯网模型的多级计分诊断测验分类研究；第六章主要讲述测验中 Q 矩阵的验证与估计；第七章主要讲述 Q 矩阵估计研究；第八章介绍多级计分认知诊断评估中的 Q 矩阵验证方法与应用研究；第九章介绍认知诊断测验中的被试拟合研究。

　　在本书行将付梓之际，特别感谢我的家人在书稿撰写过程中给予我的支持和动力。

目 录
CONTENTS

第一章　贝叶斯网与测量模型

1.1　认知诊断

随着社会的发展、教育的普及，教育已经逐步由"精英教育"转化为"普及教育"。教育者不但关注教育结果，而且关注教育过程。在强调测验选拔功能的同时，教育测验的辅助教学与诊断功能逐步受到重视。教育测量者不仅仅只希望从测验中得到被试的一个总分或能力值，他们想要看到每个被试对于知识或技能掌握状态的详细描述。因此，测验应该加强诊断的功能，为教师、被试提供有关被试掌握知识的详情，使教师可以有针对性地编制测试题，进行补救教学；被试也可以有针对性地进行学习，从而提高学习效率。及时准确地对被试进行认知诊断(Cognitive Diagnosis，CD)是教学过程中不可或缺的重要环节，也是智能教学系统研究的主要内容之一。认知诊断评估(Cognitive Diagnosis Assessment，CDA)的目标是测量学生的特定知识结构和操作技能，并提供关于学生认知上的优点和不足的信息。一些研究者已经断定 CDA 是 21 世纪新的测量模式，并呼吁大力开展对 CDA 的研究和使用。被试的知识状态是不可直接观察的，如何准确地对被试进行诊断评价引起国内外教育、心理和人工智能等领域专家的兴趣，美国政府甚至通过立法要求教师提供对学生的认知诊断报告。

认知诊断的本质是从被试的作答数据中去挖掘出被试对相关知识的掌握详情，为教师和被试提供教学和学习的指导依据。一般的做法是：首先找出被试对知识的所有可能掌握情况(Tatsuoka 的规则空间模型中称为理想被试的属性掌握模式，Leighton 等人的属性层次方法中称为期望被试的属性掌握模式)，一种知识掌握情况对应一类被试；然后将参加测验的所有被试分别归到某种可能的知识掌握情况上。认知诊断的关键在于如何根据被试的作答数据准确地推断出其知识掌握详情，也就是选择一个尽可能准的分类方法。

贝叶斯网络是用来表示变量间连接概率的图形模式，它提供一种自然的表示因果信息的方法，用来发现数据间的潜在关系。近几年来，贝叶斯网络已经成为数据挖掘和知识发现的一个重要工具，在分类、聚类、预测和规则推理等方面取得了良好的应用效果。贝叶斯理论给出了信任函数在数学上的计算方法，具有稳固的数学基础。在数据挖掘中，贝叶斯网络可以处理不完整和带有噪声的数据，它用概率测度来描述数据间的相互关系，语义清晰、可理解性强，有助于利用数据间的因果关系进行预测分析。贝叶斯方法正以其独特的不确定的表达形式、丰富的概率表达能力、综合先验知识的增量学习特性等成为当前数据挖掘众多方法中最引人注目的一个。

根据贝叶斯统计技术，贝叶斯网络很方便地将领域知识和数据结合起来。如果要对一个实际问题进行分析，先验或领域知识是至关重要的，特别是当数据是不完全的或数据很难获得的时候。

1.2　认知诊断研究的国内外现状

教育测量的过程就是分析被试作答数据和测验项目，并从中得到有价值的信息的过程。在教育测量学界，学者们提出了不少诊断测验模型。有统计数据表明，到 2006 年为止，至少已有 62 种认知诊断模型被开发并被用于认知诊断。这些模型通过被试在试题上的作答反应推测被试的知识状态或心理特质。Tatsuoka 的规则空间模型（Rule Space Model，RSM）是较早提出且最有影响力的认知诊断模型之一，它从被试的作答反应入手，推测出被试内部知识结构，从错误反应中得知被试的知识缺陷，但它的 Q 矩阵理论（Q-Matrix Theory）和求理想项目反应模式的理论存在不足。规则空间模型的分类方法较复杂，是否有其他既简便，分类效果又更好的分类方法呢？这很值得探讨。RSM 从 20 世纪 80 年代开始研究，模型不断完善，后来有好几种认知诊断模型都是应用它的一些概念而发展起来的，如联合（统一）模型（Unified Model）、融合模型（Fusion Model）、DINA 模型（Deterministic Input，Noisy "And" Gate Model）、NIDA 模型（Noisy Input，Deterministic "And" Gate Model）等。Leighton 等人的属性层级模型（Attribute Hierarchy Method，AHM）是 RSM 的一种变体，该模型将认知心理学和心理测量学相结合，便于开发和分析教育与心理测验。AHM 给出不同于规则空间模型的分类法，包括 IRT 分类方法（方法 A、方法 B）和非 IRT 分类方法（人工神经网络法）。陈德枝等（2009）对 AHM 与 RSM 诊断准确率进行了比较研究。

Tatsuoka 的 RSM 中的理想反应模式、Leighton 等人提出的 0/1 评分 AHM 中的期望反应模式和 DINA 模型中的理想反应模式等都有一个基本假设，即当且仅当被试掌握该项目所涉及的所有属性,该被试才能答对该项目。这样,掌握一个属性的被试和只差一个属性没掌握的被试在该项目的得分都是 0 分。这种评分方式容易造成诊断信息的损失,而多级评分可克服这一缺陷。Bolt 和 Fu 认为,精确的认知诊断要求具有更丰富的有关被试在项目上的作答反应的信息。

许多研究者提出实现认知诊断测量的框架。已经有 ETS 的大批研究者对 Mislevy 等人的概念上的测量框架"以证据为中心的设计(Evidence-Centered Design,ECD)"和相应的操作框架"四过程模型(Four-Process Model)"进行深入研究。

Millan 等人研究利用贝叶斯网对被试进行认知诊断。因为学生的知识状态随学习过程发生变化,所以 Reye 和 Millan 等研究利用动态贝叶斯网对学生建模。

迄今为止,国外对 AHM 的研究都基于 0/1 评分模型。祝玉芳等对多级评分的 AHM 进行研究,并且提出新的分类方法,这是与我国测验中某些项目(如证明题、计算题)的多级评分现状相适应的。Mislevy 等人将贝叶斯网和 Samejima 的等级评分模型进行综合研究。Bolt 和 Fu 开发了多级评分的融合模型(Fusion Model),但是融合模型中未知参数估计特别复杂,且 Bolt 和 Fu 报道的诊断准确率不高。

1.2.1 二级计分(0/1 计分)的认知诊断模型

线性逻辑斯蒂克特质模型(Linear Logistic Trait Model,LLTM)是较早被应用于认知诊断研究的模型,它是在 Rasch 模型的基础上发展而来的。Tatsuoka 在 1983 年提出的规则空间模型强调的是 Q 矩阵理论,将不可观察到的认知属性和被试的内在心理加工过程转化为理想项目反应模式。在此之后,Q 矩阵理论成为诊断评估研究的重要部分,后续研究者们开发的很多认知诊断模型是基于 Q 矩阵理论而构建的。LLTM 和 RSM 被认为是认知诊断模型中两个具有基础性的模型,之后的研究者们开发的认知诊断模型很多是以这两个模型为基础的。比如多成分潜在特质模型(Multicomponent Latent Trait Model,MLTM)以及一般潜在特质模型(General Latent Trait Model,GLTM)等多个潜在特质模型均是由 LLTM 发展而来的;而统一模型(Unified Model,UM)、融合模型(Fusion

Model,FM)和属性层级模型(Attribute Hierarchy Model,AHM)则是在 RSM 的基础上发展而来的。除了上述提到的几个认知诊断模型外,常见的认知诊断模型还有 DINA 模型、高阶 DINA 模型(High-Order DINA Model,HO-DINA 模型)、DINO 模型(Deterministic Inputs,Noisy "Or" Gate Model)、LCDM,以及 ACDM(Additive Cognitive Diagnostic Model)等。相对于 RSM 和 AHM 而言,DINA 模型是通过一个更为简洁的参数化模型实现对被试属性掌握模式的诊断,它假设属性间相互独立,这个条件并不总是满足。基于此,de la Torre 于 2011 年提出了一种广义的 DINA 模型(Generalized DINA Model),它是在 DINA 模型的基础上,通过放宽部分假设条件而建构起来的,使模型能够更好地拟合实际数据的情形。

1.2.2 多级计分的认知诊断模型

比较可惜的是,上述这些模型基本上仅适用于二级计分(0/1 评分)数据(Dichotomous Data)。在我们实际的测验情境中,测验中题目的形式往往丰富多样,除了有选择题这样的客观题外,还有论述题、简答题、作文题等主观题。这些题型的数据基本是多级的,这就造成上述的 0/1 计分的认知诊断模型不适用,大大限制了认知诊断在实际中的应用,也限制了认知诊断的进一步推广和发展。

基于此,多级计分的诊断模型的开发得到了国内外许多研究学者的关注。国内外研究者们已经开始将一些 CDMs 拓展到多级计分的情形中去。已有的多级计分认知诊断模型包括基于有序类别属性编码模型(The Model Based on the Ordered-Category Attribute Coding,OCAC)、多属性的 R-RUM(Templin,2004)和多属性的 GDMs(The General Diagnostic Models)。Almond、DiBello、Moulder 和 Zapta-Rivera 在 2007 年的研究中指出贝叶斯网络可以定义复杂的任务结构,能够应用于多级评分数据,但未能给出实际应用方法;Bolt 和 Fu 于 2004 年对 0/1 评分的 Fusion 模型(Hartz 等,2002)进行了拓展,但是由于 0/1 评分的 Fusion 模型过于复杂,多级评分的 Fusion 模型就更为复杂,未知参数估计比较困难,从而限制了该方法的进一步推广;Chiu、Douglas 和 Li 在 2009 年提出了属性合分的 0/1 计分 K-Means 聚类诊断法,并通过模拟研究考查了其判准率,发现与参数模型不相上下。多级计分的认知诊断模型在国内同样受到了广大研究者的关注。祝玉芳和丁树良于 2009 年提出了基于等级反应模型的属性层次方法,这一方法拓宽了传统 0/1 评分的 AHM,实现了多级计分的 AHM;田伟和辛涛 2012 年将规则空间模型(RSM)应用到了多级计分的项目上,并在此基础上开发了基于 MATLAB 软件的规则空间模型软件;涂冬波、蔡艳和戴海琦 2010 年将多级计分模型与 DINA 模型相结合提出 P-DINA 模型,它适用于各种评分的数据资料并对 HO-DINA 模型进行拓展,将模型拓宽至可用于多级评分环境,采用 MCMC (Markov Chain Monte Carlo)算法实现了对新模型参数的估计;2003 年 Chen 和 de la Torre 提出了一种新模型 pG-DINA,检验了该模型参数在不同条件下的估计能力,并将其分类精度与改进的 G-DINA 模型进行了比较,评估该模型的可行性;2013 年 Sun 等人基于项目反应理论的认知诊断方法和基于广义距离指数识别考生的理想反应模式下提出了一种基于广义距离判别的多变量响应检测方法(Generalized Distance Discriminating Method for Test with Polytomous,GDD-P),通过属性模式与理想掌握模式之间的关系来识别属性模式;康春花、任平和曾平飞在 2016 年为了找出更为合适的评估方法和更为多样化的计分方式,将 0/1 计分的 K-Means 聚类诊断法扩展为多级计分聚类诊断法,并通过模拟和实证研究考查了其精确性、稳定性以及影响因素;2016 年蔡艳、苗莹和涂冬波在 0/1 评分的 CD-CAT 基础上,拓展出了适合多级评分 CD-CAT 的认知诊断模型及选题策略,为实现多级评分 CD-CAT 提供了方法支持;2016 年 Ma 和 de la Torre 提出了一种新的多级计分认知诊断模型——顺序加工的多级诊断模型(sequential GDINA 模型)。该模型是基于 G-DINA 模型开发而来的,更深入和细致地研究了被试个体的内在心理加工过程。这些模型的提出为丰富认知诊断模型和解决现实教育测量任务做出了贡献。

1.2.3　sequential GDINA 模型

为了验证贝叶斯网分类器在多级计分认知诊断模型中的分类效果,本研究在这里着重介绍 Ma 和 de la Torre 于 2016 年提出的多级计分诊断模型 S-GDI-NA(sequential GDINA)。

S-GDINA 模型也称为顺序过程模型(Sequential Process Model,SPM),它主要是处理考生在问题解决过程中需要的一系列认知属性。现实的评估测验情况中存在着一些结构性作答项目,比如一些主观题,或是需要多个步骤才能完成的计算题等,它们往往都是多级计分的。基于此,Ma 和 de la Torre 在使用 G-

DINA 模型作为每个类别上的链接处理函数的基础上,提出了 S-GDINA 模型。

假设完成一道题目需要多个步骤,每个步骤都包含一些属性,对被试的评分是根据他们成功完成的连续步骤来评分的。具体来说,假如一道题目总共需要 H 步来完成,那么如果被试第一步就失败了,则被试就属于 0 类(没掌握这道题目的任何属性);如果被试正确作答了第一步,但未通过第二步,则被试被划分为第一类;如果被试正确完成了第二步,但未通过第三步,则被试属于第二类。以此类推,对于这道完成需要 H 步的题目来说,总共有 $H+1$ 种有序类别,即类别 0 到类别 H。

一个测验,如果考查了 K 个属性,那么被试最多会被分为 2^K 种潜在类别(Latent Classes),每一种潜在类别都具有自己独特的属性掌握模式,即 $\alpha_c = (\alpha_{c1}, \alpha_{c2}, \cdots, \alpha_{ck})$,$c = 1, \cdots, 2^K$。如果 $\alpha_{ck} = 1$,表示被试类别 c 掌握了属性 k;如果 $\alpha_{ck} = 0$,则表示被试类别 c 没有掌握该属性 k。借鉴 Samejima(1995)提出的等级反应模型(The Grade Response Model, GRM),定义对于属性掌握模式为 α_c 的被试,将他/她在项目类别上正确作答的概率用公式表示为:

$$S_j(h \mid \alpha_c) = \begin{cases} 1, if\ h = 0 \\ 0, if\ h = H_j + 1 \end{cases} \qquad 公式\ 1-1$$

其中,H_j 表示项目 j 的总类别数,取值范围为 $(0, 1, \cdots, H_j)$,则被试在 j 项目上得 h 分的概率为:

$$P(X_j = h \mid \alpha_c) = [1 - S_j(h+1 \mid \alpha_c)] \prod_{x=0}^{h} S_j(x \mid \alpha_c) \qquad 公式\ 1-2$$

$S_j(x \mid \alpha_c)$ 表示属性掌握模式为 α_c 的被试在 h 类别上得分的概率,它通常可以被处理成一个广泛使用的通用的认知诊断模型,也被称之为处理函数,例如 DINA 模型或者 G-DINA 模型。Ma 和 de la Torre 在这里使用了 G-DINA 模型来作为处理函数。

在 G-DINA 模型中,如果项目 j 考查 K_j^* 个属性,那么被试会被分为 $2^{K_j^*}$ 种潜在类别。像 G-DINA 模型一样,在 S-GDINA 模型中,对于每个得分类别 h(即被试在该项目上得 h 分),如果项目 j 考查了 K_{jh}^* 个属性,那么被试的潜在类别会有 $2^{K_{jh}^*}$ 种,K_{jh}^* 表示项目 j 在 h 类别上需要考查的属性个数。α_{ljh}^* 表示在项目 j 上达到 h 类别需要的属性缩减向量,其中 $l = 1, 2, \cdots, 2^{K_{jh}^*}$,比如 α_{1jh}^* 表示被试正确作答第一步的属性掌握模式。则对于属性掌握模式为 α_{ljh}^* 的被试,能够正确作答 h 类别的概率函数可以用公式表示为:

$$S_j(h \mid \alpha_{ljh}^*) = \Phi_{jh0} + \sum_{k=1}^{K_{jh}^*} \Phi_{jhk}\alpha_{lk} + \sum_{k'=k+1}^{K_{jh}^*}\sum_{k=1}^{K_{jh}^*-1} \Phi_{jhkk'}\alpha_{lk}\alpha_{lk'} + \cdots$$

$$+ \Phi_{jh12\cdots K_{jh}^*} \prod_{k=1}^{K_{jh}^*}\alpha_{lk} \qquad\qquad 公式\ 1-3$$

在上述公式中,Φ_{jh0} 代表的是截距参数,表示被试在项目 j 上未掌握该项目所考查的任何一个属性而答对该题的概率;Φ_{jhk} 代表的是属性 k 的主效应,表示被试在项目 j 上掌握了属性 k 而达到该项目 h 类的概率;$\Phi_{jhkk'}$ 表示被试在项目 j 上达到 h 类别上属性 k 和属性 k' 的交互效应;$\Phi_{jh12\cdots K_{jh}^*}$ 表示的是项目 j 上考查的所有属性之间的交互作用。

下面,还以前面的例子来具体解释 S-GDINA 这个模型。假设求解"$5 \times 6 \div 3 + 4 - 2 = ?$"这样一道小学数学的四则混合运算题,该题考查了小学数学中的四则运算的优先级、乘法、除法、加法和减法五个属性。以这道小学数学算术题为例,Φ_{jh0} 表示的就是被试在五个数学运算属性一个都没有掌握的情况下答对这道题的概率;当 $k=1$ 时,Φ_{jh1} 表示的是当被试掌握第一个属性(被试掌握了四则运算的优先级)的时候,正确作答这道题的概率;Φ_{jh12} 表示的是当被试同时掌握了四则运算的优先级和乘法时正确作答该题的概率。以此类推,$\Phi_{jh12345}$ 表示的则是当被试把该题所考查的所有认知属性全都掌握了的情况下,正确作答该题的概率。

1.3 基于贝叶斯网模型的诊断测验研究

RSM 中的 **Q** 矩阵是请学科专家从已编制的测验中抽取出属性后给出测验的关联 **Q** 阵,丁树良等人于 2009 年发现由 Tatsuoka 在 1991、1995 年所介绍的由测验项目抽取属性层级关系是不可靠的,当属性层级关系定义不准确时,会给诊断分类造成混乱,导致整个诊断都难以正确进行。AHM 的方法是在测验编制之前便要求确定属性间的层级关系。本研究将利用贝叶斯网学习从被试的属性掌握模式中得出属性间的层级关系,这对 RSM 的不足来说是一个很好的补充,也可以对 AHM 中的属性层级关系进行验证;另一方面,将贝叶斯网分类器应用到现代教育测量的认知诊断分类中,将 0/1 计分与 AHM 中典型的分类方法进行比较,将多级计分与祝玉芳 2008 年的方法进行比较,研究何种方法更有利于提高归准率。

第二章　与贝叶斯网测量模型有关的理论基础

2.1　项目反应理论(IRT)

2.1.1　简介

项目反应理论(Item Response Theory,IRT),亦被称作潜在特质理论(Latent Trait Theory),从20世纪60年代提出以来得到很大的发展。随着计算机技术的发展,IRT得以迅速推广和应用。一些传统的智力测验,如比奈测验、韦氏智力测验、瑞文测验等,以及一些诊断模型,如规则空间模型、属性层次模型等也使用IRT作为分析的理论依据。

2.1.2　项目反应理论的基础模型

不管是经典测验理论(Classic Test Theory,CTT)还是项目反应理论,它们的核心都是数学模型,所有这些模型都是建立在一定假设基础之上的,是反映被试在测验中观察不到的能力水平和观察到的反应之间的数学函数关系。CTT采用的是线性模型(依赖于被试团体),IRT的理论体系则构建于更复杂的数学模型之上,它采用非线性模型,建立被试对项目的反应(观察变量)与其潜在特质(潜变量)之间的非线性关系,这一点更符合事实。项目反应理论中基础模型的发展日趋完善,0/1评分的单维评分模型有线性逻辑斯蒂克特质模型、正态肩形模型、拉希模型等;多值记分单维模型有等级反应模型(The Graded Response Model,GRM)、评定量表模型(The Rating Scale Model,RSM)、称名反应模型(The Nominal Response Model,NRM)、部分评分模型(Partial Credit Model,PCM)和拓广部分评分模型(Generalized Partial Credit Model,GPCM)。此外,项目反应理论的基础模型还有多维IRT模型和非参数IRT模型等,极大地丰富和完善了项目反应理论。

2.1.3　IRT 的优缺点

项目反应理论主要有以下几个优点:被试的能力和项目的难度被定义在同一个量度系统上,克服经典测验理论中项目难度与被试能力不可比较的缺陷;提出项目信息量与测验信息函数的概念,可以对测验的测量精度即误差进行事先控制,对于测验组卷有指导作用。进入 20 世纪 90 年代以来,IRT 模型得到很大发展,由简单的 0/1 评分模型发展到多级评分模型,由单维模型发展到多维模型。尽管 IRT 还在不断完善,但有一个缺陷是 IRT 无法忽视的,即现代的测量理论仍然采用的是行为主义的刺激—反应(S—R)模式,通过被试对刺激所做的反应模式来推断被试的内部心理过程。但是,这种通过能力值来推断被试的内部心理过程的模式其实并未被真正揭示出来,被试的内部心理过程仍然是一个黑箱,并因此被指责为将“20 世纪的统计学应用于 19 世纪的心理学”。这种仅把所测的内部心理属性看成是纯统计结构,计量时只注重作答反应结果,忽视对被试作答过程的考查分析,只注重计量而忽视心理品质的实质内容显然已经不能满足当前社会发展的需要,特别是近年来认知心理学的发展为各种模型的开发提供了更广阔的应用前景。认知心理学渗入心理测量模型当中,真正使教育与心理测量为具体的认知科学服务。此外,在 IRT 中,被试解决问题的能力值是一个单维的连续变量,这对实际的评价、选拔功能是足够的,但是要想通过测验进行教学和学习指导就显得不足。测验如果能够提供信息使人们对被试的知识结构、解题策略等内部心理过程有更深的了解,测验的诊断和辅助教学功能将大大提高,从而使老师的教学和被试的学习都有更强的针对性。

2.2　认知诊断(CD)

2.2.1　背景及意义

心理与教育测验领域先后出现经典测验理论、概化理论(Generalizability Theory,GT)和项目反应理论(IRT),这些理论对解决许多心理、教育等学科中的实际问题起了很大的作用。但无论是 CTT、GT 还是 IRT 指导的测验(比如通常的教育测验),其关注的焦点都是考生的分数,对分数背后所隐藏的心理内部加工过程、技能和策略以及认知结构(知识结构)等无法提供进一步的信息。因此,传统测验(如基于经典测验理论、概化理论和项目反应理论上的测验)能很好地评定被试的成绩、比较被试之间的差异,从而决定其是否升级或预测被试在将来某一活动中是否表现得好。但一般来说,传统测验并不会为改进行为表现提供有用的诊断信息。也就是说传统的测量和评价与学生的学和老师的教相分离,忽视测量与评价对教育指导的促进作用。我们知道,四选一的选择题型为被试作答提供25%的猜测机会,是非判断题的猜测率更高。传统测验很难确定某学生是否真正掌握某一知识,因此对于那些猜测答对的学生,老师就很难察觉,这就必然会使老师忽略对这些学生的补救教学。还有,传统测验考查的都是某一学科知识领域中的零散知识,不能测量到被试头脑中所形成的关于这一领域的知识结构(我们称之为被试在某一知识领域中的认知结构),也不能测量到被试在某一特定知识领域中的知识变化情况。而且由于在传统测量中被试的作答都是被动反应的形式,根本不能体现被试自己主动去建构知识的过程。现代的测量已经由注重选择转向注重诊断,因此,现代测量与评价更加注重对教育指导的促进作用,为学生学业成绩的改进提供更多有用的反馈信息。

现代教育测量的目的不仅仅是通过测验来对被试进行排序、筛选,至少要求测验之后能够提供给被试更多更为直观且更易量化的评价信息。这些评价信息的重要作用和意义在于:(1)被试不仅仅知道自身的学习掌握情况,而且能有针对性地对自身知识采取弥补性措施;(2)对教师而言,可以为其教学提供更多的反馈信息,真正做到"教学相长";(3)从科学评价学生的角度而言,反映的是对学生能力的过程性评价和非终结性评价。因而,测验的重要作用在于能够向被试、教师、学校、家长提供更为重要的有关评价被试的信息。如何从一次测验并从被试的实际作答情况中获得更多的被试内部心理状态的信息,认知心理学家和测量学家一直在做各种尝试。其中,认知心理学家主要考虑的是"新一代测量理论"该测量被试的"什么信息"的问题,而测量学家们则主要致力于如何测量与分析这些信息的问题。因此,要想进一步探查被试的这种内部心理结构,就需要测量学家和认知心理学家两者的结合,共同为探查被试内部心理结构做出贡献。

许多测量学者在项目反应理论的基础上,加入一些代表内部心理过程的参数,以期通过对这些参数估计的实现找出与被试能力相关联的试题属性特征,并希望通过认知心理学家的贡献来对心理结构属性进行解构,进而使被试和教育者获得更多有关教育评价方面的信息,如美国的 PSAT/NMSQT(Preliminary

SAT/National Merit Scholarship Qualifying Test)就把规则空间模型应用于测验分析与结果报告中。

美国总统小布什于 2001 年提出的"不让一个孩子掉队"(No Child Left Behind, NCLB)的教育改革议案于 2002 年 1 月 8 日正式通过审核成为美国法律。法案要求美国 3 年级到 8 年级的学生,每年都要参加阅读与数学测验。从 2003 年开始,"不让一个孩子掉队"法案要求美国所有的州和学校都接受联邦 I 号基金(Title I grant)参与、两年一次针对 4 年级和 8 年级学生的全国教育发展评估(National Assessment of Educational Progress, NAEP),评估内容包括阅读与数学测验。NAEP 的成绩报告单建立在总分量表(total score scale)的基础上,本质上说是"发展量表",从年级和年龄这两个水平,在时间跨度内比较不同学科的教育成绩,给出不同年级组的学生在性别、地域、种族及学校性质等维度上的学生学习成就的分析报告图,其目的是向学校、教师及各个州政府制定相应教育政策,提供更多有关教育影响价值的信息,找出教育进步的方向及需要面对的挑战等,填补教育成就测验中出现的空白。但是,它并非针对每一个被试提供诊断及其评价的信息,对解释为什么同一年级学生会在不同时间内获得什么样的发展提供的信息较少。

在我国,2001 年教育部启动新一轮基础教育课程改革,其中提高学生学业质量是课程改革的重要目标之一。课程改革倡导学生要获得的不仅是分数,教师还要注重素质和能力的提高以及情感、态度和价值观的培养。2003 年,在教育部基础教育课程教材发展中心组织下,中小学生学业质量分析、反馈与指导系统建立,现在已经完成省级、市级和县级的报告,正在研究学校、班级和被试本人的诊断报告。

从以上的例子可以看出:(1)认知诊断模型应用于评价教育实践,对于心理测量学角度而言,具有里程碑的意义;(2)必须重视教育评价在教育影响价值中的作用,尤其应当为被试本人提供有效的诊断信息。

2.2.2 认知诊断模型

认知诊断是根据一定的认知诊断模型进行的,用于测验的诊断模型有很多种。有统计数据表明,到 2006 年为止,至少已有 62 种认知诊断模型被开发并被用于认知诊断。就已开发应用的这些模型看,可以对认知诊断模型做一个简单的归类。认知诊断的测量学模型有两个基础性的模型,一种是 Fischer 提出的线性逻辑斯蒂克特质模型(Linear Logistic Trait Model,LLTM),另一种是 Tatsuoka 等人提出的规则空间模型(Rule Space Method,RSM)。前一个模型是潜在特质模型的扩展,目的是剖析观察分数下被试的潜在特质。后一个模型是潜在分类模型的扩展,目的是按被试在潜在特质上质的差异对被试进行分类。以线性逻辑斯蒂克特质模型为基础发展出的模型有多成分潜在特质模型(Multicomponent Trait Model)、线性指数模型(Linear Exponential Model)等十余种。联合(统一)模型、融合模型、DINA 模型、NIDA 模型和 AHM 等模型都利用规则空间模型中的 Q 矩阵。

2.2.3 存在的问题

在国外,综观各种认知诊断的研究,其视角主要在于:一是对诊断模型的基础理论研究,主要研究模型使用的条件、各种模型之间的参数估计精度的比较;二是侧重于具体学科的应用,应用较多的领域是数学(尤其是小学数学)、语言、建筑以及计算机适应性测验。

国内目前对认知诊断的研究比较少,仅有对规则空间的研究和对属性层级模型的研究。林海菁研究开发兼具认知诊断功能的计算机化自适应测验,周婕把该模型扩展到 Samejima 等级反应模型,祝玉芳将 AHM 扩展到多级评分模型。具有认知诊断功能的计算机化自适应测验采用先认知诊断后估计能力的方法,在诊断阶段用状态转换图描述特定认知领域中所有认知状态及这些状态之间的联系,以图的深度优先算法为基础设计选题策略;而在能力估计精细化阶段,每个被试所测项目,不仅与其能力估计值相匹配,且只与其所掌握的属性相关。具体方法分两步:

第一步,诊断为主,同时粗估能力。选题原则是每一个新项目只增加一个新属性且难度与当前能力匹配。为了准确探查对被试错误反应的项目,还要选属性相同但难度下降的项目再测。

第二步,能力估计。选题策略与通常 CAT 大体相同。两点区别:第一,清除诊断阶段对能力估计"有害"的作答记录,使能力估计更准;第二,仅仅选择被试已掌握属性的项目施测。

就国内外研究来看,认知诊断理论目前还处于萌芽阶段,其所涉及的许多相关理论和方法还不够成熟甚至有的还未开展,更无一完整体系。随着认知诊断理论在实际中的使用价值不断凸显,对认知诊断理论的研究亟待进一步深入。

2.3　贝叶斯网络(BN)

2.3.1　贝叶斯网络相关的基本概念与定义

贝叶斯网络(Bayesian Networks,BN),又称信念网络(Belief Networks),由两部分组成:有向无环图(Directed Acyclic Graph,DAG)和条件概率分布(Conditional Probability Distribution,CPD)。其中,有向无环图描述贝叶斯网络节点之间的定性关系,条件概率分布描述贝叶斯网络节点之间的定量关系。贝叶斯网络的理论依据是概率论,推理的基础是基于概率推理,并以图的形式来表达和描述数据实例中的关联或因果关系。为了更好地说明和应用贝叶斯网络,下面介绍几个相关的基本概念和公式。

(1)条件概率。条件概率是概率论中的一个重要概念,它表示事件 A 已发生的条件下,事件 B 发生的可能性,用符号记为:$p(B|A)$。

定义1:设 A、B 是两个基本事件,且 $p(A)>0$,则称:$p(B|A)=\dfrac{p(AB)}{p(A)}$,为事件 A 已发生的条件下,事件 B 发生的条件概率。

若 Ω 表示事件的全集,根据条件概率的定义,则得出以下几个性质:

①$p(B|B)=1$;

②若 A 与 B 为互相排斥的两个事件,则 $p(B|A)=0$;

③$p(A|\Omega)=p(A)$。

(2)先验概率。设 $B_1,B_2,\cdots,B_n$ 为样本空间 S 中的事件,$p(B_i)$ 可根据以前的数据分析得到,或根据先验知识估计获取,则称 $p(B_i)$ 为先验概率,即 $p(B_i)$ 的值以过去的实践经验和认识为依据,在实验之前就已经得到或已确定。

(3)后验概率。设 $B_1,B_2,\cdots,B_n$ 为样本空间 S 中的事件,则事件 A 发生的情况下,B_i 发生的概率 $p(B_i|A)$ 可根据先验概率 $p(B_i)$ 和观测信息重新修正和调整后得到,通常将 $p(B_i|A)$ 称为后验概率。随着样本信息的不断变化,后验概率也在不断更新。前一次的后验概率将作为再次调整时的先验概率使用,从而得到新的后验概率,这是一个不断更新、反复调整的过程。

（4）联合概率。设 A、B 为两个事件，且 $p(A)>0$，则它们的联合概率为：$p(AB)=p(B|A)p(A)$，联合概率可以扩展到多个事件（变量）的形式。

（5）全概率公式。设实验 E 的样本空间为 S，其中 $B_1,B_2,\cdots,B_n$ 为 E 的一组事件，如果 $B_1,B_2,\cdots,B_n$ 互不相容，$B_1\cup B_2\cup\cdots\cup B_n=S$，且 $p(B_i)>0(i=1,2,\cdots,n)$，则有全概率公式：

$$p(A)=p(A|B_1)p(B_1)+p(A|B_2)p(B_2)+\cdots+p(A|B_n)p(B_n)=\sum_{i=1}^{n}p(A|B_i)p(B_i)$$

。在实际应用中，通常 $p(A)$ 不易直接求得，而 $p(B_i)$ 和 $p(A|B_i)$ 容易求得，则可以通过全概率公式求出 $p(A)$。

（6）贝叶斯定理。设实验 E 的样本空间为 S，其中 $B_1,B_2,\cdots,B_n$ 为 E 的一组事件，如果 $B_1,B_2,\cdots,B_n$ 互不相容，$B_1\cup B_2\cup\cdots\cup B_n=S$，且 $p(A)>0$，$p(B_i)>0(i=1,2,\cdots,n)$，则根据乘法定理和条件概率有：

$$p(AB_i)=p(A|B_i)p(B_i)=p(B_i|A)p(A)$$

$$p(B_i|A)=\frac{p(A|B_i)p(B_i)}{p(A)}$$

将全概率公式代入上式可得：

$$p(B_i|A)=\frac{p(A|B_i)p(B_i)}{\sum_{i=1}^{n}p(A|B_i)p(B_i)}$$，这就是贝叶斯公式。在这个式子中，$p(B_i)$

的值称为先验概率，$p(B_i|A)$ 的值称为后验概率。从先验概率推导出后验概率就是运用贝叶斯公式来实现的。

（7）链规则。设随机变量集合 $X=\{X_1,X_2,\cdots,X_n\}$，用 x_i 表示 X_i 的取值，则变量 $X_1,X_2,\cdots,X_n$ 的值分别为 $x_1,x_2,\cdots,x_n$ 的概率为一个联合概率 $p(X_1=x_1,X_2=x_2,\cdots,X_n=x_n)$。在实际应用中，联合概率都满足一定的条件独立性，依据条件概率链来表达联合概率，可以得到表达式：$p(X_1,X_2,\cdots,X_n)=\prod_{i=1}^{n}p(X_i|X_{i-1},\cdots,X_1)$，该式通常称为链规则。

（8）DAG 中节点的拓扑顺序是指所有节点总的顺序。对于任何节点对 X_i 和 X_j，如果 X_i 是 X_j 的祖先，则 X_i 在顺序中必须出现在 X_j 之前。

2.3.2 贝叶斯网络的学习

早期的贝叶斯网络学习，常常是通过领域专家的知识确定贝叶斯网络的结构,指定网络结构的参数。但是,当领域的变量较多时,利用领域知识由专家人工指定网络结构和分布参数往往是非常困难的,也是不准确的。与此同时,随着计算机技术的发展,大量有潜在价值的领域数据存储在各个应用领域中。因此,人们开始从应用领域的数据中学习贝叶斯网络模型,并且用数据更新已有领域知识所确定的局部概率分布(先验分布),从而得到后验参数分布,然后再利用后验参数分布进行概率推理和预测。

贝叶斯网络隐含了变量之间的条件独立性(Conditional Independent,CI),而条件独立性性构成了贝叶斯网络。当两个事件独立时,它们的联合概率等于两个变量概率分布的乘积,即假设存在两个随机变量 X 和 Y,满足 $P(X,Y)=P(X)P(Y)$,此时变量 X 和变量 Y 是相互独立的。但在大部分情况下,无条件的独立是十分稀少的,事件之间是互相影响的。然而,这种影响又往往依赖于其他的变量,而不是直接产生的,由此引入了条件独立概念。

条件独立,指的是假设存在三个随机变量 X、Y、Z,在给定 Y 的情况下,满足 $P(X,Z|Y)=P(X|Y)P(Z|Y)$,在数学上也可以表示为 $X\perp Z|Y$,此时称 X、Z 关于 Y 条件独立,并且 $P(X|Z,Y)=P(X|Y)$,即在给定变量 Y 的前提下,变量 Z 的变化对变量 X 的概率分布不会产生任何影响。比如变量 X 表示"明天会下雨",变量 Y 表示"今天是否会下雨",变量 Z 表示"今天的地面是湿的"。变量 Y 的成立,对变量 X 和 Z 均有影响。然而,在给定变量 Y 成立的前提下,变量 Z 对变量 X 没有影响,即今天的地面情况对明天是否会下雨没有任何影响。

在贝叶斯网络中,基于条件独立的前提下,有三种基本的网络结构:串行连接(head-to-tail,头尾连接)、发散连接(tail-to-tail,尾尾相连)、收敛连接(head-to-head,头头相连),如图 2-1 所示。

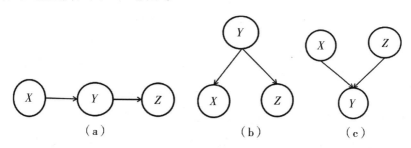

（a）　　　　　　　　（b）　　　　　　　　（c）

图 2-1　贝叶斯网络结构

2.3.2.1　串行连接

如图 2-1(a),表示的是串行连接。如图所示,三个节点变量 X、Y、Z 之间

存在有向弧，X 指向 Y，Y 指向 Z。在串行连接中，在给定变量 Y 的前提下，X 和 Z 被 Y 阻断，此时 X 和 Z 是相互独立的，记作 $P(Z|X,Y) = P(Z|Y)$。但如果在没有给定 Y 的情况下，X 和 Z 则不独立。换句话说，X 是 Y 的原因，Y 是 Z 的原因。

比如，变量 X 表示受教育水平，变量 Y 表示职业类型，变量 Z 表示收入水平。受教育水平 X 会影响职业类型 Y 的选择，而收入水平 Z 依赖于职业类型 Y。如果我们不知道一个被试的职业类型是什么，仅知道被试的受教育水平，那么我们是无法通过被试的受教育水平来推断被试的收入水平的。一旦我们知道了职业类型，那么受教育水平对收入水平就没有任何影响了。

2.3.2.2　发散连接

如图 2-1(b)，表示的是发散连接。节点变量 Y 存在有向弧指向节点 X，也存在有向弧指向节点 Z，即节点变量 Y 是节点变量 X 和 Z 的父节点。此时，联合概率可以写成 $P(X,Y,Z) = P(X)P(X|Y)P(Z|Y)$。在给定变量 Y 的前提下，变量 X 和变量 Z 相互独立，即 $P(X,Z|Y) = P(X|Y)P(Z|Y)$。

比如变量 Y 表示被试的能力，变量 X 和 Z 表示两道测验题(可观察到的结果)。如果没有证据可以表明一个被试的能力，那么被试正确作答一道题目可以增加被试的能力处于高水平的概率，进而提高正确作答下一道题目的概率。但是，如果被试能力是已知的，那么无论被试是否正确作答第一道题，都不会影响被试正确作答第二道题的概率。

2.3.2.3　收敛连接

如图 2-1(c)，表示的是收敛连接。节点变量 Y 存在两个父节点变量 X 和 Z，即节点 X 存在有向弧指向 Y，节点 Z 也存在有向弧指向 Y。此时，联合概率可以写成 $P(X,Y,Z) = P(X)P(Z)P(Y|X,Z)$。收敛连接与串行连接和发散连接不同，它具有相反的条件独立结构。换句话说，在没有给定变量 Y 的前提下，变量 X 和 Z 存在边缘独立(Marginally Independent, MI)，即 $P(X,Z) = P(X)P(Z)$。但是，当变量 Y 已知时，变量 X 和 Z 相互依赖。

比如在铃响是盗贼还地震的问题中，假设变量 Y 代表铃响，变量 X 和 Z 分别表示盗贼和地震。当铃声没有响的时候(变量 Y 未发生)，变量盗贼(X)和地震(Z)是相互独立的。如果铃响了，那么变量 X 和 Z 中任一变量发生概率的增加都会导致另一变量发生概率的降低。

利用领域数据,由先验信息和样本数据得到后验信息的过程称为贝叶斯网络学习,它包括参数学习和结构学习两种情况。

(1)贝叶斯网络的参数学习

根据领域知识是否存在缺失值,我们可以将数据集分为两种类型:完整数据(不包含缺失值)的数据集和不完整数据(有些变量的值存在缺失)的数据集。因此,我们从领域数据学习网络参数时,也可分为完整数据和不完整数据两个部分来研究。

假定已知正确的贝叶斯网络结构,从完整数据中学习网络参数时,无论网络节点上的概率分布是离散概率还是连续概率,由于存在闭型解,可以采用最大似然估计方法和贝叶斯估计方法。这是参数学习最简单的情形。

对于从不完整数据集中学习贝叶斯网络参数的问题,由于存在隐藏变量(其值从未在数据中出现的变量)和缺值变量,一般不能简单地采用最大似然估计技术,往往需要借助近似求解方法。例如,采用梯度下降法将 EM 算法应用于贝叶斯网络参数学习、用 Gibbs 抽样技术学习贝叶斯网络的参数等。

(2)贝叶斯网络的结构学习

目前对于完整数据集,贝叶斯网络结构的算法分为两类:一类是使用启发式搜索方法构造一个模型,然后用评分函数评估该模型,搜索和评估过程一直进行到新模型的计分值不是明显地比前一个模型的计分值更好为止。评分函数有很多种,例如贝叶斯评分方法、基于熵的方法、最小描述距离方法等。另一类是通过分析属性变量之间的相关性来构造贝叶斯网络结构。属性之间的相关性可用某种条件独立性(Conditional Independence,CI)测试来衡量。这两类算法各有优缺点:第一类算法的时间复杂度较高,并且它的启发式特性使其可能无法找出它的最优解;第二类算法通常是渐进的、正确的,但是如果训练数据量不是足够大,CI 测试的结果极有可能是不可靠的。

不完整数据集网络结构的学习是一个很困难的问题,特别是在存在隐藏变量的情况下。许多研究人员运用技术,提出了解决方法。Friedman 提出 SEM 算法,但是由于需要事先知道网络中隐藏变量的个数,实际应用起来不方便。Ramoni 提出学习贝叶斯网络的 BKD 算法,但是不能发现隐藏变量。Connolly 使用聚类技术发现隐藏变量,但只能学习树状的网络结构。Larranaga 利用进化算法学习网络结构,该方法可以有效地避免陷入局部极值,但学习效果不理想。

2.3.3　贝叶斯网络的推理

　　贝叶斯网络是随机变量间的概率关系的图形表示,在给定其他变量的观察值时,可以用贝叶斯网络推理出某些目标变量。贝叶斯网络早期最主要的应用就是不确定专家知识的表示及不确定性推理,例如医疗诊断、故障诊断、金融市场分析等。

　　贝叶斯网络的推理可以分为确切推理和近似推理。确切推理主要包括基于消除的方法和基于连接树的方法。但是,确切推理的时间复杂度很高,Cooper已经证明,对任意贝叶斯网络的概率的确切推理是一个 NP(Non-detcrministic Polynomial)难题。针对确切推理较高的时间复杂度的问题,许多研究人员开始研究贝叶斯网络的近似推理,如蒙特卡洛法通过对未观察到的变量进行随机抽样,得到近似推理。尽管理论上贝叶斯网络的近似推理也可能是个 NP 难题,但是近似推理在许多实际问题中被证明是非常有效的。

2.3.4　贝叶斯分类方法

　　朴素贝叶斯网分类器是最早用于分类任务的贝叶斯模型。由于不现实的属性独立性假设,朴素贝叶斯分类方法起初并没有引起机器学习研究人员的重视,只是作为比较复杂分类算法的参照对象。20 世纪 80 年代末开始,研究人员惊奇地发现朴素贝叶斯分类器具有出乎人们意料的优良性能。研究人员将朴素贝叶斯与决策树、k-最近邻、神经网络以及基于规则等方法实验比较,发现它在某些领域中表现出很好的性能。为了探究朴素贝叶斯产生较好性能的原因,Domingos 等人深入研究朴素贝叶斯的分类机制,结果发现,如果类后验概率估计值的顺序与真正类后验概率值的顺序一致,就能获得正确的分类,而与计算后验概率的估计值的具体数值没有关系。

　　但是,当属性独立性假设改变了真正后验概率值的排列顺序时,朴素贝叶斯的分类性能将会降低,这种情况在实际应用中并不少见。为此,许多方法和技术用于改进朴素贝叶斯分类器的性能,主要思路是如何减少属性独立性假设的负面影响。一个改进方向是选择部分属性参与分类模型的学习,例如 Langley 和 Sage 提出的选择性贝叶斯分类器、Pazzani 提出的采用属性联合与选择改进分类器、Kohavi 和 John 提出的 Wrapper。这种方法只有对包含冗余属性的数据集,才能取得较好的结果。另一个改进的方向是放松朴素贝叶斯的属性独立性假设条件,例如,半朴素贝叶斯分类器、TAN 分类器等。TAN 分类器是目前公认的朴素贝叶斯性能改进较好的分类器之一。

采用适合的方式和有效的机制来表示和操纵属性独立性问题,是提高朴素贝叶斯分类性能的最直观的解决方法。贝叶斯网络恰恰提供一种自然的表示属性之间依赖关系的方式。尽管从理论上讲,贝叶斯网络分类器比朴素贝叶斯分类器具有更好的性能,但如果选择不可靠的依赖关系集,贝叶斯网络的分类性能将严重受损。此外,贝叶斯网络分类器的时间复杂度、空间复杂度都很高,因此需要研究适用于高维属性以及特殊任务的贝叶斯网络分类方法。

贝叶斯分类器适合处理非数值型数据,数值型变量的传统处理方法是假设数值型变量满足高斯分布。如果将数值型变量满足高斯分布的假设改由核密度估计来代替,贝叶斯分类器的性能将明显改进。这个研究结果表明,在许多领域中,朴素贝叶斯不佳的分类性能,实际上并不是模型本身造成的,而是由于使用了无保证的高斯分布。另一种处理数值属性的方法是将数值属性离散化,这种方法同样改进了贝叶斯分类器的性能。

第三章 利用贝叶斯网结构学习得到属性之间的层级结构

3.1 贝叶斯网结构学习算法

在实际的应用中,利用贝叶斯网来处理问题的过程主要分为三步:首先是在领域专家的指导下确定合适的变量及变量的取值范围;其次是确定变量间的依赖关系,并以图的形式表示,即确定网络结构的有向无环图,简称结构学习;最后是确定变量间的分布函数,获得条件概率分布表,简称参数学习。本章主要介绍在领域变量已经确定的情况下如何进行贝叶斯网的结构学习。贝叶斯网结构学习主要有基于搜索和评分、基于条件独立性检测两种方法。

3.1.1 基于搜索和评分的方法

基于搜索和评分的方法主要包含评分方法和搜索算法两部分。评分函数给出一定网络结构下联合分布的一种概率度量,常用的评分函数有基于贝叶斯统计的方法(BDE)、基于最小描述长度原理(Minimum Description Length Principle,MDL)的方法、基于贝叶斯信息准则(Bayesian Information Criterion,BIC)的评分方法等。搜索算法是从所有的可选网络结构中,找出评分最好的结构。这是一个 NP 问题,因为对所有可能的网络结构进行搜索是不现实的,现在提出很多启发式的搜索算法,如遗传算法、蚁群算法和爬山法等。

基于搜索和评分的方法以 K2 算法为主要代表,K2 算法进行结构学习的前提条件是必须知道节点的拓扑顺序,这也是该算法的一个缺点。其基本思想如下:

{Input: A set of n nodes, an ordering on the nodes, an upper bound u on the number

   of parents a node may have, and a database D containing m cases.}

{Output: For each node, a printout of the parents of the node.}

for i = 1: n do

$\pi_i = \phi$;

$g_1(i) = \text{ComputeScore}(i, \pi_i)$;

Flag = true;

While flag and $|\pi_i| < u$ do

　　$g_2(i) = \text{ComputeScore}(i, \pi_i \cup \{z\})$;

　　if $g_2(i) > g_1(i)$ then

　　　　$g_1(i) = g_2(i)$;

　　　　$\pi_i = \pi_i \cup \{z\}$;

　　else flag = false;

　　end {while};

　　write ("Node: ", X_i, "Parents of this node: ", π_i);

　end {for};

end {K2};

算法中的评分函数可以采用 BDE 评分或 BIC 评分。

3.1.2　基于条件独立性检测的方法

基于信息论的依赖分析方法以 Cheng 的三阶段算法最具代表性,这是一种基于变量间互信息检验的网络结构学习算法。算法分为三个阶段,即起草(drafting)阶段、浓缩(thickening)阶段和稀释(thinning)阶段。drafting 阶段计算任意两个节点间的互信息,当互信息大于某个阈值时,说明两个节点间有弧存在;thickening 阶段根据条件独立性检测判断是否需要向图中添加新的弧,进行必要弧的添加;thinning 阶段根据条件独立性检测判断是否需要删减不必要的弧,最后进行定向。

3.2　利用贝叶斯网结构学习得到属性之间的层级结构

3.2.1　得到被试的属性掌握模式

前面已经提到,在 RSM 和 AHM 中,都涉及属性之间的层级关系。RSM 是从精心设计的项目中由领域专家去确定属性间的层级关系。已有研究证明这种做法是存在问题的,因而得到的属性之间的层级关系是不准确的,进而影响到诊断测量的准确性和可靠性。由于属性之间的层级关系反映的是被试的认知过程,因此被试的属性掌握模式也能够反映属性间的层级关系。正因为如此,下面介绍如何从被试的属性掌握模式中得到属性间的层级结构。

对于一个测验项目,可以通过领域专家和有经验的老师来确定它所考查的属性(也可称为知识点)。对于测验的所有项目,可以得到它们所考查的属性和这些属性之间的拓扑顺序。因此,根据被试对测验中的所有项目的得分向量与各个项目所考查的属性,我们就可以得到所有被试的属性掌握模式。例如:假设测验有四个项目,共考查四个属性,这四个项目考查的属性向量分别表示为(1 0 0 0)、(1 1 0 0)、(1 0 1 0)和(1 1 1 1)。如果有两个被试,其得分向量分别为(1 1 0 0)和(1 1 1 0),将被试所有正确作答的项目所考查的属性进行"或"运算,则这两个被试的属性掌握模式分别为(1 1 0 0)和(1 1 1 0)。

3.2.2 得到属性之间的层级结构

根据被试对测验项目的得分向量与项目所考查的属性,可以得到所有被试的属性掌握模式。将得到的属性掌握模式作为贝叶斯网结构学习的数据集进行结构学习,可以得到属性之间的层级关系。

由于所考查属性之间的拓扑顺序是已知的,因此,可以使用 K2 算法来进行结构学习。

3.3 基于贝叶斯网结构学习得到属性层级结构

为了验证对被试的属性掌握模式进行贝叶斯网结构学习,得到属性层级结构的准确性,我们进行蒙特卡洛法模拟研究。采用计算机模拟的方法来进行测验,主要是基于如下的原因:首先是使用模拟数据时,可以很容易地将测验结果(由测验所得到的被试的知识状态)与被试的真实知识状态进行比较,便于考查不同分类方法的分类准确性,而用实测数据不可能得到被试真实的知识状态;其次就是模拟的数据符合模型的要求,也能够灵活地更改实验参数、重复大量实验等;最后是用于认知诊断的实测数据很难获得,因为这是一个相当费钱且费时的工作。

3.3.1 实验设计

为比较不同层级结构下的结构学习的准确性,采用 Cui、Leighton 和 Zheng 在 2006 年的研究中的 4 种属性层级结构(图 3 – 1)来进行模拟。

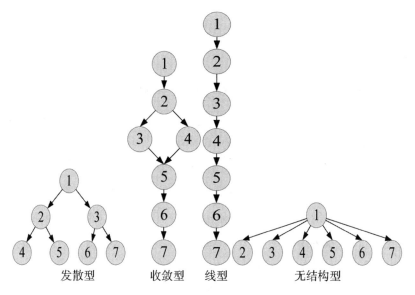

发散型   收敛型   线型   无结构型

图 3 – 1 四种属性层级结构

具体模拟方法如下:由于实际的测验中,我们可以由专家或老师得到每个项目所考查的属性,这里为了方便,测验中的项目就按照 Tatsuoka 的 Q 矩阵理论来得到。把期望反应模式按总分从小到大排序,然后使具有这些得分的被试人数满足标准正态分布,产生 5000 个人进行分配,其中总分相同的期望反应模式平均分配人数,这样保证期望反应模式的总得分服从正态分布。为了产生发生失误或猜测的观察反应模式,我们按如下的方法模拟概率值为 β 的失误(slip)或猜测(guess):如 $\beta = 0.05$,对任何一个期望反应模式 X_α 中任何一个分量 $X_{\alpha j}$ 产生一个服从 $U(0,1)$ 的随机数 r,如果 $r > 1 - \beta$,则该期望反应模式 X_α 在第 j 题目上的得分 $X_{\alpha j}$ 变成 $1 - X_{\alpha j}$;如果 $r < 1 - \beta$,则该期望反应模式在该题上的得分不变。对所有期望反应模式中的所有分量都按这个方法操作,这样就模拟产生一个有失误或猜测概率为 β 的观察反应模式阵,然后把这些观察反应模式分类到期望反应模式中,用发生失误前的属性模式作为真值,计算属性模式分类的正确率来比较方法的好坏。用这个方法产生包含 5%、10%、15% 的失误或

猜测的概率的数据。

根据模拟得到的观察反应模式和测验项目,将被试正确作答的项目包含的属性向量进行"或"运算,得到所有被试的属性掌握模式,将它作为结构学习的数据集。由于事先已知属性之间的拓扑顺序,因此可以利用 K2 算法来进行结构学习。

3.3.2 结果与分析

根据四种层级结构下得到的被试的属性掌握模式(包含不同的猜测率和失误率)进行结构学习,结果如表 3 –1(0 表示用不存在猜测和失误的数据进行学习,5% 表示用存在 5% 的猜测或失误的数据进行学习,以此类推)。从结果中可以看出,当不存在猜测和失误时,结构学习能得到正确的结构(即与原始结构一致);当存在 5% 的猜测或失误时,结构学习仍能得到正确的结果;当存在 10% 的猜测或失误时,收敛型结构少了一条边;当存在 15% 的猜测或失误时,发散型结构少了一条边,收敛型结构少了一条边。从结果可以看出,这种方法所得到的数据经结构学习后得到的结果是可以作为参考的。

表 3 – 1　结构学习的结果

续表 3 - 1

结构	失误/猜测率			
	0	5%	10%	15%
收敛型				
线型				

续表 3 − 1

结构	失误/猜测率			
	0	5%	10%	15%
无结构型				

3.3.3 总结

本章利用贝叶斯网结构学习得到属性之间的层级关系,是非常有实际意义的,对 RSM 来说是一个很好的补充,可以解决 RSM 中利用测验项目来分析属性之间层级关系的不准确性;对于 AHM 来说,也可以对属性既定的层级关系进行验证。将这个方法应用于实测数据中,是迫切需要做的。本方法需要事先确定测验中所考查的属性及它们之间的拓扑顺序,因此研究直接从作答数据中得到测验所考查的属性及它们之间的拓扑顺序和层级关系的方法就显得十分重要。

第四章　贝叶斯网分类器在认知诊断分类中的应用

4.1　贝叶斯分类器的定理

贝叶斯分析方法的特点是使用概率去表示所有形式的不确定性,学习或其他形式的推理都用概率规则来实现。贝叶斯学习的结果表示为随机变量的概率分布,它可以解释为对不同可能性的信任程度。贝叶斯学派的起点是贝叶斯定理和贝叶斯假设。

4.1.1　贝叶斯概率和贝叶斯定理

贝叶斯概率是贝叶斯统计中的基本概念,是观测者对某一事件的发生的相信程度。观测者根据先验知识和现有的统计数据,用概率的方法来预测未知事件发生的可能性。贝叶斯概率与事件的经典概率不同:经典概率是用多次重复实验中事件发生的频率的近似值,是客观认识;而贝叶斯概率则是利用现有的知识对未知事件进行预测,是主观判断。

贝叶斯定理将事件的先验概率与后验概率联系起来。假定随机向量 x,θ 的联合分布密度是 $p(x,\theta)$,它们的边缘密度是 $p_1(x)$ 和 $p_2(\theta)$。一般情况下设 x 是观测向量,θ 是未知参数向量,通过观测向量获得未知参数向量的估计,贝叶斯定理记作:$p(\theta|x) = \dfrac{p_2(\theta) \times p(x|\theta)}{p_1(x)} = \dfrac{p_2(\theta) \times p(x|\theta)}{\int p_2(\theta) \times p(x|\theta)d\theta}$,$p_2(\theta)$ 是 θ 的先验分布。

从上式可以看出,对未知参数向量的估计应综合它的先验信息和样本信息,既避免只使用先验信息可能带来的主观偏见,也要避免缺乏样本数据需要的大量盲目搜索与计算。传统的参数估计方法只是从样本数据中获取信息,如最大似然估计。

4.1.2 贝叶斯学习的基本过程

采用贝叶斯方法进行学习和问题求解的一般过程为：

(1)将未知参数 θ 看成是随机变量。这是贝叶斯方法与传统的参数估计方法的最大区别。

(2)根据以往对参数 θ 的知识，确定先验分布 $p(\theta)$。

(3)利用贝叶斯定理计算后验分布。

(4)根据计算得到的后验概率，完成学习和问题求解任务。

在上述的学习过程中，确定先验分布是比较关键的一步，也是贝叶斯学习理论争议较多的地方。通常，确定先验概率的分布以及相应分布的参数，也可以基于领域的背景知识、预先准备好的数据以及关于基本分布的假定来估计。如果对先验分布所含的信息与样本信息相比几乎等于一无所知，称这种分布为无信息先验分布(non-imformative prior distribution)。到目前为止，如何合理地确定先验分布，仍然没有可操作的完整理论，人们常常利用已提出的一些准则或假设来确定。下面列出一些常用的策略：

贝叶斯假设：贝叶斯假设是贝叶斯学派奠基性工作之一，是早期贝叶斯学派在实际中成功应用的关键因素之一。贝叶斯假设认为，在没有任何信息可以利用的情况下，随机变量 H 在取值范围 M 内，应采用均匀分布，即：当 $H \in M$ 时，$p(H) = C$；当 $H \notin M$ 时，$p(H) = 0$。

贝叶斯假设是否合理？根据最大熵原则可以证明，随机变量的熵最大的充分必要条件是随机变量均匀分布。因此，贝叶斯假设取无信息先验分布为"均匀分布"，符合信息论的最大熵原则，是完全合理的。

贝叶斯假设用在很多方面，用贝叶斯公式导出的结果也更加符合实际。例如，某种导弹发射 5 次，5 次都成功；另一种导弹发射 3 次，3 次都成功。按照经典概率计算，这两种导弹发射成功的概率都是 100%，但是人们对 5 次成功的信心肯定比 3 次成功的信心足。若用贝叶斯假设，采用参数 θ 的后验期望作为参数 θ 的统计，可导出参数 θ 的估计量 $\hat{\theta} = (r+1)/(n+2)$，因此有下列结果：5 次实验，5 次成功，则参数 $\hat{\theta} = 6/7$；3 次实验，3 次成功，则参数 $\hat{\theta} = 4/5$。显然，前一种导弹的发射效果好些。从中我们可以看出经典概率和贝叶斯假设之间的差别，且在贝叶斯假设中发射成功率永远达不到 100%。这个例子说明了贝叶斯假设的合理性。

共轭分布假设:若先验密度函数与由它决定的后验密度函数属于同一函数类型,则称为共轭分布。先验分布应选取共轭分布最早是由 Raiffa 和 Schlaifer 提出的。要求先验分布和后验分布属于同一种类型,主要出于以下两方面的考虑:

(1)共轭分布假设为后验概率的计算提供很大的方便。由于非共轭分布的计算往往是很困难的,相比之下,共轭分布计算后验分布时只需要利用先验分布做乘法运算。

(2)先验分布是经验知识的体现,如果先验分布与后验分布同属相同的分布,就可以利用先验分布和样本数据得到后验分布,作为进一步实验的先验分布。常用的共轭分布包括二项分布、多项分布、正态分布、Possion 分布、Gamma 分布以及 Dirichlet 分布等。

4.1.3　最大后验假设与最大似然假设

在观察到数据之前,根据背景知识或经验确定某个假设空间 H 中的假设 h 成立的概率为 $p(h)$,称之为假设 h 的先验概率。令 D 是一个训练数据集合,在没有关于哪个假设成立的知识而观察到的 D 的概率,称为 D 的先验概率,用 $p(D)$ 表示。在假设 h 成立的条件下,观察到 D 的概率记为 $p(D|h)$,称为条件概率或似然概率。在观察到训练数据 D 的条件下,假设 h 成立的概率 $p(h|D)$,称为 h 的后验概率。后验概率反映训练数据对假设成立概率的影响,它是依赖于数据 D 的。已知 $p(h)$、$p(D|h)$ 和 $p(D)$,贝叶斯定理提供一个计算假设 h 的后验概率的方法,因而成为贝叶斯理论的基石:

$$p(h|D) = \frac{p(D|h)p(h)}{p(D)} \qquad 公式 4-1$$

通常,学习的任务是:对于给定的观察数据 D,在 H 中发现最有可能的假设 $h \in H$。任何这样的具有最大可能的假设称为最大后验假设(Maximum A Posteriori,MAP),记为 h_{MAP}:

$$h_{MAP} = \arg \max_{h \in H} p(h|D) = \arg \max_{h \in H} p(D|h)p(h)/p(D) \propto \arg \max_{h \in H} p(D|h)p(h)$$

$$公式 4-2$$

如果 h 表示对数据分类的假设,上式就是一个原始的分类模型。贝叶斯分类就是根据上述 MAP 假设找到新实例最有可能的分类。对贝叶斯分类器的所有研究工作都是以此假设为前提的。

在没有任何背景知识的情况下,可以假定 H 中所有的假设有相同的先验。这时 $p(D|h)$ 作为给定 h 时数据 D 的似然。任何可以使 $p(D|h)$ 最大的假设称为最大似然(Maximum Likelihood,ML)假设 h_{ML}:

$$h_{\mathrm{ML}} = \arg \max_{h \in H} p(D|h)$$ 公式 4 - 3

4.2 几种典型的贝叶斯网分类器

本节简单介绍下面几种典型的贝叶斯网分类器。假定 $X = \{X_1, X_2, \cdots, X_n, C\}$ 表示分类器中的节点集合,其中 C 为类节点。

4.2.1 朴素贝叶斯网分类器

Duda 和 Hart 于 1973 年提出基于贝叶斯公式的朴素贝叶斯分类器(Naive Bayesian Classification,NBC)。NBC 是一个简单有效且在实际使用中比较成功的分类器。NBC 模型假设所有的属性条件都独立于类变量,即每个属性变量都以类变量作为唯一的父节点,如图 4 - 1 所示:

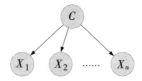

图 4 - 1 朴素贝叶斯网分类器结构

朴素贝叶斯网分类器有两个优点:第一是容易构造,因为结构是已知的,所以不需要进行结构学习;第二是分类非常有效。这两个优点都是由于所有属性之间的独立性假设,这种独立性假设看起来明显有问题,但是令人惊奇的是在大数据集上它优于很多复杂的分类器,特别是当属性间的相关不是很强时。

4.2.2 树扩张朴素贝叶斯网分类器

朴素贝叶斯分类器结构基于所有属性节点条件独立的假设,理论上在满足其限定条件下是最优的,但这些假设在实际问题中有时并不成立,会引起分类误差增大。保留其朴素贝叶斯分类器结构特点,减弱限定条件,扩大最优范围是改进的一种思路。Friedman 在朴素贝叶斯分类器结构的基础上提出 TAN 结构,属性变量以类变量作为父节点,属性节点间构成树形结构,即类节点没有父节点,属性节点的最大父节点数是 2。基于 TAN 结构的分类器就是 TANC(Tree Augmented Naive Bayesian Classifier)。TANC 模型实际上是由 NBC 通过扩展若干条"合适"的弧构成的,如图 4 - 2 所示:

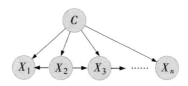

图 4 - 2　TAN 分类器结构

4.2.3　BAN 分类器

BAN 分类器是 TAN 分类器的一种扩展,BAN 允许属性形成任意的图形,而不仅仅只是树形。如图 4 - 3 所示:

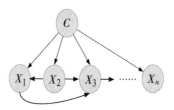

图 4 - 3　BAN 分类器结构

4.2.4　通用贝叶斯网分类器

通用贝叶斯网分类器(General Bayesian Network Classifier,GBNC)是一种无约束的贝叶斯网分类器。它和前面三类贝叶斯网络分类器的较大区别是:前面三种分类器均将类变量所对应的节点作为一个特殊的节点,即各特征节点的父节点;而在 GBNC 中,类节点只是作为一个普通节点。如图 4 - 4 所示:

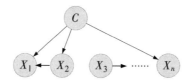

图 4 - 4　GBN 分类器结构

4.2.5　贝叶斯多网分类器

贝叶斯多网分类器(Bayesian Multi-net Classifier,BMNC)实际上是 TAN 分

类器的扩展。对于类别变量的所有取值,BAN 分类器使属性变量之间保持相同的关系,而 BMN 分类器属性变量之间的关系却随类变量取值的不同而不同。图 4-5 是一个简单的贝叶斯多网分类器的结构。

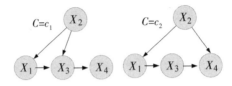

图 4-5   BMN 分类器结构

4.3   利用贝叶斯网分类器对认知诊断进行分类

贝叶斯分类器是基于贝叶斯公式中的先验概率和条件概率,利用已知信息来确定新样本的后验概率。贝叶斯分类算法就是求待分类样本数据在不同类时的最大后验概率,并将此样本数据划归为具有最大后验概率的类。

4.3.1   利用朴素贝叶斯网分类器进行分类

图 4-1 显示朴素贝叶斯网分类器的结构。可以这样来理解这个分类器,假设一个测验中共有 n 个项目,被试对这 n 个项目进行作答,$X_1, X_2, \cdots, X_n$ 分别表示这 n 个项目的作答情况或得分(贝叶斯网分类器中的属性节点),$X_1, X_2, \cdots, X_n$ 的不同值的组合对应不同的知识掌握情况。C 表示不同的知识掌握情况,即贝叶斯网分类器中的类节点集合。C 中不同的知识掌握情况(知识状态,knowledge state)通过专家意见或历史数据可以得到其先验概率,即类节点的先验概率。

应用贝叶斯方法的一个重要特点是充分利用先验信息(专家的意见及以往的经验数据)。因为测验在教育测量中是一个十分常见的行为,所以要得到先验信息并不是十分困难。

朴素贝叶斯分类器具有较强的限定(属性变量之间是条件独立的),我们应该广义地理解这种独立性,即属性变量之间的条件独立性是指属性变量之间的依赖相对于属性变量与类变量之间的依赖是可以忽略的。这一点刚好和项目反应理论的局部独立性假设一致。我们将所有被试的作答数据作为训练集,这些作答数据中包含失误和猜测,根据贝叶斯网学习得到我们所要的分类器,然后将作答数据中那些与任何期望反应模式都不同的作答模式找出来,作为测试集,用分类器进行分类。

利用朴素贝叶斯网分类器进行分类的具体过程如下:已知 $X_1,X_2,\cdots,X_n$ 的值,对所有的 i 计算 $P(C_i \mid X_1 X_2 \cdots X_n)$,根据贝叶斯公式及全概率公式:$P(C_i \mid$

$$X_1 X_2 \cdots X_n) = \frac{P(X_1 X_2 \cdots X_n \mid C_i) P(C_i)}{P(X_1 X_2 \cdots X_n)} = \frac{P(X_1 X_2 \cdots X_n \mid C_i) P(C_i)}{\sum_{i=1}^{k} P(X_1 X_2 \cdots X_n \mid C_i) P(C_i)},\text{其中}$$

$P(C_i)$ 为先验概率。因为在给定类节点 C 的条件下,$X_1,X_2,\cdots,X_n$ 是独立的,由

概率论有:$P(X_1 X_2 \cdots X_n \mid C_i) = \prod_{j}^{n} P(X_j \mid C_i)$,代入公式,计算出样本属于各类

的后验概率值,寻找使 $P(C_i \mid X_1 X_2 \cdots X_n)$ 达到最大时 C_i 的取值,此时的 C_i 即为待分类样本所对应的类,也就是被试的知识状态,这便是应用朴素贝叶斯网分类器实现认知诊断。

4.4　利用朴素贝叶斯网分类器分类

为了比较朴素贝叶斯分类器,AHM 下的 A、B 方法及祝玉芳研究的方法,我们进行蒙特卡洛模拟研究。在这里,我们分 0/1 计分和多级计分两种情况分别进行讨论。

4.4.1　0/1 计分情形的诊断实验设计

对于 0/1 计分下的认知模式分类,为比较不同分类方法下的分类准确性,采用 Cui、Leighton 和 Zheng 在 2006 年研究中的 4 种属性层级结构(如图 3 - 1 所示)和相似的模拟方法。在 3 种被试作答失误概率 slip(分别为 5%、10% 和 15%,这里的 slip 是指与期望项目作答反应不一致,包含失误或猜测)下考虑这 4 种属性层级结构的诊断结果,即用 3×4 交叉设计,共 12 个实验,每个实验都重复进行 20 次以减少误差,每次实验都对三种分类方法进行比较,以考查失误概率对诊断准确率的影响及分类方法对诊断准确率的影响。

(1)计算期望反应模式

如图 3 - 1 所示的 4 种属性层级结构用规则空间模型介绍的方法依次求出邻接阵、可达阵、关联阵、简化关联阵和期望属性掌握模式,可计算得到发散型的期望模式的项目是 25 个,收敛型的是 8 个,线型的是 7 个,无结构型的是 64 个。通过 **Q** 矩阵可得到被试期望反应模式,考虑到存在被试没有掌握任何一种

属性的情况,故 4 种属性层级结构的期望反应模式的个数都比其相应的期望反应个数多 1,分别为 26、9、8、65 个。

(2)模拟观察反应模式(见 3.3.1 实验设计,略)

4.4.2　多级计分情形的诊断实验设计

对于多级计分下的分类,模拟时采用的属性层次关系与 0/1 计分中的一样,贝叶斯网分类器的构造方法也与 0/1 计分中的一样。所不同的是期望反应模式与观察反应模式的计算方法。

(1)计算期望反应模式

期望反应模式的计算方法为:由图 3 - 1 所示的 4 种属性层级结构依次求出邻接阵、可达阵、关联阵、简化关联阵,由简化关联阵可知每个项目所考查的属性及个数。假设项目按属性评分,且每个属性赋值为 1,则满分为 f_j 的项目含 f_j 个属性,被试每对一个属性作出正确反应则累计 1 分。

(2)模拟观察反应模式

具体操作如下:对期望反应模式的分量加上随机误差,造成 slip 后所得到的反应向量作为被试观察反应模式。

把期望反应模式按得分从小到大排序,然后使具有这些得分的被试人数满足标准正态分布,产生 5000 个被试(即 5000 个观察反应模式)进行分配,其中得分相同的期望反应模式平均分配人数。为了产生发生了 slip 的观察反应模式,我们按如下的方法模拟:比如要模拟每个模式的每个项目的得分有 5% 的概率发生 slip 的情况,本实验采用产生一个服从开区间 $(0,1)$ 上均匀分布 $U(0,1)$ 的随机数 r,如果 $r > 0.975$ 且该项目得分不是满分,则该项目得分增加 1 分;如果 $r < 0.025$ 且该项目得分不是 0 分,则该项目得分减 1 分,否则该项目得分不变。这样就模拟产生一个有 5% 失误概率的观察反应模式。用相同的方法模拟产生 10% 和 15% 失误概率的观察反应模式。

4.4.3　评价指标

用发生失误(slip)前的属性模式作为真值,然后计算属性模式分类的正确率来比较方法的好坏。比如,诊断测验共有 K 个属性(本实验 $K = 7$)且有 N 个被试参加测验,发生 slip 前被试 α 的属性掌握模式为 y_α(y_α 为 K 维向量),而分

类结果为 z_α (z_α 为 K 维向量),如果 $y_\alpha = z_\alpha$,令 $h_\alpha = 1$;否则 $h_\alpha = 0$,则属性模式判准率为 $\sum_{\alpha=1}^{N} h_\alpha / N$,记为 PMR(Pattern Match Ratio)。注意,还有一种评价指标是边际属性诊断判准率(单个属性判准率),对 K 个属性中第 t 个属性,考查 N 个被试中对第 t 个属性的判准率,比如被试 α 掌握(未掌握)第 t 个属性,经诊断其掌握(未掌握)该属性,则称为对第 t 个属性判准一次,记为 $g_{\alpha t} = 1$,否则 $g_{\alpha t} = 0$。$\sum_{\alpha=1}^{N} g_{\alpha t} / N$ 即为第 t 个属性诊断判准率 MMR(t)〔Marginal Match Ratio(t)〕,也称为边际诊断判准率。K 个属性的平均判准率记为 MMR $= \sum_{t=1}^{K}$ MMR(t)/K,简称为属性平均判准率。

4.5　关于贝叶斯网诊断模型进一步讨论的问题

　　本章将贝叶斯网分类器应用到现代教育测量中,包括两个方面的应用。一是从被试的属性掌握模式中利用贝叶斯网结构学习得到属性之间的层级关系,对四种典型的结构进行模拟实验。实验结果表明,从被试的属性掌握模式中学习得到属性之间的层级关系是可作为参考的。二是利用贝叶斯网络分类器进行认知诊断分类。用蒙特卡洛模拟实验将贝叶斯网分类器对被试作答进行分类,与 AHM 中的 A、B 方法进行 0/1 评分下的分类比较,与 AHM 和 LL(Left-to-right,Leftmost)算法进行多级评分的比较,用属性模式判准率和属性平均判准率作为判别分类方法好坏的指标。实验结果显示,用贝叶斯网分类器进行认知诊断分类,属性模式判准率和属性平均判准率都优于其他的方法。

　　利用贝叶斯网结构学习得到属性之间的层级关系,需要进一步对实测数据进行研究。另外,由于文中采用的结构学习算法要求事先确定属性之间的拓扑顺序,但是有时候属性之间的拓扑顺序不太容易得到或者不太准确时,则用文中的方法进行结构学习得到的属性层级关系肯定会出现偏差。因此使用不需要事先确定属性之间的拓扑顺序的结构学习算法(如 Cheng 的三阶段学习算法)进行结构学习是值得研究的。文中的方法需要事先确定测验所考查的属性,研究从作答数据中学习出测验所考查的属性及属性间的层级关系的方法也是未来要做的。文中通过被试作答数据和测验项目属性得到被试的属性掌握模式的方法也需要进一步验证和改进。本书只研究朴素贝叶斯网分类器的分类,对于基于贝叶斯网的其他分类器在认知诊断分类中的效果还需进一步研究。利用贝叶斯网分类器分类的另一个突出的优点是它很容易处理带有缺失数据的分类,而教育测量中恰好经常会遇到数据缺失的情况。因此,急需将贝叶斯网分类器应用到教育测量的实测数据中,把贝叶斯网技术应用到现代教育测量的其他方面。总之,将贝叶斯网技术应用到现代教育测量的模拟实验和实际应用中,是十分有必要和有意义的。

第五章　基于贝叶斯网模型的多级计分诊断测验分类研究

5.1　多级计分诊断测验

　　教育测验作为一种测试工具,其目的是服务教育教学,通过被试的作答数据来提供反馈信息,从而帮助学生对所学知识进行查缺补漏,有利于学生的下一步学习;帮助教师改善教学,从而对教学采取针对性的补救措施。

　　认知诊断理论的一个显著优势是不同于经典测验理论根据被试作答数据给被试一个笼统的观察总分,或者项目反应理论给被试赋一个潜在的特质水平分数,而是根据被试的不同作答模式,提供一个被试内隐的、潜在的认知结构分析。根据对被试的认知结构的分析,我们可以知道被试在被测试的领域里认知发展的优势和劣势,得到被试在哪些方面的认知水平发展得比较好,在哪些方面的发展又存在不足。这有助于人们更好地了解个体内部的心理活动规律及加工机制,也有助于实现对被试个体认知发展的诊断评估,从而可以促进被试个体的全面发展。

　　贝叶斯网络为人们提供了一种方便和直观的框架结构来表示变量间的关系,因此非常适合在诊断测试中对教育评估的内容进行建模。近年来,贝叶斯网络已经在人工智能领域被广泛应用,但在心理学领域还较少得到关注,并且现有的研究多是将贝叶斯网络应用在0/1计分的认知诊断测验中。基于此,本研究借鉴前辈们的研究成果,拟将贝叶斯网络应用于多级计分的诊断测验,从而更好地应用于教育测量领域,具有重要的理论意义和实践意义。

5.1.1　研究的理论意义

　　认知诊断评估改变了传统考试的目的与意义。它的主要任务是根据每个被试的作答数据确定其相应的知识掌握状态,即将学生分类到特定的认知属性掌握模式中。贝叶斯网络以贝叶斯理论和图论为基础,由一个有向无环图和一组条件概率分布组成,以此来描述贝叶斯网络中节点之间的定性和定量关系。在认知诊断中,依据项目的计分方式的不同,可以将认知诊断模型分为0/1计分模型和多级计分模型。以往的研究以0/1计分模型居多,多级计分模型由于复杂而受到人们的关注。本研究将多级计分的认知诊断测验与贝叶斯网络结合起来,对于丰富测量理论和认知诊断理论具有重要的理论意义。

5.1.2   研究的实践意义

在实际的教育考试中,考试形式丰富多样,多级计分应用得也越来越广泛,如简答题、作文题、论述分析题等一些主观题都属于多级计分。相较于0/1计分题目,多级计分项目能够提供更多的信息,更贴合教育实践。研究将多级计分与贝叶斯网络结合,考查贝叶斯网在多级计分诊断评估中的应用研究,也更具实践意义。

5.1.3   研究的创新

创新之处在两个方面:首先,研究基于贝叶斯网模型的多级计分诊断测验,为诊断测验在我国的应用和推广提供理论和实践上的指导;其次,研究当测验的 Q 矩阵中包含错误时,贝叶斯网分类模型与多级计分诊断模型的表现,为实际测验情景(测验数据对于所选用诊断模型的拟合较差、测验的 Q 矩阵中包含错误或测验数据中包含较多的噪声时)提供模型选择参考依据。

5.2   贝叶斯网分类器与多级计分诊断模型 S-GDINA 的比较研究

5.2.1   研究目的

本研究意在探究当专家界定的 Q 矩阵正确时,多级计分诊断模型 S-GDINA 与贝叶斯网分类器两者对被试的分类性能。

在认知诊断的研究中,被试的实际属性掌握模式是无法直接观察得到的。为了比较朴素贝叶斯分类器和树增广的朴素贝叶斯分类器与多级计分诊断模型 S-GDINA 的分类效果,采用蒙特卡洛模拟研究。这么做的原因在于:一方面利用模拟方法可以模拟被试的属性掌握模式及作答数据,并基于作答数据得到被试的属性掌握模式估计值,从而可以将分类所得到的被试的知识状态与被试真实的知识状态进行比较,进而为分类结果的准确性提供一个可靠的校标;另一方面,利用模拟研究得到的模拟数据,可以考虑不同的实验条件,重复进行大量的研究实验。

5.2.2　研究设计

本研究 Q 矩阵采用的是 Ma 和 de la Torre(2016)研究中正确界定的 Q 矩阵(见表 5-1)。模拟的被试人数有三种情况(1000、2000、4000),题目考查个数为 20 题,属性考查个数为 5 个,并且在每种属性掌握模式下每个项目的作答中加入被试 10% 和 15% 的猜测(guessing)或失误(slipping)的参数误差两种情况,比较 S-GDINA 模型与朴素贝叶斯分类器和树增广的朴素贝叶斯分类器的分类性能,总共有 $3×3×2=18$ 种实验条件。本研究使用 R 语言生成模拟数据和分析数据。

表 5-1　模拟测验所对应的 Q 矩阵

题目	类别	A1	A2	A3	A4	A5	题目	类别	A1	A2	A3	A4	A5
1	1	1	0	0	0	0	11	1	1	1	0	0	0
1	2	0	1	0	0	0	11	2	0	0	0	0	1
2	1	0	0	1	0	0	12	1	1	1	1	0	0
2	2	0	0	0	1	0	12	2	0	0	0	1	1
3	1	0	0	0	0	1	13	1	1	1	0	0	0
3	2	1	0	0	0	0	13	2	0	0	1	1	1
4	1	0	0	0	0	1	14	1	1	0	1	0	0
4	2	0	0	0	1	0	14	2	0	0	0	1	0
5	1	0	0	1	0	0	14	3	0	0	0	0	1
5	2	0	1	0	0	0	15	1	0	0	0	0	1
6	1	1	0	0	0	0	15	2	0	0	1	1	0
6	2	0	1	1	0	0	15	3	0	0	1	1	0
7	1	0	0	1	0	0	16	1	1	0	0	0	0
7	2	0	0	0	1	1	16	2	0	1	0	0	0
8	1	0	0	0	0	1	16	3	0	0	1	1	0

续表 5 - 1

题目	类别	A1	A2	A3	A4	A5	题目	类别	A1	A2	A3	A4	A5
8	2	1	1	0	0	0	17	1	1	0	0	0	0
9	1	0	0	0	1	1	18	1	0	1	0	0	0
9	2	0	0	1	0	0	19	1	0	0	1	0	0
10	1	0	1	0	1	0	20	1	0	0	0	1	0
10	2	1	0	0	0	0	21	1	0	0	0	0	1

（1）生成被试的知识状态

研究假设被试的知识状态是服从均匀分布的，即在每种知识属性的掌握模式下，被试的数量是相近的。

（2）生成被试观察反应模式

为了得到被试发生猜测或失误的观察反应模式，按照以下方法进行模拟实验：在每种属性掌握模式下，每个项目的作答中加入被试 10% 或 15% 的随机作答误差，这样就得到了基于多级计分诊断模型 S-GDINA 的包含 10% 或 15% 的随机误差的观察反应数据。

（3）评价指标

为了评价多级计分模型 S-GDINA 和贝叶斯网分类器的分类性能，研究分别采用属性掌握模式判准率（Pattern Correct Classification Ratio，PCCR）和测量的属性判准率（Attribute Correct Classification Ratio，ACCR）两个指标来评价，研究结果取循环 100 次实验的结果平均值作为指标。

属性掌握模式判准率（PCCR）指的是计算每次模拟估计下被试属性掌握模式与其估计值的一致性，公式如下：

$$\text{PCCR} = \frac{\sum_{i=1}^{N} R_i}{N} = \frac{\sum_{i=1}^{N} (\widehat{\alpha_i} == \alpha_i)}{N} \qquad 公式 5 - 1$$

其中 N 表示的是被试人数，$\widehat{\alpha_i}$ 和 α_i 表示的是第 i 个被试的知识状态（KS）的估计值和真实值。如果 $\widehat{\alpha_i} = \alpha_i$，则 $R_i = 1$，表明该被试的属性掌握模式被正确估计；如果 $\widehat{\alpha_i} \neq \alpha_i$，那么 $R_i = 0$。PCCR 的值越大，表明对属性掌握模式的判准率越高。

测量的属性判准率（ACCR）指的是对被试的单个属性的估计准确率，公式如下：

$$\text{ACCR} = \frac{\sum_{i=1}^{N} A_{ik}}{N} = \frac{\sum_{i=1}^{N} (\widehat{\alpha_{ik}} == \alpha_{ik})}{N} \qquad \text{公式 5 - 2}$$

其中 K 表示所测量的属性总个数(本研究中 $K=5$),$\widehat{\alpha_{ik}}$ 和 α_{ik} 分别表示的是 $\widehat{\alpha_i}$ 和 α_i 的第 k 个元素。如果 $\widehat{\alpha_{ik}} = \alpha_{ik}$,则 $A_{ik}=1$,表明模拟估计的被试的单个属性知识状态与对应的真实值一致。ACCR 的值越大,表示对单个属性的判准率也就越高。

针对贝叶斯网分类器模型的评估方法,采用交叉验证法(Cross Validation,CV)。CV 是一种用来验证分类器性能的统计分析方法,其基本思想是在某种意义下将一批获得的原始数据进行分组,将其中一部分数据作为训练集(train set),另一部分则作为测试集(test set)。首先,用训练集对分类器进行训练,再利用测试集来测试通过训练所得到的分类模型,以此衡量分类器的性能优劣。Ron Kohavi(1995)指出交叉验证法主要包括以下三种类型:

留出法(Hold-out):其基本思想是将原始的数据随机分成两组,一组数据作为训练集,另一组数据则作为测试集。首先使用训练集数据训练分类器,然后用测试集进行验证模拟,最后将最终的分类准确率记录下来作为其方法下分类器的性能指标。这种方法的好处是应用起来简单,却并没有应用到交叉的思想,因此该方法得到的结果往往并不具有说服性。

K-Fold 交叉验证法(K-CV):其基本思想是将原始数据均分为 k 组,然后将每个子集的数据分别用来作为一次测试集,剩下的 $k-1$ 组子集的数据作为训练集,这样最终可以得到 k 个分类器模型,取 k 次测试集的分类准确率的平均值用来作为该分类器的性能指标。一般情况下,$k \geqslant 2$。在实际操作中,一般从 3 开始取值。其中,10-fold 是最常用的一种交叉验证法。

Leave-One-Out 交叉验证法(LOO-CV):这种方法是在 K-Fold 交叉验证法的基础上的一种逻辑扩展。其基本思想是假设一批原始数据有 N 个样本量,每次选择 $N-1$ 个样本作为训练集,留一个样本数据作为测试集,这个步骤一直持续到每个样本量都被选择作为一次测试集。此方法主要适用于样本量比较小的情况。当样本量相当大时,此方法计算成本很高,需要花费大量的时间。

本研究对分类器模型采用的评估方法是 10-fold 交叉验证法(Yadav,Shukla,2016):将数据均分为 10 个数据集,每次从数据集中抽取一个作为测试集,剩下的 9 个数据集作为训练集,共进行 10 次计算,最终取其均值。

5.3　研究结果

5.3.1　多级计分诊断模型 S-GDINA 模拟研究分类估计结果

基于多级计分诊断模型 S-GDINA 模拟数据,采用期望后验估计方法(Expected A Posteriori, EAP)对被试能力参数进行估计,得到的结果如表 5 - 2 所示。

从表中可以看出,当被试猜测/失误参数(g/s)=0.1(10%)时,S-GDINA 模型对被试的分类效果比较好。比如,当被试样本量 N = 1000 时,使用 PCCR 评价指标能达到 94.2% 的正确分类效果;而随着被试样本量的增大,当 N = 2000 时,被试的正确分类率可以达到 94.4% 左右。但是当被试样本量再次增大, N = 4000 时,PCCR 评价指标对被试的正确分类率与被试样本量 N = 2000 时基本没区别。

随着被试猜测/失误参数上升,我们可以看到 S-GDINA 模型对被试的正确分类率明显下降。例如,当被试样本量 N = 1000,被试的猜测/失误参数从 0.1(10%)上升到 0.15(15%)时,使用 PCCR 评价指标被试的正确分类率从 94.2% 下降到 85.3%,并且无论被试样本量如何变化,当 g/s 上升后,S-GDINA 模型的分类效果都受到了一定程度的下降影响。

研究结果表明,在我们的模拟条件下,多级计分 S-GDINA 模型的分类效果受被试样本量的影响较小,但是受被试的猜测/失误参数的影响较大。一旦被试的猜测/失误率上升,S-GDINA 模型的分类准确性明显下降。

表 5 - 2　S-GDINA 模型对被试正确分类的估计结果

样本量 N	猜测/失误参数	分类效果评价指标	
		PCCR	ACCR
1000	10%	0.942	0.988
	15%	0.853	0.969
2000	10%	0.944	0.988
	15%	0.856	0.969
4000	10%	0.944	0.988
	15%	0.856	0.969

5.3.2　贝叶斯网分类器分类估计结果

在探究贝叶斯网分类器对被试的正确分类性能的实验中,数据是基于多级计分诊断模型 S-GDINA 模拟的,然后分别用 S-GDINA 模型和贝叶斯网进行分类。这样做是为了使两个模型基于同一批数据进行分析,使研究的结果更具比较性。

分别以含有 10% 和 15% 的猜测或失误概率的被试观察反应数据为训练集和测试集,并且当被试样本量 $N = 1000$ 时,在训练作答矩阵中加入被试的理想作答矩阵,保证无论在哪种被试分类类别下都有一定数量的被试样本量。采用 10-fold 的交叉验证法,可以对贝叶斯网分类器的分类性能进行研究。

表 5-3 列出了朴素贝叶斯分类器(NB)和树增广的朴素贝叶斯分类器(TAN)在不同的猜测/失误概率下的分类估计结果。同样,表 5-3 采用了属性掌握模式判准率(PCCR)和测量的属性判准率(ACCR)两个评价指标来衡量其分类准确性。

从表中我们可以看出,总体而言,朴素贝叶斯分类器的分类效果略好于树增广的朴素贝叶斯分类器。当猜测/失误参数(g/s)= 0.1(10%),被试样本量 $N = 4000$ 时,朴素贝叶斯分类器的正确分类率使用 PCCR 评价指标可以达到 93.8%,树增广的朴素贝叶斯分类器的正确分类率也可以达到 86.7%。随着被试样本量的减少,无论是朴素贝叶斯分类器还是树增广的朴素贝叶斯分类器,其正确分类率都有所下降,但朴素贝叶斯分类器与树增广的朴素贝叶斯分类器相比,其正确分类率的下降幅度更小。在被试样本量较小,$N = 1000$ 时,树增广的朴素贝叶斯分类器的正确分类率使用 PCCR 评价指标可以达到 78.6%,而朴素贝叶斯分类器的正确分类率高达 92.1%。

并且我们可以看出,当被试的猜测/失误参数只有 0.1 的时候,朴素贝叶斯分类器的分类效果能达到 90% 以上,表明该分类器的分类效果是理想的;树增广的朴素贝叶斯分类器的分类效果在样本量较小时也能接近 80%,相对较好。随着被试猜测/失误参数上升到 0.15(15%),由于猜测/失误率较高,此时贝叶斯网分类器的分类效果明显下降,朴素贝叶斯分类器的分类效果下降幅度达到 10 个百分点以上,而树增广的朴素贝叶斯分类器的分类效果下降的幅度在 15 个百分点左右。

根据模拟的研究结果来看,贝叶斯网分类器的总体分类效果还是比较优良的,其受被试的样本量大小的影响比较大,受被试的猜测/失误参数的影响也较为明显。

表 5-3　贝叶斯网分类器对被试正确分类的估计结果

样本量 N	贝叶斯网分类器	分类效果指标	猜测/失误参数	
			10%	15%
1000	NB	PCCR	0.921	0.808
		ACCR	0.984	0.958
	TAN	PCCR	0.786	0.615
		ACCR	0.952	0.905
2000	NB	PCCR	0.931	0.829
		ACCR	0.986	0.963
	TAN	PCCR	0.838	0.683
		ACCR	0.965	0.925
4000	NB	PCCR	0.938	0.841
		ACCR	0.987	0.966
	TAN	PCCR	0.867	0.742
		ACCR	0.971	0.942

5.3.3　研究讨论

为了让研究结果看起来更直观,将研究结果用折线图表示出来,如图 5-1 和图 5-2 所示。图中纵坐标表示属性掌握模式判准率(PCCR),横坐标表示被试样本量。

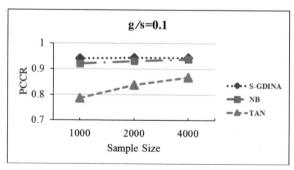

图 5-1　g/s=0.1 时 S-GDINA 与贝叶斯网分类器的 PCCR 折线对比图

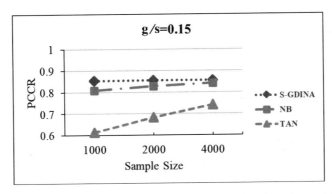

图 5 - 2　g/s = 0.15 时 S-GDINA 与贝叶斯网分类器的 PCCR 折线对比图

　　本研究基于多级计分诊断模型 S-GDINA 生成数据,比较了 S-GDINA 模型与朴素贝叶斯分类器和树增广的朴素贝叶斯分类器在不同被试样本量之间的被试分类效果。从图 5 - 1 和图 5 - 2 中可以看出,在被试样本量较大的时候,朴素贝叶斯分类器的分类效果与 S-GDINA 模型相差不大,同样可以达到很好的分类效果。

　　在我们日常实际的测验考试中,在不能确保数据的拟合模型时,贝叶斯网分类器可以提供一个优良的分类效果。基于项目反应理论(IRT)的分类方法,需要去估计项目的参数和被试的能力参数,一旦参数估计的误差比较大,分类的正确性也会受到严重的影响。而贝叶斯网络可以通过利用专家的经验和一些历史数据,或者基于理想作答模式来进行模型构建。网络的建构基于数据也是贝叶斯网分类的一大优点。因此,将贝叶斯网分类器应用于教育测量领域的认知诊断中作为诊断分类工具是可行且有优势的。

5.4　Q 矩阵包含错误时贝叶斯网分类器与多级计分诊断模型 S-GDINA 的比较研究

5.4.1　研究目的

　　本研究意在探究当专家正确界定的 Q 矩阵(原始 Q 矩阵)中包含部分错误时(即在 Q 矩阵中有一部分的 q 向量被错误界定),多级计分诊断模型 S-GDINA 与贝叶斯网分类器两者对被试的分类性能。

5.4.2 研究设计

本研究分别模拟被试人数为 1000、2000、4000 三种情况。题目考查数为 20 道,属性的考查个数为 5 个,并在每种属性掌握模式下每个项目的作答中同样加入被试 10% 和 15% 的猜测/失误参数误差两种情况,比较 S-GDINA 模型与朴素贝叶斯分类器和树增广的朴素贝叶斯分类器的分类性能,总共有 $3 \times 3 \times 2 \times 2 = 36$ 种实验条件。与 5.2 的研究不同之处在于,本研究考虑数据分析时的 Q 矩阵中包含不同比例的题目属性向量被界定错误。本研究同样使用 R 语言编程实现。

(1)测验 Q 矩阵的真值

本研究的 Q 矩阵采用的是 Ma 和 de la Torre(2016)研究中正确界定的 Q 矩阵,记作 Q_0,Q 矩阵如表 5-1 所示。

(2)生成被试的知识状态

本研究假设被试的知识状态是服从均匀分布的,即在每种知识属性的掌握模式下,被试的数量是相近的。

(3)生成被试观察反应模式

为了得到被试发生猜测或失误的观察反应模式,本研究按照以下的方法进行模拟实验:在每个项目的作答中加入 10% 或 15% 的随机误差,这样就得到了基于多级计分诊断模型 S-GDINA 的包含 10% 或 15% 的随机误差的观察反应数据。

(4)生成本研究所使用的包含错误的 Q 矩阵(Q_r)

基于真实 Q 矩阵模拟生成实验数据,分析实验结果时模拟包含一定错误 q 向量比例的 Q 矩阵 Q_r,Q_r 中包含错误标定的题目按照 25% 和 30% 两种情况进行随机挑选,即从所有题目中选取预定比例的题目,将它们的属性向量修改成错误的情况。其中被挑选中的错误项目在 $2^K - 2$ 种的可能性中随机抽选,全 0 的 q 向量和正确的 q 向量不包含在内。

(5)评价指标

本研究采用的评价指标与 5.2 中的研究相同。

5.4.3 研究结果

(1)Q 矩阵中包含错误 q 向量时,S-GDINA 模拟研究分类的估计结果基于多级计分诊断模型 S-GDINA 模拟数据，采用期望后验估计方法（Expected A Posteriori, EAP）对被试能力的参数进行估计，得到的结果如表 5 – 4 所示。

从表中我们可以看出，当被试的猜测/失误参数（g/s）和 Q 矩阵中错误 q 向量比值为 0.25 时，S-GDINA 模型对被试的正确分类率使用 PCCR 指标还是可以达到 90% 左右。比如，当 g/s = 0.1, r = 0.25, N = 1000 时，S-GDINA 模型的正确分类率使用 PCCR 指标有 89.5%。随着被试样本量的增加，S-GDINA 模型的正确分类率也会上升，但并不明显；但随着被试猜测/失误参数和 Q 矩阵中包含的错误 q 向量增加，即 g/s 上升、错误比例 r 增加时，S-GDINA 模型的正确分类率会明显下降。

与此同时，我们发现，被试样本量的增加对 S-GDINA 模型的被试正确分类率的提高要低于猜测/失误参数（g/s）的下降和错误比例 r 减少带来的提高，Q 矩阵中错误比例 r 的减少所带来的被试正确分类率提高同样低于 g/s 下降所带来的提高。比如，当被试的样本量 N 从 1000 增加到 2000 时，在其他各种条件固定保持不变的情况下，S-GDINA 模型的被试正确分类率使用 PCCR 指标平均只上升了 0.2 个百分点；当 Q 矩阵中的错误比例 r 从 30% 下降到 25%、猜测/失误参数为 0.15 时，在其他各种条件固定保持不变的情况下，S-GDINA 模型的被试正确分类率平均上升了 4.6 个百分点左右。但是，当被试的猜测/失误参数下降时，在其他条件保持不变的情况下，S-GDINA 模型对被试的正确分类率得到显著提高，例如当 Q 矩阵错误比例 r 为 25%、猜测/失误参数从 15% 下降到 10% 时，正确分类率平均提高了 13 个百分点左右；错误比例 r 为 30%、猜测/失误参数从 15% 下降到 10% 时，正确分类率平均提高了 16 个百分点左右。并且，与在 Q 矩阵中所有 q 向量都是正确界定的情况相比，S-GDINA 模型的被试正确分类率在不同条件下有不同程度的降低。

表 5 – 4 Q 矩阵包含错误时 S-GDINA 模型对被试正确分类的估计结果

样本量 N	猜测/失误参数	Q 矩阵错误比例 r	PCCR	ACCR
1000	10%	25%	0.895	0.978
		30%	0.881	0.975
	15%	25%	0.762	0.947
		30%	0.716	0.936

续表 5-4

样本量 N	猜测/失误参数	Q 矩阵错误比例 r	PCCR	ACCR
2000	10%	25%	0.897	0.978
		30%	0.883	0.975
	15%	25%	0.767	0.948
		30%	0.721	0.937
4000	10%	25%	0.898	0.979
		30%	0.887	0.976
	15%	25%	0.777	0.951
		30%	0.735	0.940

(2) Q 矩阵中包含错误标定的题目时,贝叶斯网分类器模拟研究分类估计结果

同样,分别以含有 10% 或 15% 的猜测/失误参数的被试观察反应数据为训练集和测试集,并且当被试样本量为 $N=1000$ 时,在训练作答矩阵中加入被试的理想作答矩阵,保证无论在哪种属性掌握模式下的被试分类都有一定数量的被试样本量。

表 5-5 列出了在 Q 矩阵包含部分错误标定的题目的情况下,朴素贝叶斯分类器(NB)和树增广的朴素贝叶斯分类器(TAN)在不同的猜测/失误参数下的分类估计结果。

通过表 5-5,我们可以看出,当猜测/失误参数较小($g/s=0.1$)时,使用 PCCR 指标,朴素贝叶斯分类器的总体平均正确分类率能达到 90% 左右,树增广的朴素贝叶斯分类器的总体平均正确分类率能达到 80% 左右。随着猜测/失误参数的上升以及 Q 矩阵中包含错误标定的题目比例的增加,朴素贝叶斯分类器和树增广的朴素贝叶斯分类器对被试的正确分类准确率都有所下降。例如,当被试样本量 $N=2000$ 时,g/s 从 0.1 上升到 0.15,Q 矩阵中包含错误标定的题目比例 r 从 0.25 增加到 0.3 时,使用 PCCR 指标,朴素贝叶斯分类器的正确分类率从 90.41% 下降到 78.9%,树增广的朴素贝叶斯分类器的正确分类率也从 79.7% 下降到了 64.4%。可以看出,朴素贝叶斯分类器的总体正确分类率是高于树增广的朴素贝叶斯分类器的,并且随着猜测/失误参数的上升和 Q 矩阵中包含错误标定题目的比例的增加,朴素贝叶斯分类器的正确分类率下降的幅度是略低于树增广的朴素贝叶斯分类器的。

相对来看,无论是朴素贝叶斯分类器还是树增广的朴素贝叶斯分类器,被

试样本量增加和 Q 矩阵中包含错误标定的题目比例的降低所带来的对被试正确分类的成功率都要低于被试猜测/失误概率的减少所带来的成功率,这一点与 S-GDINA 模型一致。随着被试样本量的增加,在猜测/失误参数和错误比例 r 不变的情况下,贝叶斯网分类器的正确分类率都有所提升,例如当 $g/s=0.1$,$r=0.25$,被试样本量 N 从 1000 增加到 2000 时,使用 PCCR 指标,朴素贝叶斯分类器的正确分类率从 88.9% 增加到 90.4%,树增广的朴素贝叶斯分类器的正确分类率从 73.8% 增加到 79.7%;样本量 N 从 2000 增加到 4000 时,朴素贝叶斯网的正确分类率从 90.4% 增加到 91.3%,树增广的朴素贝叶斯分类器的正确分类率从 79.7% 增加到 83.6%,朴素贝叶斯分类器的提高率略低于树增广的朴素贝叶斯分类器;当被试的猜测/失误参数从 15% 下降到 10% 时,在各种条件保持不变的情况下,树增广的朴素贝叶斯分类器对被试的平均正确分类率的提高率高于朴素贝叶斯分类器。

表 5-5 Q 矩阵包含错误标定题目时贝叶斯网分类器对被试正确分类的估计结果

样本量 N	贝叶斯网分类器	错误比例 r	分类效果指标	猜测/失误参数	
				10%	15%
1000	NB	25%	PCCR	0.889	0.761
			ACCR	0.977	0.946
		30%	PCCR	0.891	0.766
			ACCR	0.977	0.948
	TAN	25%	PCCR	0.738	0.568
			ACCR	0.940	0.890
		30%	PCCR	0.743	0.571
			ACCR	0.941	0.891
2000	NB	25%	PCCR	0.904	0.790
			ACCR	0.980	0.953
		30%	PCCR	0.903	0.789
			ACCR	0.979	0.953
	TAN	25%	PCCR	0.797	0.646
			ACCR	0.955	0.915
		30%	PCCR	0.796	0.644
			ACCR	0.954	0.914

续表 5 - 5

样本量 N	贝叶斯网分类器	错误比例 r	分类效果指标	猜测/失误参数	
				10%	15%
4000	NB	25%	PCCR	0.913	0.806
			ACCR	0.982	0.957
		30%	PCCR	0.910	0.801
			ACCR	0.981	0.956
	TAN	25%	PCCR	0.836	0.710
			ACCR	0.964	0.933
		30%	PCCR	0.832	0.705
			ACCR	0.963	0.931

5.4.4 研究结论

为了看起来更直观,可以将研究结果用折线图表示出来:如图5－3、图5－4、图5－5 和图5－6 所示,纵坐标表示属性掌握模式判准率(PCCR),横坐标表示被试样本量。

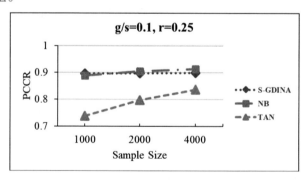

图5－3 g/s＝0.1、r＝0.25 时,S-GDINA 与贝叶斯网分类器的 PCCR 折线对比图

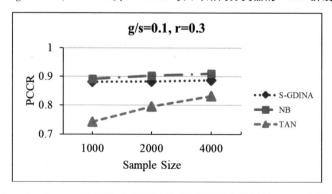

图5－4 g/s＝0.1、r＝0.3 时,S-GDINA 与贝叶斯网分类器的 PCCR 折线对比图

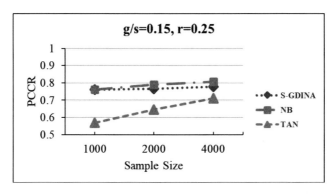

图 5 - 5 $g/s = 0.15$、$r = 0.25$ 时,S-GDINA 与贝叶斯网分类器的 PCCR 折线对比图

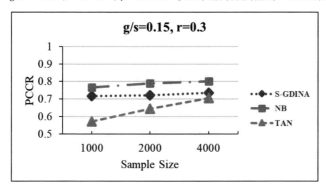

图 5 - 6 $g/s = 0.15$、$r = 0.3$ 时,S-GDINA 与贝叶斯网分类器的 PCCR 折线对比图

本研究基于 S-GDINA 模型模拟生成实验数据,在正确的 $\boldsymbol{Q}$ 矩阵中随机加入部分错误 q 向量时,分析多级计分模型 S-GDINA 模型对被试的分类效果;在 $\boldsymbol{Q}$ 矩阵中包含错误标定的题目时,研究朴素贝叶斯分类器和树增广的朴素贝叶斯分类器的分类效果。

研究结果表明,在正确的 $\boldsymbol{Q}$ 矩阵中随机加入部分错误 q 向量后,S-GDINA 模型对被试的正确分类率有所降低;$\boldsymbol{Q}$ 矩阵中包含错误标定的题目时,贝叶斯网分类器的分类效果有所下降。但是,从图 5 - 3、图 5 - 4、图 5 - 5 和图 5 - 6 中我们可以看出,在我们的模拟条件下,朴素贝叶斯网分类器的分类优于 S-GDINA 模型,尤其是当 $\boldsymbol{Q}$ 矩阵中存在较大噪声($g/s = 0.15$,$r = 0.3$)时;树增广的朴素贝叶斯分类器随着被试样本量的增加,与 S-GDINA 模型分类的正确率相比,差距也越来越小。这表明当测验数据对于所选用诊断模型的拟合较差、测验的 $\boldsymbol{Q}$ 矩阵中包含错误或测验数据中包含较多的噪声时,贝叶斯网模型是一个更好的选择。

5.5 利用贝叶斯网分类器在实证数据中的应用研究

5.5.1 研究目的

为了进一步研究贝叶斯网分类器的实际分类效果,本研究将贝叶斯网分类器应用到实证数据中,展示贝叶斯网分类器在实证数据中的分类过程,以评估其在实证数据中的分类性能。

5.5.2 数据描述

本研究使用的实证数据来源于 Lee、Park 和 Taylan 于 2011 年研究中所使用的数据的一个子集,该数据取自 2007 年"国际数学和科学研究趋势"项目(Trends in International Mathematics and Science Study, TIMSS)中小学四年级学生的数学评估数据。该数据总共包含 823 名学生对总共 25 道题目中的 12 道题目的作答数据,并涉及 Lee 等人 2011 年所确定考查的 15 个知识属性中的 8 个。在所测验考查的题目中,第 3 题和第 9 题是多级计分项目,其作答数据可以分为三种有序作答类别(0,1,2),并且第 7 道题包括项目 M031242A 和 M031242B 这两道题目,它们分别是对同一幅图片刺激进行反应作答,分别记作 7a 和 7b,其中第 7a 题要求学生利用两张海报图片中的信息完成表格,而第 7b 题只要求学生填写一个不与第 7a 道题相矛盾(包括 7a 题没有完全作答或作答完全却做错了)的正确答案即可,因此也将这两道题目合并为一个多级计分的题目。经过数据筛选,实验数据最终包含 823 名被试和 11 道题目。Ma 和 de la Torre 于 2016 年将该批数据用于研究多级计分 S-GDINA 模型,该测验所使用的 Q 矩阵如表 5 −6 所示:

表 5 −6 TIMSS 数据所使用的 Q 矩阵

题目	题目序号	作答类别	考查的知识属性							
			A1	A2	A3	A4	A5	A6	A7	A8
1	M041052	1	1	1	0	0	0	0	0	0
2	M041281	1	0	1	1	0	1	0	0	0
3a	M041275	1	1	0	0	0	0	1	0	1
3b	M041275	2	1	0	0	0	0	1	0	1

续表 5 - 6

题目	题目序号	作答类别	考查的知识属性							
			A1	A2	A3	A4	A5	A6	A7	A8
4	M031303	1	0	1	1	0	0	0	0	0
5	M031309	1	0	1	1	0	0	0	0	0
6	M031245	1	0	1	0	1	0	0	0	0
7a	M031242A	1	0	1	1	0	1	0	0	0
7b	M031242B	2	0	0	0	0	0	0	1	0
8	M031242C	1	0	1	1	0	1	0	1	0
9a	M031247	1	0	1	1	1	0	0	0	0
9b	M031247	2	0	1	1	1	0	0	0	0
10	M031173	1	0	1	1	0	0	0	0	0
11	M031172	1	1	1	0	0	0	1	0	1

注A1:整数的表示、比较和排序能力。

A2:识别倍数,运用四则运算进行整数运算,并估计其计算能力。

A3:解决问题,包括解决在现实生活中出现的一些日常问题的能力。

A4:查找数据中的缺失值或遗漏的运算操作,并对算式或句子表达中涉及未知数的简单情况进行建模的能力。

A5:描述模式中的关系及其扩展,按照规则生成一对整数,并为每一个给定的整数对的关系确定一个规则的能力。

A6:从表格、象形图、条形图和饼状图中读取数据的能力。

A7:比较和理解如何利用数据中的信息的能力。

A8:了解数据不同的表示方法,利用表格、象形图和条形图组织数据的能力。

5.5.3 研究设计步骤

(1)获取实验真值

对于获得的实证数据首先用多级计分诊断模型 S-GDINA 进行分析,以此来获得这 823 名被试的属性掌握模式和 11 道题的题目参数。这里得到的属性掌握模式值作为后续实验比较的真值,得到的 11 道题的参数用来模拟生成训练数据。

(2)训练网络结构

属性掌握模式均匀分布,模拟 10 000 个被试。基于步骤(1)的题目参数,生成作答数据。将这批数据作为训练数据,以此来训练网络结构和参数。

(3)比较结果

用训练得到的模型对 823 名被试的真实作答数据进行分类,将分类结果与步骤(1)得到的分类结果进行比较,作为研究结果的判准率。

5.5.4 研究结果分析

对获得的实证数据用多级计分诊断模型 S-GDINA 来进行分析,以此来获得这 823 名被试的属性掌握模式,统计模拟分布如表 5-7 所示。这 823 名被试的分类总共只有 8 种属性掌握模式。我们知道,一个测验如果考查了 K 个属性,那么被试最多会被分为 2^K 种潜在类别(Latent Classes),每一种潜在类别都具有自己独特的属性掌握模式。例如在这批实证数据中,测试考查了 8 个属性,那么这批被试会有 $2^8 = 256$ 种属性掌握模式。如果一个被试被划分为第 1 种属性掌握模式(即 00000000),说明被试对于测验要考查的 8 个知识属性一个都没有掌握;如果被试被划分为第 256 种属性掌握模式(即 11111111),代表被试对于测验要求考查的所有知识属性都掌握了。

表 5-7　823 名被试的属性掌握模式

属性掌握模式	被试人数	属性掌握模式	被试人数
2	91	178	31
57	104	206	27
107	115	227	240
143	26	256	189

(1)贝叶斯网分类器实证数据研究分类结果

利用朴素贝叶斯分类器对 823 名被试的真实数据进行了分类,将被试总共分成了 84 种属性掌握模式。为了验证朴素贝叶斯分类器的分类性能,举个例子,我们找出被朴素贝叶斯分类器分类为第 227 类(属性掌握模式为 11101101)

的被试,检查其在 11 道题上的作答,结果如表 5 - 8 所示。

表 5 - 8　朴素贝叶斯分类器的分类一致性作答(第 227 类)

题目编号	1	2	3	4	5	6	7	8	9	10	11
实证作答	1	1	2	1	1	0	1	1	0	1	1
模拟作答	1	1	2	1	1	1	1	1	2	1	1

由表 5 - 8 可知,当被试被划分为第 227 类属性掌握模式的被试时,被试在 11 道题上的实证作答模式为(11211011011);通过朴素贝叶斯分类器分类之后,属性掌握模式为第 227 类的被试的模拟作答模式为(11211111211)。我们可以看出,通过朴素贝叶斯分类器分类之后的被试与实际相比,11 道题里面有 9 道题被正确作答,分类一致性达到了 9/11≈81.8% ,并且对题目测量的属性判准率(对被试的单个属性的估计准确率)达到了 73% 左右。

与朴素贝叶斯分类器在实证数据中的应用一样,利用树增广的朴素贝叶斯分类器对 823 名被试的真实数据进行了分类,将被试总共分成了 128 种属性掌握模式。为了验证树增广的朴素贝叶斯分类器的分类性能,我们找到属性掌握模式,按照实证数据将所有被试分类为第 107 类(属性掌握模式 11101101),同样在模拟训练结果之后用树增广的朴素贝叶斯分类器找出分类为第 107 类的被试,检查其在 11 道题上的作答数据,结果如表 5 - 9 所示。

表 5 - 9　树增广的朴素贝叶斯分类器的分类一致性作答(第 107 类)

题目编号	1	2	3	4	5	6	7	8	9	10	11
实证作答	1	1	2	1	0	1	1	1	1	1	1
模拟作答	1	1	2	1	0	0	0	0	2	1	1

由表 5 - 9 可知,当被试都被划分为第 107 类属性掌握模式的被试时,被试在 11 道题上的实证作答模式为(11210111111);通过树增广的朴素贝叶斯分类器分类之后,属性掌握模式为第 107 类的被试的模拟作答模式为(11210000211)。可以看出,通过树增广的朴素贝叶斯分类器分类之后的被试与实际相比,11 道题里面有 7 道题被正确作答,分类一致性达到了 7/11≈63.6% ,其题目测量的属性判准率达到 60% 左右。

我们比较了两种贝叶斯网分类器对 823 名被试的分类效果,两个模型的分类一致性分别为 81.8% 和 63.3% ,题目测量的属性判准率分别为 73% 和 60% ,如表 5 - 10 所示。

表 5 - 10　贝叶斯网分类器的分类一致性和属性判准率

贝叶斯网分类器	分类一致性	属性判准率
NB	81.8%	73%
TAN	63.3%	60%

5.5.5　研究结论

为了验证贝叶斯网分类器的实际分类效果,本研究将贝叶斯网分类器应用到实证数据中,展示了贝叶斯网分类器的在实证数据中的分类过程。研究结果表明,无论是朴素贝叶斯分类器还是树增广的朴素贝叶斯分类器在多级计分的认知诊断测验中都具有较好的分类效果,并且朴素贝叶斯分类器的分类准确率要略优于树增广的朴素贝叶斯分类器,表明贝叶斯网络可以很好地应用到多级计分的认知诊断中来。另一方面,无论是用 S-GDINA、NB,还是 TAN,得到的属性掌握模式估计类别数都与最大值相差较远,分别只出现了 8、84 和 128 种,表明这 8 个属性有可能是存在属性层级关系的。

5.5.6　研究总结

本研究通过两个模拟研究、一个实证研究将贝叶斯网络应用到多级计分的诊断测验中来,并与多级计分诊断模型 S-GDINA 进行比较,验证贝叶斯网络分类器在多级计分认知诊断中的分类效果。实验结果表明,当 Q 矩阵由专家正确界定(Q 矩阵中不存在错误的 q 向量)时,朴素贝叶斯分类器的分类效果与 S-GDINA 模型相差不大,同样可以达到很好的分类效果,树增广的朴素贝叶斯分类器的分类性能也能达到良好;当 Q 矩阵中存在部分错误(Q 矩阵中存在错误界定的 q 向量)时,与 S-GDINA 模型受 q 向量中的错误影响较大相比,贝叶斯网分类器对被试依然有较高的正确分类率,几乎不受 Q 矩阵中的错误影响。实证研究部分展示了贝叶斯网络分类器在多级计分的认知诊断的实证数据中分类应用的过程。结果表明,贝叶斯网络可以达到很好的分类效果。

5.5.7　研究不足与展望

本研究也存在一些不足和局限,以期未来能够进一步完善:

(1)本研究的模拟研究所用到的数据都是基于多级计分认知诊断模型 S-

GDINA 来模拟的,因此在实验结果上可能会更有利于 S-GDINA 模型,即 S-GDINA 模型的分类效果会因为数据原因而优于贝叶斯网分类器。因此,接下来的研究可以考虑更为"中立"的数据,或者基于更"中立"的模型来模拟数据,再来比较二者之间的分类效果。

（2）在使用贝叶斯网分类器对被试进行分类时,只考虑了两种较常用的贝叶斯网分类器,即朴素贝叶斯分类器和树增广的朴素贝叶斯分类器,其他的贝叶斯分类器并没有应用到此研究上来。其他的贝叶斯分类器的分类效果是否会更优于本研究所使用的两种贝叶斯分类器我们不得而知,可在未来的研究中进一步探索。

（3）本研究所使用的实证数据来源于 2011 年 Lee、Park 和 Taylan 的研究中最初使用的数据的一个子集,并非近期数据。未来需要使用更多、更新的实测数据来研究贝叶斯网分类模型的表现。

第六章　测验中 Q 矩阵的验证与估计

认知诊断评价(Cognitive Diagnostic Assessment,CDA)是近年来兴起的测验形式,它是认知心理学与心理测量学相结合的产物。其他的测验形式,典型的比如经典测验理论(Classical Test Theory,CTT)或单维项目反应理论(Unidimensional Item Response Theory,UIRT)框架下的测验,它们通常在单个知识维度上测量被试,只提供给被试一个总分或总体能力。这种测验总分或能力可以很容易地对被试进行总体判断或比较,能够大致判断被试的总体能力水平及所处的位置。但是,这样的测验提供的诊断信息较少,不能提供被试在测验知识上的长处和不足的信息,阻碍了利益相关者(stakeholders),比如学生、教师或政策制定者进行针对性的学习、指导或资源分配。正是因为这些单维测验的局限性,同时在多个知识维度上对被试进行测量的 CDA 受到社会和研究者们的广泛关注。

目前已有多部关于 CDA 的理论和应用的专著问世:如 Leighton 和 Gierl 在 2007 年出版的 *Cognitive Diagnostic Assessment for Education:Theory and Applications*;Tatsuoka 在 2009 年出版的 *Cognitive Assessment:An Introduction to The Rule Space Method*;Rupp、Templin 和 Henson 在 2010 年出版的 *Diagnostic Measurement:Theory,Methods and Application*;涂冬波、蔡艳和丁树良在 2012 年出版的《认知诊断理论、方法与应用》。这几部著作集中了近年来国内外关于 CDA 研究的主要成果和发展趋势。

CDA 可以对被试在多个知识维度上进行测量,它最大的优势在于能提供被试在测验领域的知识诊断报告。这个诊断报告包含了更加丰富的评价信息,可以对被试的进一步学习、教师开展针对性教学等提供帮助。认知诊断报告中最重要的信息是关于被试的知识状态(Knowledge State,KS)或属性掌握模式(Attribute Mastery Pattern,AMP)的描述。通常情况下,知识状态是一个非 0 即 1 的二值向量,向量中的元素描述了被试在测验属性上的掌握情况,0 表示被试对某属性没有掌握,1 表示被试掌握了该属性。著名的"分数减法"(fraction subtraction)数据中包含 20 个项目,界定了将整数转化为分数、从带分数中分离出整数、在减法运算前进行化简等 8 个属性。如果某被试的属性掌握模式为(10000000),表明该被试只掌握了第 1 个属性(将整数转化为分数),对其他 7 个属性都没有掌握。有了诊断性分析报告,就可以进行有针对性的补救教学和学习。

教育政策制定者们也关注到诊断性测验,比如《国家中长期教育改革和发展规划纲要(2010—2020 年)》中也提到要注重因材施教,要改进教育教学评价,探索促进学生发展的多种评价方式;美国政府 2002 年制定的"不让一个孩子掉队"法案(No Child Left Behind Act)中明确提到要进行诊断性的测验,对学生进行个别化的针对性指导;美国教育部 2009 年制定的"力争上游"(Race To The Top,RTTT)新联邦资助方案将焦点集中在大规模测评、学生的学习和进步上,帮助学生在今后的学习和工作上取得成功。CDA 可以探查被试在测验领域的细粒度的知识掌握情况,了解被试的知识掌握详情(知识状态)是施行因材施教、补救教学、针对性指导或学习的前提。

6.1　认知诊断评价的目的

20 世纪 80 年代中期,认知心理学重点研究和观察行为内在的心理表征和心理加工。今天,社会已经对心理和教育测量提出了更高的要求,迫切需要测验提供学生作答背后的认知加工信息。在这种社会背景下,认知诊断评价应运而生。认知诊断评价不仅可以从宏观的层面对被试的能力进行排序(比如单维项目反应理论框架下的测验)或分类(比如多维项目反应理论框架下的测验),报告被试的总体分数,而且可以提供其他更多有用的信息:可以提供每个考生认知属性的优势和不足,这是被试的需求;可以为教师提供考生解答项目时存在的问题,为开展后续有针对性的指导提供参考依据,这是教师的需求;可以为教育管理层或管理机构提供较为宏观层面的教育评价信息,为改进决策、优化资源分配、提高宏观管理技术、促进科学管理效率和增强计划实施提供事实依据,这是评价方面的需求。认知取向的测量学研究模式旨在探索人类在特定领域的认知过程和结构,及其对人类个别差异的理解和分析相结合的理论基础和实践途径。换言之,作为心理测量学最新和最热门的发展方向之一的认知诊断评价的兴起,标志着心理测量学开始向更深层次探讨人类个体差异。

Jang 在 2008 年认为认知诊断评价的最终目标是服务于学习和学习过程的评价,而不是对学习结果的评价;认知诊断评价要为老师提供改进课堂教学的方法,促进学生学习,提供参考信息。

6.1.1 认知模型

有很多的心理测量学家只注重测量而不注重心理。认知诊断评价是以认知心理学作为理论基础的测量,它试图克服传统教育测量模型(比如经典测验理论和项目反应理论)的缺陷:缺乏实质的心理学理论解释项目反应背后的机制;对影响项目反应的心理变量的假设过于理想化,如三参数逻辑斯蒂克模型仅假设三个参数影响学生的项目反应;仅隐含表示测验结构的心理加工,即便显式表示了认知模型,也只是反映研究者对学生如何推理和解决问题的一种期望假设,缺乏学生在特定条件下如何真正思考的实际证据支持。

认知诊断评价的主要目的是推断学生作答反应背后潜在的认知优势和不足,首要的是确定要测量领域知识的结构表征。从认知信息加工的角度来看,结构表征指解决问题或作答项目时涉及的认知加工成分、策略或知识,即任务反应的认知模型。教育测量中的认知模型是用来描述解决标准的教学任务或问题,表征不同学习水平的学生的知识和技能,以方便对学生的表现做出解释和预测。认知模型通常是对被试作答项目时采用的知识和策略进行分析和研究得到。在心理学中,口语报告法特别适合对人的信息加工进行研究,因此,该方法常用来构建和验证认知模型。

认知模型构建之后,进一步开发可以测量认知模型中所表示的认知成分的测验项目,建立起项目与加工、知识和策略之间的关系,通常用可以描述项目与属性之间关系的关联矩阵(Q 矩阵)表示。描述项目与潜在特质(属性)之间的关系是结构表征的关键,这是结构效度的主要内容。

认知模型中最重要的组成是属性,已有很多研究者对属性下了定义,下面列出其中的几种:

(1)属性是为解决测验任务所涉及的知识或认知加工技能。

(2)属性是特定知识领域中为解决测验任务时需要的陈述性知识或程序性知识。属性刻画了测验项目的特征,它是正确解决任务时所涉及的认知加工技能。解决问题的策略不能作为属性,但是多个属性的组合可以形成策略。属性是可以随着辅导或学习动态变化的实体。

（3）属性是用来描述学生成功完成目标任务时必须掌握的步骤、技能或内容知识。

属性还有许多代名词，如知识、技能、子技能、能力、加工和加工水平。它们有时可互换使用，但含义有所不同。本书余下的部分统一用属性一词，指正确作答项目时所涉及的技能。Gierl、Roberts、Alves 和 Gotzmann 在 2009 年指出认知模型中的属性应该具有四个基本特征：属性粒度的合适性，可以进行测验并且报告诊断结果；属性的可测性，即测验开发人员可以开发测验项目来测试那些属性；属性与教学的相关性，可供学生、老师和父母等指导学习；属性的顺序性，即属性之间是具有拓扑顺序的，不同的属性之间可能具有某种层级结构。

认知理论研究的现象涉及知觉、注意力、记忆力、问题解决、推理、智力和其他特殊能力等多项能力，但是缺乏关于评价的认知理论和关于教育测量中潜在的认知加工和行为的研究，又不能借用认知心理学的相关理论直接用于教育测量的研究，并且用于教育测量的认知模型非常少。即便存在这样的认知理论，但是认知操作是原子操作，粒度太细，要用于诊断评价还需要进行粒度上的转换。也正是由于存在这样或那样的困难，关于认知模型构建的研究很少，因此对如何构建认知模型和建立它与项目之间的关系，还缺少规范。其一，缺少关于诊断评价的认知模型的研究。其二，Leighton 和 Gierl 在 2007 年强调 CDA 必须明确地描述出认知模型，而不是仅仅根据研究者的期望，必须有实际的证据支持学生究竟是如何思考的，并提出可以应用认知心理学中的手段，比如用口语报告的方法记录下被试在解决任务时所用到的知识、策略等；通过对认知任务的分析来识别属性，并且通过对属性的研究和分析得到属性之间的层级结构（初步的认知模型）；最后还需要经过进一步的研究来改善认知模型，辅以出声思考等方法进行验证。

6.1.2 属性的粒度

在 CDA 中，测验属性是一个重要的概念，它是指被试要想对测验项目做出正确的反应，就必须掌握或拥有的知识、技能或加工过程。准确地探查出被试对每个属性的掌握情况是 CDA 的主要目标。被试对于某个属性的掌握情况通常用 0 或 1 来表示，0 表示被试没有掌握该属性，1 表示掌握。被试在测验的所有属性上的掌握情况就构成了一个非 0 即 1 的二值向量,即属性掌握模式或知识状态。属性的界定是实施 CDA 的一个关键步骤,它包括属性的提取(确定属性的个数)和识别(确定属性的名称和相互关系)。属性是对测验领域知识的细粒度的描述,比如 Tatsuoka 将分数的减法界定为将整数转化为分数、从带分数中分离出整数、约分、通分和从整数部分借 1 等 8 个属性。但是这里所说的细粒度是相对的,因为相同的测验,也有研究者按 5 个属性进行分析。

项目属性(在本书中,如无特别说明,项目属性是指项目的属性向量,即 Q 矩阵)的定义和认知诊断模型对认知诊断评价很重要。测验中项目的属性向量的定义是否正确,对于认知诊断模型的识别和被试的分类都是十分关键的。通常情况下,项目属性是由领域专家根据自己的知识或经验定义的,但这容易受到专家主观因素的影响,从而导致项目属性的定义出现偏差。直到今天,上述"分数减法"测验的项目属性定义仍然存在争议。可见,项目属性的定义是一项非常困难和关键的工作。

属性的粒度是属性所对应概念内蕴的大小,亦即属性的粗细。比如小学数学中"加法"的粒度就比"进位加法"的粒度更粗。属性粒度会影响测验 Q 矩阵(即 Q_t)的构建,属性粒度越大,诊断测验所给出的信息就越粗糙,对改进教学的作用越小,同时诊断的效率(时间效率)高,但精确性低。属性粒度越细,诊断测验的精确性就越高,但效率越低。在实际的应用中,需要在诊断精确性和诊断效率之间进行权衡。举个最简单的例子,比如"个位数的加法运算"和"个位数的减法运算",这是两个属性,它们也可以定义为一个属性,即"个位数的加减运算"。这个例子只是一个描述性的例子,因为很容易从项目中看出来,属性"个位数的加减运算"可以分成两个属性。但是在实际的测验领域,情况往往比这要复杂,可能不同专家界定出的属性之间存在粒度的不同,这时就需要在较粗的粒度和较细的粒度之间做出取舍,做出取舍肯定是在保证诊断效率的基础上,选择越有利于推断被试的知识状态的属性集合和提供更多的诊断信息。

毛萌萌引进粒计算和形式概念分析方法,通过对属性的细化和泛化来改变属性的粒度,对专家界定的属性层级关系进行评价。毛萌萌对评价指标层级相合性指数进行了补充定义和拓展,开发了新的个人拟合指数 NHCI 并进行了实验,以比较这两个指标在不同情况下的表现。模拟实验结果表明,HCI 和 NHCI 指标互有优势。唐小娟将粗糙集理论用于认知诊断分类,提出了属性组块方法,考查属性组块和不同的属性组块方式对被试分类判准率的影响。结果表明,当属性个数较多时,利用组块的方法对提高属性掌握模式判准率、降低项目数量能起到积极作用。

6.1.3 Q 矩阵

界定属性和测验项目之间的关联是实施 CDA 的一个关键步骤,属性和测验项目之间的关系通常用 Q 矩阵来表示,这里的 Q 矩阵是指测验 Q 矩阵,即 Q_t。测验蓝图的设计对实施 CDA 很重要,丁树良等对相关的理论和实践进行了深入和系统的研究。结果表明,要想提高 CDA 对被试知识状态的诊断精度,良好的测验设计是必要的。Q 矩阵在测验编制上扮演了一个重要的角色,因为 Q 矩阵包含了测验编制中的属性蓝图和认知结构,可以通过设计 Q 矩阵或者测验来为特定的属性模式提供最大的信息。

在 CDA 中,被试的属性掌握模式是潜在的、不可直接观察到的,可直接观察到只是被试在具有诊断功能的项目上的作答。CDA 的主要目的就是通过被试的作答推断出被试的属性掌握模式,其中需要借助到 Q 矩阵。Q 矩阵用来定义属性和项目之间的关联,通常情况下,Q 矩阵中的元素都是非 0 即 1 的,取 1 表明对应的项目考查了某个属性,取 0 表示没有考查。

假设有 N 个被试参加包含 J 个项目的诊断测验,共考查 K 个属性,测验中的所有项目都是 0/1 评分,那么该测验的 Q 矩阵是一个 $J \times K$ 的 0/1 矩阵;作答数据是一个 $N \times J$ 的 0/1 矩阵,用 R 表示,R 中的第 i 个行向量 R_i 表示被试 i 的作答向量,R_i 的第 j 个元素是被试 i 对第 j 个项目的作答,用 R_i^j 表示。将由专家界定的测验 Q 矩阵记为 $Q(0)$,即作为各估计算法的初始 Q 矩阵(或称为 Q 矩阵的初值),正确的 Q 矩阵记为 Q^c,一般的 Q 矩阵记为 Q'(所有可能的 $J \times K$ 的 0/1 矩阵,但每个行向量不能是 0 向量),$U_j(Q')$ 表示所有那些除了第 j 个项目不同之外,其他的项目完全与 Q' 相同的 $J \times K$ 的矩阵集合。"新题"或"新项目"是指属性向量未定义的项目,与之相对应的是属性向量已经定义的"旧项目"或"旧题"。"基础题"是指用来作为估计"新项目"的基础的"旧题"。若无特别说明,这些约定在本书中通用。

一个著名的 Q 矩阵是 Tatsuoka 及其同事在 1990 年构建的,即关于"分数减法"数据的 Q 矩阵,该 Q 矩阵中包含 8 个属性(也有研究者按 5 个属性进行分析)。

6.1.4 Q 矩阵理论

Tatsuoka 在 2009 年指出,CDA 是一种模式识别,其中 Q 矩阵理论对应于模式识别中的特征提取,认知诊断模型对应于模式识别中的分类判别。在 CDA 中,Q 矩阵和 Q 矩阵理论是一对不同的概念。Tatsuoka 认为 Q 矩阵理论是指根据要诊断的内容,确定被试拥有的知识掌握状态,并且用观察反应模型将被试的知识状态表示出来。由于 Tatsuoka 提出的 Q 矩阵理论存在一些问题,有一些研究者对此进行了一些修正。Gierl 等人在 2000 年认为 Tatsuoka 这种从实测数据中或者试题编制以后提取 Q 矩阵的逻辑(这被称为事后分析的方法,即 retro-fitting 法)有问题。Leighton、Gierl 和 Hunka 提出先分析属性及属性之间的层级关系,然后导出邻接阵、可达阵和 Q 矩阵,再编制测验的工作流程。丁树良等人对 Q 矩阵理论进行了深入研究,对 Q 矩阵理论进行了拓展,建议将可达阵作为测验蓝图 Q 阵的子矩阵,并且把将可达阵作为子矩阵的测验蓝图称为"充要 Q 阵",从而有利于对被试的分类,提高测验的分类准确率。

6.2 认知诊断模型

认知诊断模型(Cognitive Diagnosis Model,CDM)是一种统计工具,它可以根据被试的作答数据推断被试潜在的知识掌握状态。由于现实世界的多样性,很多研究人员开发出不同的 CDM,不同的 CDM 都是基于一定的假设之上的,都有其适用的范围。已有研究表明,到目前为止,已开发出的 CDM 达百种以上。

6.2.1 DINA 模型

DINA 模型是一种非补偿的、连接型的 CDM,其中"非补偿"是指 DINA 模型假定项目的属性之间不存在补偿作用,被试仅掌握某项目的部分属性并不能提高其在该项目上的正确作答概率。"连接"是指理想情况(被试既不失误也不猜测的情况)下,被试必须完全掌握项目所考查的所有属性才能正确作答该项目,缺少项目考查的任何一个属性和缺少项目考查的所有属性的被试的正确作答概率相同。

　　DINA 模型中,每个项目只有两个参数,分别是失误参数和猜测参数。其中,s_j 指被试完全掌握项目 j 所考查的属性但是错误作答的概率,g_j 指被试未完全掌握项目 j 所考查的属性但是正确作答的概率。用 $\eta_{ij}^{Q_t}$ 表示被试 i 在项目 j 上的理想反应(被试既不失误也不猜测时的反应),其计算方式如下:

$$\eta_{ij}^{Q_t} = \prod_{k=1}^{K} \alpha_{ij}^{q_{jk}} \qquad 公式\ 6-1$$

　　其中 Q_t 是指测验 $\boldsymbol{Q}$ 矩阵(或测验蓝图),$\eta_{ij}^{Q_t}$ 表示在当前界定的 Q_t 矩阵下,被试 i 在项目 j 上的理想反应。因为对于同一个测验,测验属性的界定不相同(比如前面提到的分数减法数据就被分别界定成 8 个和 5 个属性),所以各项目的属性向量也不相同。从公式 6 - 1 可以看出,理想反应计算公式中包含了 Q_t,因此理想反应是与 Q_t 矩阵有关的,Q_t 的界定会影响理想反应的计算,进而影响模型参数的估计和对被试的分类。

　　当已知 Q_t,项目 j 的参数分别为 s_j 和 g_j,被试 i 的知识状态为 α_i,则该被试在项目 j 上的正确作答概率可表示为公式 6 - 2。

$$P(X_{ij}=1|Q_t,s_j,g_j,\alpha_i) = (1-s_j)^{\eta_{ij}^{Q_t}} g_j^{(1-\eta_{ij}^{Q_t})} \qquad 公式\ 6-2$$

　　在公式 6 - 2 中,通常为了表示方便,将 $1-s_j$ 表示成 c_j,c_j 表示掌握项目 j 考查的属性的被试正确作答的概率,有研究者称 c_j 为 s_j 的"补"。

　　DINA 模型因其参数简单和易于解释,已经受到众多研究者的广泛关注:陈平在 2011 年研究了认知诊断计算机化自适应测验的项目增补;汪文义在 2012 年基于 DINA 模型,研究了认知诊断评估中项目属性辅助标定方法;Liu 等人分别在 2010、2011 年使用 DINA 模型,成功开展了基于网络浏览器(web-browser)下英语科目的诊断测验;喻晓锋等研究了基于 DINA 模型和贝叶斯网模型,$\boldsymbol{Q}$ 矩阵中包含错误对被试的分类影响;李喻骏等人研究了基于 DINA 模型的朴素分类方法。

6.2.2　DINO 模型

　　DINO 模型是一种"非连接"的补偿模型(Templin,Henson,2006)。在 DINO 模型中,项目 j 也是只有两个参数,分别是猜测参数 g_j 和失误参数 s_j,但是 g_j 和 s_j 参数的含义与 DINA 模型中不同。DINO 模型中的 g_j 表示被试没有掌握项目 j 的任何属性,但是正确作答的概率;s_j 表示被试至少掌握了项目 j 的一个属性,但是错误作答的概率。DINO 模型的理想作答 ω 的计算方式和 DINA 的完全不

同,ω_{ij}表示被试i在项目j上的理想得分,其计算公式如下:

$$\omega_{ij} = 1 - \prod_{k=1}^{K} (1 - \alpha_{ik})^{q_{jk}} \qquad 公式6-3$$

从公式6-3可以看出,不考虑猜测和失误,在DINO模型下,被试i只要至少掌握项目j考查的一个属性就可以得1分,否则得0分。项目j的各个属性之间是可以相互"完全补偿"的。DINO模型的项目反应函数如下:

$$P(R_{ij} = 1 | \alpha_i, q_j, \omega_{ij}) = (1 - s_j)^{\omega_{ij}} g_j^{(1 - \omega_{ij})} \qquad 公式6-4$$

需要注意的是,即使属性之间存在"完全补偿"作用,也并不意味着属性之间可以相互代替或重复定义,比如Templin和Henson在2006年根据美国精神病学会发布的《精神障碍诊断与统计手册》(*DSM-IV-TR*),界定出了赌博研究量表的Q矩阵,其中包含能够判断被试是否患有病理性赌博的10个属性。被试只要拥有其中的任何一个属性,就倾向于在项目上回答"是"(项目作答采用"是"和"否"两种情况),并根据被试在GRI上的作答反应,运用DINO模型检测被试是否患有病理性赌博障碍。罗兴南于2012年将DINA模型和DINO模型应用到"水溶液"的知识诊断测验中,其中DINA模型用来诊断被试对知识的掌握情况,而DINO模型用来诊断被试所犯的错误类型(每种错误类型对应了某些特定的作答结果,只要被试在作答中出现了这些结果之一,就可以确定为错误类型)。

DINA模型和DINO模型描述了两个"极端"的情况:项目的所有属性之间非补偿和项目的所有属性相互完全补偿,但实际的属性之间可能会存在另外的情形,比如项目的属性之间存在部分补偿的作用。

6.2.3　HO-DINA 模型

在众多的CDM中,DINA模型因模型简单、易于解释、有较高的诊断分类准确率,而受到广泛研究。de la Torre和Douglas在2004年认为在一个相对较窄的测验领域,可以假定测验属性与某种通用能力是相关的。正是基于此,他们提出了High-Order DINA(HO-DINA)模型。在HO-DINA模型中,属性与被试的某种单维的通用能力相关,在给定该能力之后,属性之间是相互独立的。

相对于DINA模型,HO-DINA模型为每位被试增加一个能力参数(用θ表示,代表被试在测验领域上的能力),为每个属性增加了一个截距参数(intercept,用λ_{0k}来表示,代表属性的难度)和一个负荷参数(loading,用λ_k来表示,代表属性的区分度），θ、λ_{0k} 和 λ_k 构成了模型的高阶参数。

在 HO-DINA 模型下，被试掌握每个属性的概率服从参数为 $P(\alpha_k|\theta)$ 的二项分布。

$$P(\alpha_k|\theta) = \frac{\exp\left[1.7\lambda_k(\theta - \lambda_{0k})\right]}{1 + \exp\left[1.7\lambda_k(\theta - \lambda_{0k})\right]} \qquad 公式 6-5$$

已有研究表明，通过控制 HO-DINA 模型的高阶参数，可以控制属性之间的相关。涂冬波基于 HO-DINA 模型，实现了对小学儿童数学问题解决的认知诊断；赵顶位研究了 HO-DINA 模型下的中小学生几何类比推理能力诊断评价。

6.2.4　RUM

DINA 模型是将猜测和失误参数定义在项目水平上，即每个项目只有两个参数，分别是猜测参数和失误参数。NIDA 模型（Noisy Inputs, Deterministic "And" Gate Model）比 DINA 模型更简单，它将猜测和失误参数定义在属性水平上，即属性在不同项目上的猜测和失误参数都是相同的，这是一个很严格的约束。Maris 在 1999 年对 NIDA 模型进行改进，定义各属性的猜测和失误参数随着项目而变化，即各参数的下标包含项目和属性两个水平。DiBello、Stout 和 Roussos 在 1995 年提出了统一模型（Unified Model, UM），即在 Maris 的基础上进一步增加一个单维的能力参数。Maris 对 NIDA 模型的改进和 DiBello 等提出的 UM 都存在无法统计识别的问题。Hartz 在 2002 年对 UM 进行了再参数化（reparameterized），使得模型可以被识别和被解释，即 Reparameterized Unified Model（RUM）。相对于 DINA 和 NIDA 模型，RUM 是一个更复杂的模型。在 RUM 下，项目 j 的正确作答概率可以表示为公式 6-6。

$$\pi_j^* = \prod_{k=1}^{K}(1 - s_{jk})^{q_{jk}} \qquad 公式 6-6$$

其中，π_j^* 是完全掌握项目 j 所考查的属性的被试，并且应用这些属性正确作答的概率，可以看成项目的难度指标。

对于未掌握某属性的惩罚参数（penalty parameter）定义为公式 6-7，r_{jk}^* 可以看成是属性 k 在项目 j 中的诊断功能指标。

$$r_{jk}^* = \frac{g_{jk}}{1 - s_{jk}} \qquad 公式 6-7$$

在 RUM 下，被试 i 在项目 j 上的项目反应函数见公式 6-8。

$$P(X_{ij} = 1 \mid \alpha, r^*, \pi^*, \theta) = \pi_j^* \prod_{k=1}^{K} \left[r_{jk}^{*(1-\alpha_{jk})} \right]^{q_{jk}} P_{b_j}(\theta_i) \qquad 公式 6-8$$

其中,$P_{b_j}(\theta_i)$ 是 Rasch 模型的项目反应函数,b_j 是难度参数,θ_i 是未包含在 **Q** 矩阵中的被试残余能力。

Hartz 在 2022 年进一步对 RUM 进行了简化,令 RUM 中的 $P_{b_j}(\theta_i) = 1$,简化后的模型称为 Reduced Reparameterized Unified Model(RRUM),即假定 **Q** 矩阵能完全界定项目所考查的属性,RRUM 的项目反应函数如下式。

$$P(X_{ij} = 1 \mid \alpha, r^*, \pi^*) = \pi_j^* \prod_{k=1}^{K} \left[r_{jk}^{*(1-\alpha_{jk})} \right]^{q_{jk}} \qquad 公式 6-9$$

虽然与 NIDA 模型中的失误和猜测参数不同,但是 RRUM 保留了模型的可识别性,并且失误和猜测概率是定义在项目上的,RRUM 是 NIDA 模型的一个拓广。2014 年,谢美华基于 RRUM 对中学生的阅读能力进行了诊断研究。

6.3　**Q** 矩阵的估计

通常情况下,**Q** 矩阵是由领域专家根据自己的知识和经验界定的,其中的一些元素可能被界定错误或者存在争议。因此,需要研究更加客观地估计和推导 **Q** 矩阵的方法。幸运的是,已经有一批研究者在这方面进行了深入研究。下面对一些典型的研究进行介绍。

6.3.1　δ 方法

de la Torre 在 2008 年提出了一个在 DINA 模型下,基于经验的 **Q** 矩阵验证方法。在包含 K 个属性的认知诊断测验中,不考虑 K 个属性之间关系的情况下,被试有 2^K 种可能的属性掌握模式,其中第 l 种模式为 α_l;$l = 0, 1, \cdots, 2^K - 1$。在 DINA 模型下,项目 j 的属性向量 q_j 被认为是正确的条件是:它能使得掌握项目 j 的被试和未掌握项目 j 的被试之间的差异达到最大,即满足如下的公式。

$$q_j = \arg \max_{\alpha_l} [P(X_j = 1 \mid \eta_{ll'} = 1) - P(X_j = 1 \mid \eta_{ll'} = 0)] = \arg \max_{\alpha_l} [\delta_{jl}]$$

$$公式 6-10$$

其中,$ll' = 1, 2, \cdots, 2^K - 1$;$\eta_{ll'} = \prod_{k=1}^{K} \alpha_{l'k}^{\alpha_{l'k}}$;$\alpha_l$ 是项目 j 的属性向量,表示项目 j 的属性向量为第 l 种模式。

在 DINA 模型中,$P(X_j = 1 \mid \eta_{ll'} = 1) = 1 - s_j$,$P(X_j = 1 \mid \eta_{ll'} = 0) = g_j$,要使方程

的值达到最大,就要使 $s_j + g_j$ 达到最小。因此,de la Torre 基于这一点,通过 $s_j +$ g_j 的大小来判断项目的属性向量是否合适,并且 δ_j 描述了掌握项目 j 的被试和未完全掌握项目 j 的被试正确作答项目 j 的概率之间的差异,可以认为是项目 j 的区分度指标。需要注意的是,δ_j 不是项目 j 的内在特征,因为它会随着 q_j 而发生变化。

为了验证专家界定的 Q 矩阵,de la Torre 介绍了两个算法:穷举搜索算法 (Exhaustive Search Algorithm,ESA)和顺序搜索算法(Sequential Search Algorithm,SSA)。其中,ESA 会对每个项目可能的属性向量进行搜索,当测验的项目数和属性个数都较少时,还是可行的。但是当测验的属性个数增加,项目也较多时,ESA 可能就无法实际应用。

de la Torre 在研究中发现:对于某个特定的项目来说,仅仅缺少部分必需的属性只会导致失误参数显著上升,不会影响猜测参数;缺少部分必需的属性,同时包含不必需的属性会导致猜测参数和失误参数同时上升;包含必需的属性,同时包含不必需的属性只会导致猜测参数上升,不会影响失误参数;不包含必需的属性,包含不必需的属性,会导致猜测参数和失误参数都上升。此外,包含最少错误的属性向量相对于最优的 δ 值最近,SSA 正是基于这个结论,按项目属性向量中包含属性个数从少到多的顺序来搜索项目的属性向量。SSA 估计项目 j 的过程如下:(1)算法开始的时候,q_j 中只包含单个属性,计算 δ_{jl},取 δ_{jl} 最小[记为 $\min(\delta_{jl}^1)$]时的 α_l^1 作为当前的属性向量,即 $q_j = \alpha_l^1$;(2)以 α_l^1 作为基础,增加一个属性,即 q_j 中包含两个属性,计算 δ_{jl},取 δ_{jl} 最小[记为 $\min(\delta_{jl}^2)$]时的 α_l^2 作为当前的属性向量。步骤(2)有两种可能:如果 $\min(\delta_{jl}^2) - \min(\delta_{jl}^1) < \varepsilon$,$q_j =$ α_l^2,以 α_l^2 作为基础,增加一个属性,重复该步骤;如果 $\min(\delta_{jl}^2) - \min(\delta_{jl}^1) \geq \varepsilon$,$q_j$ $= \alpha_l^1$,算法结束。

de la Torre 认为这个方法应该与其他方法综合考虑,比如将测验项目的实质信息、专家在领域内的知识结合起来,形成一个更加综合的 Q 矩阵验证框架 (framework of Q matrix validation)。

6.3.2　基于 S 统计量的 Q 矩阵估计

Liu、Xu 和 Ying 在 2012 年提出一个基于作答数据的 Q 矩阵估计量和推导方法。在测验中,被试 i 在测验中的作答向量 R_i 出现的概率可以通过下面的公式计算。

$$P(R_i \mid Q',c,g,p) = \sum_{l=1}^{2^K} p_{\alpha_l} \prod_{j=1}^{J} P(R_{ij} \mid Q',c_j,g_j,p_{\alpha_l}) \qquad 公式6-11$$

基于这个公式,Liu 等定义了被试总体在测验中的作答分布,用 T 矩阵表示,饱和的 T 矩阵的大小是 $(2^J-1) \times 2^K$。当已知被试总体分布 p_α(p_α 是一个 $2^K \times 1$ 的向量)的情况下,$T \times p_\alpha$ 得到的是被试总体中正确作答各项目或项目组合的人数向量〔用 β 表示,它是一个 $(2^J-1) \times 1$ 的向量〕。当被试人数较多时,$T \times p_\alpha$ 得到的结果应该趋近于从作答数据中计算得到的人数分布向量。Liu 等人的 Q 矩阵估计量 S 和估计算法就是基于此构建起来的,可以用如下的公式表示。

$$S = |T \times p_\alpha - \beta| \qquad 公式6-12$$

当被试人数 $N \to \infty$ 时,$S \to 0$。Liu 等人(2011)为该统计量的构建提供了理论基础和相关的数学证明,因此,基于 S 统计量的 Q 矩阵估计是一种客观的方法。

下面通过一个简单的实例来说明 T 矩阵和 S 统计量的构建方法,该实例引自 Liu 等人 2012 年的研究。假设测验考查 2 个属性 A_1 和 A_2,一共有三个项目,项目和属性之间的关系如下所示的 Q 矩阵。

$$Q = \begin{bmatrix} 1 & 0 \\ 0 & 1 \\ 1 & 1 \end{bmatrix} \qquad 公式6-13$$

下表描述了两个属性在被试总体中的分布:p_{00} 表示被试总体中对 A_1 和 A_2 都没掌握的人数比例;p_{01} 表示没有掌握 A_1,但是掌握了 A_2 的被试的比例。

表6-1 属性 A_1、A_2 在被试总体中的分布

		A_2	
		0	1
A_1	0	p_{00}	p_{01}
	1	p_{10}	p_{11}

则,

$$p_{10} + p_{11} = N_1/N$$
$$p_{01} + p_{11} = N_2/N$$
$$p_{11} = N_3/N$$

其中：$N_j = \sum_{r=1}^{N} I(R_r^j = 1)$ 表示在被试总体中正确作答项目 j 的人数，$N_{j_1 \wedge j_2} = \sum_{r=1}^{N} I(R_r^{j_1} = 1 \wedge R_r^{j_2} = 1)$ 表示在被试总体中同时正确作答项目 j_1 和 j_2 的人数。在这里，因为没有考虑猜测和失误，$N_{1\wedge2}$、$N_{1\wedge3}$、$N_{2\wedge3}$、$N_{1\wedge2\wedge3}$ 的值是相等的，都等于 p_{11}。相应的 T 矩阵如公式 6 – 14 所示，其中 T 矩阵的列的编号沿用 Liu 等人 2011 年的表示方法，使用属性掌握向量来表示，即该列的元素是列对应的被试在项目（或项目组合上）的正确作答概率。行编号使用项目（或项目组合）编号的方式来表示，比如行编号 1 表示该行的元素是各被试在项目 1 上的正确作答概率，行编号 $1\wedge2$ 表示该行的元素是被试在项目 1 和项目 2 上都正确作答的概率。

$$T_{c,g}(Q) = \begin{matrix} & \begin{matrix} 0 & 1 & 0 & 1 \\ 0 & 0 & 1 & 1 \end{matrix} \\ \begin{matrix} 1 \\ 2 \\ 3 \\ 1\wedge2 \\ 1\wedge3 \\ 2\wedge3 \\ 1\wedge2\wedge3 \end{matrix} & \begin{bmatrix} g_1 & c_1 & g_1 & c_1 \\ g_2 & g_2 & c_2 & c_2 \\ g_3 & g_3 & g_3 & c_3 \\ g_1g_2 & c_1g_2 & g_1c_2 & c_1c_2 \\ g_1g_3 & c_1g_3 & g_1g_3 & c_1c_3 \\ g_2g_3 & g_2g_3 & c_2g_3 & c_2c_3 \\ g_1g_2g_3 & c_1g_2g_3 & g_1c_2g_3 & c_1c_2c_3 \end{bmatrix} \end{matrix} \qquad 公式 6 – 14$$

注：T 中的每个元素表示列编号对应的被试在行所表示的项目（或项目组合）上的正确作答概率。

在整个被试总体中，$2^2 = 4$ 种属性掌握模式的分布由向量 $p = (p_{00}, p_{10}, p_{01}, p_{11})^T$ 表示，被试对各个项目和项目组合的正确作答人数比例由向量 $\beta = (N_1/N, N_2/N, N_3/N, N_{1\wedge2}/N, N_{1\wedge3}/N, N_{2\wedge3}/N, N_{1\wedge2\wedge3}/N)^T$ 表示，上标 T 表示向量的转置。当不考虑猜测和失误时，即：$c_i = 1, g_i = 0, i = 1,2,3$ 时，有下式成立：

$$T_{c,g}(Q) \times p_\alpha = \beta \qquad 公式 6 – 15$$

其中 T 矩阵和 β 向量是根据作答数据和 Q 矩阵计算出来的，p 向量是根据历史数据或经验信息得到的。当界定的 Q 矩阵 Q' 存在错误时，上式左右两端可能不相等，二者之间有个差值，因此设计估计 Q 矩阵的目标函数为：

$$S_{c,g,p_\alpha} = \left| T_{c,g,p_\alpha}(Q') \times p_\alpha - \beta \right| \qquad 公式 6-16$$

$|\cdot|$表示欧氏距离,在所有的参数都正确的情况下,当$N \to \infty$时,$S_{c,g,p_\alpha} \to 0$。通过作答数据来估计$\boldsymbol{Q}$矩阵就是寻找使目标函数S_{c,g,p_α}值最小的$\boldsymbol{Q}$矩阵。

Liu 等人基于作答数据,采用S统计量来估计$\boldsymbol{Q}$矩阵的过程如下:

步骤1　基于初始$\boldsymbol{Q}$矩阵$Q(0)$或前一次估计得到的$\boldsymbol{Q}$矩阵估计值$Q(m-1)$,对于项目$j,j=1,2,\cdots,J$,按公式6-17计算其属性向量取所有可能值时对应的S统计量。

$$Q_j = \arg \inf_{Q' \in U_j[Q(m-1)]} S(Q') \qquad 公式 6-17$$

步骤2　取S统计量最小时对应的属性向量作为项目j的属性向量当前估计值,即:

$$j^* = \arg \inf_j S(Q_j) \qquad 公式 6-18$$

步骤3　得到$\boldsymbol{Q}$矩阵的当前估计值$Q(m) = Q_{j^*}, j = 1,2,\cdots,J$。

步骤4　如果$Q(m) = Q(m-1)$,则算法结束,$\hat{Q} = Q(m)$;否则将$Q(m)$作为初始$\boldsymbol{Q}$矩阵,重复步骤1到步骤4。

6.3.3　γ 方法

涂冬波、蔡艳和戴海琦在2012年开发了一种基于 DINA 模型的认知诊断测验$\boldsymbol{Q}$矩阵修正方法——γ法。在 CDA 中,通常认为若被试i掌握了项目j考查的所有属性,则被试很可能答对该项目;如果被试i未掌握项目j考查的所有属性,则被试很可能答错该项目。换句话说,被试对项目所考查属性的掌握与否会直接影响被试对该项目的作答。涂冬波等人基于这个思路,认为:如果项目j考查了属性k,则掌握属性k的那些被试在项目j上的作答得分应倾向高于未掌握属性k的那些被试,即掌握属性k与否会影响被试对项目j(该项目考查了属性k)的作答;如果项目j未考查属性k,则掌握属性k的那些被试在项目j上的作答得分与未掌握属性k的那些被试相当,即掌握属性k与否不会影响(或较小影响)被试对项目j(该项目未考查属性k)的作答。

涂冬波等人基于 DINA 模型中的项目参数s和g、是否掌握某属性会影响被试对项目的作答,构建了$\boldsymbol{Q}$矩阵的修正指标和修正方法。

6.3.3.1　基于γ法的修正指标

在 DINA 模型下,每个项目有两个参数s、g, de la Torre 在 2008 年的研究表明,当 Q 矩阵界定正确且合适的情况下,应该会得到相对较小的 s 和 g 参数,并且不同的 Q 矩阵界定错误会导致 s 和 g 的不同变化。γ 法就是根据这一点来判断项目的属性向量中是否存在多余和缺失的属性,然后对可能存在属性向量界定错误的项目进行检查,分别考查被试对该项目中每个属性的掌握情况对该题作答得分的影响:(1)如果某项目的 g 参数过大,说明该项目可能包含额外的属性;进一步,如果掌握属性 k 的那些被试与未掌握属性 k 的那些被试在该项目上的得分没有明显差异,则说明属性 k 在该项目中是额外属性(多余的属性)。(2)如果某项目的 s 参数过大,说明该项目可能缺少必需的属性;进一步,如果掌握属性 k 的那些被试与未掌握属性 k 的那些被试在该项目上的得分有明显差异,则说明属性 k 在该项目中是必需属性。(3)如果某项目的 s 和 g 参数都过大,说明该项目可能包含多余的属性,同时也缺少必需的属性,按照(1)和(2)的方法对该项目的属性向量进行修正。

6.3.3.2　γ 法的步骤

γ 法一共包含 5 个步骤:

(1)基于 DINA 模型,采用 MMLE/EM 方法进行参数估计,并且采用 EAP 方法计算被试对每个属性的掌握概率。

(2)对估计出的项目参数,根据预先设置的阈值,找出 s 和 g 过大的项目。

(3)根据测验中的每个属性对被试进行分组,找出掌握和未掌握该属性的被试。

(4)对掌握某属性和未掌握该项目的被试组在项目上的作答得分进行差异检验。

(5)根据检验的结果,对初始的 Q 矩阵进行修正。

6.3.4　贝叶斯方法

通过对已有的研究进行分析后发现,很多研究者采用贝叶斯方法对 Q 矩阵进行估计。

6.3.4.1　采用 MCMC 方法估计部分元素

基于 DINA 模型,Templin 和 Henson 采用 MCMC 方法(Markov Chain Monte Carlo Method)将 Q 矩阵中的部分元素(通常少于 20 个)看成是随机变量进行估计。模型结果显示,这种方法可以将包含未知元素的 Q 矩阵恢复成正确的 Q

矩阵。他们还将类似的思想应用到 RUM 上,当 Q 矩阵中有 20% 的元素需要估计时,该方法几乎可以正确地估计出全部元素。

6.3.4.2　识别 Q 矩阵中不确定的元素

DeCarlo 在 2012 年的研究表明,将 Q 矩阵中不确定的元素看成是随机变量,通过计算其包含和不包含在项目中的后验分布来识别:该方法可以对已界定的 Q 矩阵提供改进的信息,就像是专家的判断或基于实质内容的考虑一样。

由于实际应用中的 Q 矩阵通常是由专家界定的,因此,这个 Q 矩阵中很可能包含错误和不确定的元素。这里的错误是指将 Q 矩阵中应该是 0 或 1 的元素界定成了 1 或 0,而不确定是指专家或不同专家对某个元素的值不确定或存在争议。最典型的例子是著名的"分数减法"数据(fraction-subtraction data),已经有很多研究者对它进行了分析,并且几乎每一个分析过它的研究者都认为它对应的 Q 矩阵需要修正。更重要的是,如今关于这批数据的 Q 矩阵仍然存在争议,而这距离数据收集时间已经过去了超过 20 年。DeCarlo 在 2012 年提到,对于这批数据的 Q 矩阵的修正问题,可以有几个方法:

(1)考虑多个备选的 Q 矩阵,分别用它们来拟合模型,并计算模型和数据的相对拟合指标,如 BIC、AIC,通过这些指标来帮助确定合适的 Q 矩阵。这个方法的缺点是当 Q 矩阵中不确定的元素很多时,备选的 Q 矩阵急剧增加。(2)采用 de la Torre 提出的 δ 方法,但是 δ 方法的缺点是可能得不到最优解和需要主观确定 ε 的值。(3)采用贝叶斯方法。

为了方便处理,DeCarlo 将 DINA 和 HO-DINA 模型进行了转换,分别得到 RDINA 和 HO-RDINA 模型。它们只是形式上不同,其实与原来的模型仍然是等价的。DeCarlo 将 RDINA 和 HO-RDINA 模型进行贝叶斯扩展,即将 Q 矩阵中的一些元素不固定成非 0 即 1 的二值变量,而是当作随机变量进行估计。

DeCarlo 的研究表明,后验分布可以提供关于某个属性是否包含在某个项目中的信息,但是不同于 Templin 和 Henson 在 2006 年的研究结果,DeCarlo 在 2012 年的研究结果并不能总是 100% 识别 Q 矩阵中的元素,并且成功识别概率会受到 Q 矩阵中其他已界定的元素的正确性的影响。

6.3.4.3　非线性惩罚的方法

Xiang 于 2013 年提到 Q 矩阵的估计是一个非常具有挑战性的工作,主要是因为:首先,Q 矩阵中的元素是非 0 即 1 的二值变量,而很多的估计方法或优化方法都是基于连续变量的,导致很多已有的方法无法使用;其次,Q 矩阵中的元素都是潜在的、不能够直接观察到的,并且属于同一等价类的两个 Q 矩阵在统计上是不可识别的;再次,CDM 是基于属性分布的假设之上构建的。

Xiang 提出了一种非线性的惩罚估计方法:将 Q 矩阵中的元素处理成连续的变量,这样一来,很多已有的估计算法(比如 EM 算法等)就可以使用。并且为了使估计得到的包含连续变量的 Q 矩阵能够更接近非 0 即 1 的二值变量的 Q 矩阵,Xiang 采用了带惩罚的估计方法。Xiang 假设 Q 矩阵中的每个元素是一个在区间 $(0,1)$ 内的连续变量,变量的值表明项目需要对应属性的程度,或属性对于项目的重要性,再通过惩罚技术转换成二值变量的 Q 矩阵。

假设测验属性个数为 K,J 个项目,Q 矩阵是由非 0 即 1 的离散变量组成的矩阵时,Xiang 定义了理想被试在项目上的作答矩阵——D 矩阵。D 矩阵描述的是每个理想被试在项目上的作答(理想作答),它是一个 $J \times 2^K$ 的矩阵,行表示项目,列表示被试,每个元素非 0 即 1,1 表示列对应的被试掌握了行对应的项目所考查的属性,否则就是 0。但是当 Q 矩阵是由连续变量组成时,此时 D 矩阵也是由连续变量组成,它的每个元素表示被试对项目正确作答的概率。

Xiang 也定义了类似于 2012 年 Liu、Xu 和 Ying 提出的 T 矩阵(用来描述属性掌握模式和项目作答模型关系的矩阵,或者说作答分布)。T 矩阵是一个 $2^J \times 2^K$ 的矩阵,2^J 行表示所有可能的作答模式,2^K 列表示所有可能的属性掌握模式。当 Q 矩阵是由连续变量组成时,和 D 矩阵一样,T 矩阵也是由连续变量组成,每个元素取 0 到 1 之间的数。

为了方便介绍,Xiang 还定义了 y 向量和 p 向量:y 是一个 1×2^J 的行向量,y 的第 m 个元素 y_m 表示第 m 种作答模式在被试总体中的分布;p 向量描述的是被试总体中各属性掌握模式的分布。在理想情况下,应该有下式成立:

$$T(Q')p = y \qquad\qquad \text{公式 } 6-19$$

由于 Q' 可能存在错误,因此上面这个公式的等号不一定成立,左右两边可能存在差异,而寻找使公式左右两边差异最小的 Q 矩阵即为最终的目标。这个过程可以用公式表示如下:

$$\hat{Q} = \arg \min_q \{ \min_p ||T(Q')p = y||_2 + penalty_q \} \qquad \text{公式 } 6-20$$

这里的 $penalty_q$ 是惩罚函数,$penalty_q = \lambda \left[\sum q_{ij}^a (1-q_{ij})^a \right]$,它用来约束 q_{ij} 在 0 到 1 之间取值,λ 和 a 都是控制参数,用来控制惩罚函数的收缩量。

Xiang 在 2013 年还介绍了另外一种方法,构建了新的项目反应函数,如下所示:

$$P(R_{ij} = 1 \mid \alpha_i) = \prod_{k=1}^{K} (1 - q_{jk})^{(1-\alpha_{ik})} \qquad 公式\ 6-21$$

这种方法将 q_{jk} 看成是连续的随机变量,然后通过 EM 算法来估计 q_{jk}。

6.3.4.4 采用 MCMC 方法探索 Q 矩阵

Chung 在 2014 年为 DINA 模型和 RRUM 构建了基于贝叶斯框架下的 **Q** 矩阵估计算法。Chung 采用的是 MCMC 估计方法,在 DINA 模型下,各变量的概率分布分别如下:

$$R_{ij} \sim Bernoulli[\,p(\alpha_i)\,]$$
$$p(\alpha_i) = (1-s_j)^{\eta_{ij}} g_j^{1-\eta_{ij}}$$
$$\alpha_i \mid \theta_i \sim Multinomial(2^K, \theta_i)$$
$$\theta_i \sim Dirichlet(\alpha_1, \alpha_2, \cdots, \alpha_{2^K})$$
$$q_j \mid \phi_j \sim Multinomial(2^K - 1, \phi_j)$$
$$s_j \sim Beta(a, b)$$
$$g_j \sim Beta(c, d)$$

各参数的完全条件分布如下:

$$P(\alpha_i \mid R, \alpha_i, s, g, q) \propto P(R \mid \alpha_i, s, g, q) P(\alpha_i \mid \theta_i) P(\theta_i)$$
$$P(g \mid R, \alpha, s, q) \propto P(R \mid \alpha, s, g, q) P(g)$$
$$P(s \mid R, \alpha, s, q) \propto P(R \mid \alpha, s, g, q) P(s)$$
$$P(q_j \mid R, \alpha, s, g, q_j) \propto P(R \mid \alpha, s, g, q_j) P(q_j \mid \phi_j)$$

其中,α_i 和 θ_i 分别表示被试 i 的属性掌握模式和潜在能力,有 2^K 种可能的取值;q_j 表示项目 j 的属性向量,有 $2^K - 1$ 种可能的取值;ϕ_j 表示项目 j 的属性概率向量。

Chung 的方法包含 3 个步骤,分别是:(1)更新属性;(2)更新项目参数 s 和 g;(3)更新 **Q** 矩阵。

基于 RRUM 下的估计过程与 DINA 模型下相同,只是各参数的完全条件分布不相同。

6.3.5 联合估计算法

陈平 2011 年在博士毕业论文中借鉴 IRT 中联合极大似然估计(Joint Maximum Likelihood Estimation,JMLE)方法的思路,提出联合估计算法(Joint Estimation Algorithm,JEA),基于被试的作答数据联合估计"新项目"(即属性向量没有定义的项目,在不影响意思表达的情况下,下文仍简称为"项目")的属性向量和"项目参数"。JEA 估计项目 j 的属性向量和项目参数的步骤如下:

(1)给定项目 j 的属性向量和项目参数的初始值,分别记为 $\hat{q}_j^{(0)}$、$\hat{g}_j^{(0)}$ 和 $\hat{s}_j^{(0)}$。$\hat{q}_j^{(0)}$ 的值可以采用随机生成的方式设定(每个属性按给定考查概率生成),$\hat{g}_j^{(0)}$ 和 $\hat{s}_j^{(0)}$ 的初始值可以按均匀分布随机生成。然后基于 $\hat{g}_j^{(0)}$、$\hat{s}_j^{(0)}$ 和被试在项目 j 上的作答,使用 MLE 方法估计出 q_j [记为 $\hat{q}_j^{(1)}$],MLE 方法可参考汪文义和丁树良的研究。MLE 方法是寻找使在项目 j 上作答的所有被试的似然函数达到最大,用数学公式可以表示如下:

$$\hat{q}_j^{(1)} = \arg \max_{q_j \in H} \left\{ \ln \left[\prod_{i=1}^{n_j} \left(P_j(\hat{\alpha}_i) \right)^{R_i^j} \left(1 - P_j(\hat{\alpha}_i) \right)^{1-R_i^j} \right] \right\}$$

公式 6 – 22

其中,$\hat{\alpha}_i$ 是作答了项目 j 的第 i 个被试的属性掌握模式估计值,它是基于被试 i 在旧题上的作答数据估计得到的;H 是所有可能的属性向量集合,当不考虑属性间的关系时,H 中的元素有 $2^K - 1$ 个。

(2)将步骤(1)中估计得到的 $\hat{q}_j^{(1)}$ 当作项目 j 的属性向量真实值,基于 $\hat{q}_j^{(1)}$ 和被试在项目 j 上的作答,估计项目 j 的参数,即 $\hat{g}_j^{(1)}$ 和 $\hat{s}_j^{(1)}$。

(3)前面的步骤(1)和步骤(2)组成一个循环,循环不断迭代,直到满足预定的收敛标准。收敛标准通常采用对数似然函数值的绝对变化值小于某个预定的数 ε,用数学语言表示如下:

$$\left| \ln L\left[\hat{g}_j^{(0)}, \hat{s}_j^{(0)}, \hat{q}_j^{(0)} \right] - \ln L\left[\hat{g}_j^{(1)}, \hat{s}_j^{(1)}, \hat{q}_j^{(1)} \right] \right| < \varepsilon$$

其中,$\hat{g}_j^{(0)}$、$\hat{s}_j^{(0)}$、$\hat{q}_j^{(0)}$、$\hat{g}_j^{(1)}$、$\hat{s}_j^{(1)}$ 和 $\hat{q}_j^{(1)}$ 已经在步骤(1)和步骤(2)中定义。似然函数 $L(\hat{g}_j, \hat{s}_j, \hat{q}_j) = \prod_{i=1}^{n_j} \left[P_j(\hat{\alpha}_i) \right]^{R_i^j} \left[1 - P_j(\hat{\alpha}_i) \right]^{1-R_i^j} = \prod_{i=1}^{n_j} \left[(1-s_j)^{\hat{\eta}_{ij}} \right]$ $(g_j)^{\hat{\eta}_{ij}} \right]^{R_i^j} \left[(s_j)^{\hat{\eta}_{ij}} (1-g_j)^{1-\hat{\eta}_{ij}} \right]^{1-R_i^j}$。如果收敛条件得到满足,则将 $\hat{g}_j^{(1)}$、$\hat{s}_j^{(1)}$ 和 $\hat{q}_j^{(1)}$ 作为项目 j 的项目参数和属性向量的最终估计值;否则,将 $\hat{g}_j^{(1)}$、$\hat{s}_j^{(1)}$ 和 $\hat{q}_j^{(1)}$ 作为

下一次循环的初始值,继续执行循环。在实际的应用中,为了防止程序收敛时间过长或程序不收敛,可以设置最大循环次数,比如 20 次,即循环达到 20 次时强行退出。

(4)对每个新项目,重复前面的三个步骤,直到所有新项目的属性向量和项目参数都得到估计。

JEA 基于旧题估计被试的属性掌握模式,然后联合估计新项目的属性向量和项目参数,它的优点是可以将新项目加入测验中,对新项目的属性向量和项目参数进行估计,并且估计得到的项目参数与旧项目在同一量尺上。

6.3.6　无监督学习和有监督学习方法

汪文义 2012 年在博士毕业论文中利用形式概念分析(Formal Concept Analysis,FCA)技术,研究了对少量项目进行属性辅助标定的探索性方法(无监督学习方法)。这种方法类似于因素分析方法,最终的属性需要由专家来确定及解释。使用 FCA 方法进行项目属性的辅助标定的步骤如下:

(1)建立得分阵数据的原始概念格。如果是模拟数据,则建立模拟的得分阵数据的原始概念格。

(2)计算原始概念格中各概念的稳定性指标值。

(3)选择并确定最后的概念数。综合考虑稳定性指标的累积分布和项目数来确定最后的概念数和相应的概念结构。

(4)由步骤(3)得到的概念结构来推断各项目所测的属性。

基于 FCA 的项目属性辅助标定的方法的缺陷是从统计上得到属性类标,所识别出来的属性含义不明,有待专家进一步分析内涵和命名,并且得到的属性需要专家进行进一步的判断。

有监督学习方法是指在已有的为诊断测验开发的小型题库(充要题库或非充要题库)的基础上,在计算机化自适应认知诊断测验过程中,植入原始题(新题),利用已有题库估计被试知识状态,达到对项目属性标定的目的。汪文义介绍了三种估计方法,分别是极大似然估计方法、边际极大似然估计方法(Marginal Maximum Likelihood Estimation,MMLE)和交差方法,下面分别对这三种方法进行介绍。

6.3.6.1　极大似然估计方法

根据题库中已知的项目参数 (s,g) 和各项目对应的属性向量 q[记为 β_{old}

(g,s,q)],及被试 i 在题库中部分项目上的作答 R_i^{old},可估计被试的属性掌握模式 $\hat{\alpha}_i, i = 1, \cdots, N_j$。进一步,基于 $\hat{\alpha}_i$,项目 j 的参数和属性向量 (g,s,q) 初始值 $\hat{g}_j^{(0)}$、$\hat{s}_j^{(0)}$、$\hat{q}_j^{(0)}$,估计项目 j 的属性向量 $\hat{q}_j$。

$$\hat{q}_j = \arg \max_{q_j \in H} \left\{ \prod_{i=1}^{n_j} \left[P_j(\hat{\alpha}_i) \right]^{R_i^j} \left[1 - P_j(\hat{\alpha}_i) \right]^{1-R_i^j} \right\} \qquad \text{公式 6 - 23}$$

6.3.6.2　边际极大似然估计方法

利用已知的项目参数 $\beta_{\text{old}}(g,s,q)$ 及被试 i 在题库中部分项目上的作答 R_i^{old},计算被试属性掌握模式的后验分布 $p(\alpha_l \mid R_i^{\text{old}}, \beta_{\text{old}}), i = 1, \cdots, N_j$,结合原始题的猜测和失误参数,估计原始题的属性向量 $\hat{q}_j$。

$$\hat{q}_j = \arg \max_{q_j \in H} \left\{ \prod_{i=1}^{n_j} \sum_{l=1}^{2^K-1} \left[P_j(\hat{\alpha}_i) \right]^{R_i^j} \left[1 - P_j(\hat{\alpha}_i) \right]^{1-R_i^j} p(\alpha_l \mid R_i^{\text{old}}, \beta_{\text{old}}) \right\}$$

$$\text{公式 6 - 24}$$

6.3.6.3　交差方法

在非补偿的 CDM 下,将项目 j 正确作答的被试的属性掌握模式对应的属性集合记为 α_c,则必有项目 j 的属性集合 q_j 是 α_c 的子集,即 $q_j \subseteq \alpha_c$,则所有正确作答项目 j 的被试的属性掌握模式 α_c 的交集为 $upper = \bigcap_{\alpha_c \in H \text{且} q_j \subseteq \alpha_c} \alpha_c$,根据理想反应模式的定义和集合论可知 $q_j \subseteq upper$。另一方面,所有在项目 j 上错误作答的被试的属性掌握模式都不可能包含 q_j,错误作答项目 j 的被试的属性掌握模式中有一部分是 q_j 的真子集。将满足这一条件的属性掌握模式做并运算,并将运算结果记为 $lower$,由于并运算可能会使得集合所包含的元素增加,因此,$lower$ 可能更接近 q_j,当对项目 j 反应的人数很多时有 $lower \subseteq q_j \subseteq upper$。这只是对理想作答情况的库估计,在实际的作答中,由于存在猜测和失误,需要设定一个指标,如果具有某种属性掌握模式 α_l 的所有被试(人数为 $n_{lj} = r_{lj} + w_{lj}$)对项目 j 的答对比率($P_{lj} = \frac{r_{lj}}{n_{lj}}$)高于答错比率($Q_{lj} = 1 - P_{lj}$),即认为属性掌握模式 α_l 的被试掌握了项目 j 所考查的所有属性,属性掌握模式为 α_l 的被试错误作答项目 j 只是因为失误。从集合论的观点来看,q_j 所包含的属性集合是 α_l 所包含的属性集合的子集($q_j \subseteq \alpha_l$)。如果从偏序关系的角度来看,可以认为 q_j 是 α_l 的下界,令 $L_{\alpha_l} = \{ q_l \mid \forall q_l \in H \text{且} q_l \subseteq \alpha_l \}$,其中 $q_l \subseteq \alpha_l$ 表示向量 q_l 中元素均小于或等于 α_l 中对应元素,已知 L_{α_l} 是 α_l 的下界,则 $q_l \in L_{\alpha_l}$。反过来,如果 $P_{lj} \leq Q_{lj}$,q_j 所包含

的属性集合不是 α_l 所包含的属性集合的子集,即 $q_l \notin L_{\alpha_l}$,属性掌握模式为 α_l 的被试没有掌握项目 j 所考查的属性,只是因为猜测导致的正确作答。

6.4 已有 Q 矩阵估计算法的特点

Q 矩阵对于 CDA 的重要性不言而喻,已经有很多研究者对 Q 矩阵的验证和估计进行了深入的研究。典型的比如 de la Torre 在 2008 年提出的基于经验的 Q 矩阵验证方法;DeCarlo 于 2012 年、Xiang 于 2013 年、Chung 于 2014 年采用的基于贝叶斯的方法等;Liu、Xu 和 Ying 在 2012 年提出的 S 估计量和估计算法;陈平提出的联合估计算法;汪文义提出的交差方法;等等。就目前来说,关于 Q 矩阵估计的方法有很多种,每种方法都是基于一定的假设构建的,有一定的使用范围或限制。下面分别对几种典型的方法的主要特点作一个介绍。

de la Torre 提出的 δ 方法需要事先确定 ε 的大小,同一个项目采用不同的 ε 会得到不同的属性向量,因此,该方法存在一定的主观性,在实际的应用中需要考虑 ε 的设置问题。DeCarlo 对 DINA 和 HO-DINA 模型进行逻辑斯蒂克变换得到等价的 RDINA 和 HO-RDINA 模型,采用贝叶斯方法对 Q 矩阵中部分不确定(或缺失)的元素进行估计,该方法一方面要求已确定的元素完全正确,因为已确定元素中存在的错误(即使是少量的)会严重影响对其他元素的估计;另一方面,该方法也不能对新编制的项目进行属性向量的在线估计。Xiang 将 Q 矩阵中的元素看成是连续的随机变量进行估计,为了使估计得到的变量更接近于 0 或 1,Xiang 采用了惩罚估计技术,但是相对于其他的估计方法,该方法的准确率较低。Chung 也是将 Q 矩阵中的元素看成连续的随机变量,分别基于 DINA 模型和 RRUM,采用 MCMC 方法对 Q 矩阵中的元素进行估计。该方法是一种探索性的方法,通过该方法得到的 Q 矩阵还需要由专家对各属性进行命名等操作。Liu、Xu 和 Ying 在 2012 年提出了基于 S 统计量的 Q 矩阵估计算法,该方法基于作答数据对 Q 矩阵进行推导,并且在中等被试样本(比如 1000)时,该方法有较高的估计准确率。遗憾的是,Liu 等人在 2012 年的研究中做了较严格的假设,比如项目参数已知、被试总体分布已知、Q 矩阵中只有很少几个项目被界定错误等,这些假设在实际应用中可能根本不会满足,就限制了该方法在实际中的应用。陈平和汪文义的方法都是通过被试在旧题上的作答估计出被试的属性掌握模式,以此为基础,结合被试在新题上的作答数据,去估计项目的属性向量和项目参数。

几乎所有关于 CDA 的研究都假定测验的属性框架定义是正确的,但是在实际应用中,很可能会出现 Q 矩阵中缺少必需的属性或存在多余的属性的情况。因此,需要研究当"专家界定的 Q 矩阵"中少了必需的属性或多了额外的属性时,如何利用联合估计算法得到的结果来判断 Q 矩阵的正确性。

6.5 属性粒度对认知诊断评价影响的研究

在 CDA 中,测验属性是一个重要的概念,它是指被试要想对测验项目做出正确的反应,就必须掌握拥有的知识、技能或加工过程。准确地探查出被试对每个属性的掌握情况是 CDA 的主要目标。被试对某个属性的掌握情况通常用 0 或 1 来表示,0 表示被试没有掌握该属性,1 表示掌握。被试在测验的所有属性上的掌握情况就构成了一个非 0 即 1 的二值向量,即属性掌握模式或知识状态。属性的界定是实施 CDA 的一个关键步骤,它包括属性的提取(确定属性的个数)、识别(确定属性的名称和相互关系)。属性是对测验领域知识的细粒度描述,比如 Tatsuoka 在 1995 年将分数的减法界定为将整数转化为分数、从带分数中分离出整数、约分、通分和从整数部分借 1 等 8 个属性。但是这里所说的细粒度是相对的,因为相同的测验,也有研究者按 5 个属性进行分析。在认知诊断中,属性粒度的大小很重要。属性的粒度即属性所对应概念内蕴的大小,亦即属性的粗细。比如小学数学中"加法"的粒度就比"进位加法"粒度更粗。属性粒度越大,诊断所给出的信息越粗糙,对改进教学的作用越小,诊断的效率高,但精确性低。属性粒度越细,诊断的精确性越高,但效率越低。在实际的应用中,需要在诊断精确性和诊断效率之间进行权衡。

在大多数关于 CDA 的研究中,通常假定测验属性的界定是正确的或合适的,这种假设只适应于模拟情形,在实际的应用中很难得到满足,并且众多的关于 CDA 的研究并没有关注到这一点。因此,需要从属性的粒度这个角度出发,研究不同属性关系情况下属性粒度对 CDA 的影响。

6.6 属性间的补偿关系及诊断模型研究

DINA 模型因其简单和易于解释而受到广泛关注,但是在实际的应用过程中,DINA 模型的假设前提未必能得到满足,这限制了 DINA 模型的实际应用。

在实际的测验领域,属性之间可能会存在某种关系,属性间的关系可能有很多种类型,比如相关关系、层级关系、补偿关系和非补偿关系等。因为很多的 CDM 对属性间的关系都做了相应的假设,如果在实际应用中,测验数据不满足所选用 CDM 对于属性关系的假设,势必会造成模型和数据的拟合较差,导致项目参数估计不准确,从而降低对被试的分类准确率。

根据对属性关系的不同假设,可以将 CDM 分成补偿的 CDM 和非补偿的 CDM,其中补偿的 CDM 允许被试通过已掌握的属性去补偿那些考查到的、但是未掌握的属性,比如通用诊断模型等。根据属性间可以补偿的程度,可以将补偿的 CDM 分成部分补偿的 CDM(如 GDM)和完全补偿的 CDM(如 DINO 模型);而非补偿的 CDM 假定被试不能通过已掌握的属性去补偿那些考查到的、但是未掌握的属性,比如 DINA 模型等。虽然描述补偿和非补偿模型的特点很容易,但是在实际应用中选择合适的 CDM 并不容易,选择一个合适的 CDM 通常是对解题过程、实际的样本量、估计算法以及模型拟合等的综合考虑。

理想反应(或理想作答,Leighton 等人在 2004 年的研究中称之为期望反应)是指不考虑猜测和失误时的反应。通常所说的理想情况下被试的反应就是指理想反应。非补偿 CDM 是指被试不能通过已掌握的属性去补偿那些未掌握的属性。理想情况下,被试要想正确作答某项目,必须掌握该项目所考查的所有属性,为典型的非补偿、连接型的 CDM,如 DINA 模型。

补偿模型中有一类特殊的模型是非连接的模型,即被试掌握了某项目所考查的部分属性,在理想情况下就可以正确作答该项目,仅仅掌握该项目考查的 1 个属性的被试和掌握该项目所考查的所有属性的被试在该项目上有相同的理想反应,为典型的补偿、非连接型的 CDM,如 DINO 模型。

补偿的 CDM 允许被试通过已掌握的属性去补偿那些考查到的、但是未掌握的属性。补偿的 CDM 和非补偿的 CDM 的区别可以按如下方式来描述:

假设被试 i 的属性掌握模式向量为 α_i,项目 j 所考查的属性向量为 q_j,如果 α_i 中的每个元素都不小于 q_j 中的对应的元素,则表示被试 i 完全掌握了项目 j 所考查的属性。理想情况下,此时无论是补偿的 CDM,还是非补偿的 CDM,被试都可以正确作答该项目。如果属性掌握模式为 α_i 的被试只是部分掌握 q_j 中的属性(为方便说明,把已掌握的这部分属性记为集合 S_1),但是还有部分属性未掌握(把这部分属性记为集合 S_2),分两种情况:如果被试 i 在项目 j 上的作答

不依赖于属性集合 S_2,则该模型对应的是补偿的 CDM;反之,如果被试 i 在项目 j 上的作答依赖于属性集合 S_2,则该模型对应的是非补偿的 CDM。

在理想反应下,对某个项目,如果被试必须掌握该项目考查的所有属性才能正确作答,缺少其中任何一个必需的属性都会导致其无法正确作答,那么属性间的这种关系通常称为非补偿关系或连接关系;如果被试只掌握了项目所考查的部分属性,而这部分属性可以对其未掌握的那部分属性起到补偿作用,导致该被试在项目上也有很高的正确作答概率,属性间的这种关系通常称为补偿关系。更准确地说,即在被试掌握了有补偿作用的那部分属性的条件下,提高了包含被补偿属性的项目的正确作答(反应)概率。如果理想情况下,这个正确作答概率可以提到 1,这时就是完全补偿(也称非连接)关系了,即 DINO 模型考查的情况。比如,测验考查了两个属性,其中有一个项目的属性向量为 $[1\ 1]^T$,如果这两个属性之间是非补偿(连接)关系,在理想情况下,被试的知识状态必须是 $[1\ 1]^T$ 才能正确作答该项目,而知识状态为 $[1\ 0]^T$、$[0\ 1]^T$、$[0\ 0]^T$ 的被试都无法正确作答;但是如果属性之间存在补偿关系,比如属性 1 对属性 2 存在补偿作用,则除知识状态为 $[1\ 1]^T$ 的被试可以正确作答该项目之外,知识状态为 $[1\ 0]^T$ 的被试在该项目上也有较高的正确作答概率。(属性 1 对属性 2 的补偿作用越大,这个正确作答概率就越高。当属性 1 对属性 2 可以完全补偿,在不考虑失误时,知识状态为 $[1\ 0]^T$ 和 $[1\ 1]^T$ 的被试都可以正确作答项目 $[1\ 1]^T$。)

目前已经有处理连接作用的模型(如 DINA 模型)和非连接作用的模型(如 DINO 模型),其中 Liu 等人在 2010、2011 年基于 DINA 模型开展了英语科目的诊断测验;而 DINO 模型已经用于病理性赌博的识别和错误类型的识别上。DINO 模型中项目的属性之间是完全补偿的关系,而 DINA 模型假设项目的属性之间是连接(非补偿)的关系。DINA 和 DINO 模型中每个项目都只有两个参数:s 和 g。

下面描述项目的属性之间是补偿关系这种情况,DINA 和 DINO 模型都无法很好地处理,或者说,还缺少可以同时处理非补偿、部分补偿和完全补偿的模型。更重要的是,在通常的应用中,很难去界定属性之间存在的补偿(及补偿的大小)或非补偿关系。对于实际的测验,项目的属性之间存在补偿的情况也很多,比如在英语的阅读理解测验中,一个对某个(些)单词无法识别的被试,可以通过对上下文的语境因素来推断出这个(些)单词的含义(当然这个推断出的含义有可能是正确的),即被试对上下文的理解和推断能力补偿了其在单词识别上的部分能力。

6.7 Q 矩阵的估计算法

一方面,测验属性及其之间的关系构成了诊断测验的认知模型;另一方面,属性与项目之间的关联构成了诊断测验的 Q 矩阵(测验蓝图)。因此,属性是认知诊断评价中的核心元素,本书拟探讨的具体问题都是围绕这个核心元素展开的,目的是提高诊断测验的分类准确率,促进诊断测验的实际应用和大规模开展。

6.7.1 基于 S 统计量的 Q 矩阵估计算法改进

基于 S 统计量的 Q 矩阵估计方法有较高的估计成功率,有很好的理论基础,是一种客观的方法。本书拟对其进行改进,使该方法更适合实际应用。

在实际的应用环境中,可能被试的总体分布、项目参数以及被试的属性掌握模式都是未知的,已知的只有被试的作答数据和专家界定的初始 Q 矩阵。下面分总体分布已知和未知两种情况,对 Q 矩阵、项目参数和被试的属性掌握模式进行联合估计。

(1)总体分布已知,基于 S 统计量的 Q 矩阵联合估计

假设被试总体的属性掌握模式分布已知(比如为正态分布或均匀分布),并且专家界定了一个 Q 矩阵(初始的 Q 矩阵),但是这个 Q 矩阵中可能包含一定的错误。这里需要基于这个初始的 Q 矩阵、作答数据和被试的总体分布,来联合估计项目参数、Q 矩阵和被试的属性掌握模式。

(2)总体分布已知,基于 S 统计量的 Q 矩阵在线估计

在(1)中是专家界定的初始 Q 矩阵中只包含较少的错误。和(1)不同的是,这里只有少数几个项目被界定正确,更多的项目需要界定。同样假设被试总体的属性掌握模式分布已知(比如为正态分布或均匀分布),并且手头只有一个包含较少项目的 Q 矩阵(或者说只对这些项目的属性向量有把握),需要以这个 Q 矩阵为基础,对余下更多的项目进行界定。

(3)总体分布未知,基于 S 统计量的 Q 矩阵联合估计

除了总体分布未知以外,其余与(1)完全相同。

（4）总体分布未知，基于 S 统计量的 Q 矩阵在线估计

除了总体分布未知以外，其余与（2）完全相同。

（5）Q 矩阵估计算法在属性框架出现错误情况下的表现

这里的属性框架出现错误是指专家界定的 Q 矩阵中存在一个多余的额外属性或缺少一个必需的属性。在这两种情况下，Q 矩阵估计算法能够得到什么样的结果？是否能提供有用的参考信息？

6.7.2　基于似然比 D^2 统计量的 Q 矩阵估计

现代教育和心理测验需要对所选择的项目反应模型与作答反应数据进行拟合检验，来评价所使用的模型与数据之间的拟合情况。通常是把模型的预测值（比如期望得分）和实际观察值（比如实际得分）之间的残差作为统计量，这个残差的不同计算方法就构成了不同的拟合统计量，常用的有 Bock 的卡方统计量（Bock，1972）、Yen 统计量、似然比 G^2 统计量等。

受项目反应理论中项目和数据拟合检验方法的启发，我们提出本研究的逻辑假设：在认知诊断评价中，测验中的项目属性定义与作答反应数据的拟合情况，应该也是可以按照类似 IRT 中的模型—资料拟合检验的方法进行检验的，选择拟合指标最好的项目属性向量作为当前作答反应数据所对应的项目属性定义。基于这种逻辑假设，本书提出一种简单易懂的定义和验证项目属性向量的方法：使用似然比统计量来对被试的属性掌握模式、项目参数和项目的属性向量进行联合估计和在线估计。

（1）基于 D^2 统计量的 Q 矩阵联合估计

假设专家界定了一个 Q 矩阵，但是这个 Q 矩阵中可能包含一定的错误，这里需要基于这个初始的 Q 矩阵和作答数据，来估计项目参数、Q 矩阵和被试的属性掌握模式。

（2）基于 D^2 统计量的 Q 矩阵在线估计

和（1）不同的是，这里只有少数几个项目被界定正确，有更多的项目需要界定，并且手头只有一个包含较少项目的 Q 矩阵（或者说只对这些项目的属性向量有把握），需要以这个 Q 矩阵为基础，对余下更多的项目进行界定。

6.7.3　属性粒度和属性关系对 CDA 分类的影响

属性的粒度有粗有细，举个最简单的例子：比如"个位数的加法运算"和"个

位数的减法运算",它们既是两个属性,也可以定义为一个属性,即"个位数的加减运算"。当然这个例子只是一个描述性的例子,因为很容易看出来,属性"个位数的加减运算"可以分成两个属性。但是在实际的测验领域,情况往往更为复杂,可能不同专家界定出的属性粒度不同,这就需要在较粗的粒度和较细的粒度之间做出取舍。做出取舍的依据肯定是在保证诊断效率的基础上,选择有利于推断被试的知识状态的属性集合,并提供更多的诊断信息。

假设有两个测验项目:$3-2$ 和 $1+5$,如果按照两个属性(属性 1 是"个位数的加法运算",属性 2 是"个位数的减法运算")来定义,则这两个项目的属性向量分别 $[0\ 1]^T$ 和 $[1\ 0]^T$。如果有一个被试在项目 1 上正确作答,在项目 2 上错误作答,则可以做出该被试掌握了属性 1,没有掌握属性 2 的推断(或者说这个推断有很大可能是正确的);而如果按照单个粒度较大的属性(该属性是"个位数的加减运算")来定义,则这两个项目的属性向量都为 $[1]^T$,则无法对在项目 1 上正确作答、在项目 2 上错误作答的被试做出推断(或者说不能对被试的属性掌握模式做出推断)。这就说明,在项目个数相同的情况下,对于属性粒度的不同定义会影响对被试的属性掌握模式的推断。需要注意的是,虽然从这个例子可以看出,定义较细粒度的属性更有利于推断被试的属性掌握模式,但是在实际的数据分析中,由于要受到属性间的关系、项目个数、被试人数和分析工具所能承受的属性个数等的影响,因此,并不总是越细粒度的属性越好。属性粒度还会影响测验蓝图的设计,比如著名的分数减法数据就分别有研究者对 8 个属性和 5 个属性进行分析。

在实际的测验开发中,如何在不同粒度的属性集合中取舍?这需要深入了解属性粒度是如何对 CDA 产生影响的。我们拟通过模拟研究来考虑不同的属性粒度及不同的属性间的关系条件下,二者是如何共同影响 CDA 对被试的分类的。

6.7.4 属性间的补偿关系及诊断模型研究

本研究拟在 DINA 和 DINO 模型的基础上,为每个项目增加一个参数,即补偿参数,将补偿作用对于作答反应带来的影响纳入模型中,充分反映属性间的补偿关系。修改后的模型不但保留了 DINA(或 DINO)模型简单和易于解释的特性,而且可以处理属性间存在补偿和非补偿的情况,并且下文将说明它可以把 DINA 和 DINO 模型看成是特例,新构建的模型记作 Hybird DINA(HDINA)模型。

6.8 Q 矩阵估计算法的改进

针对上面所提到的问题,本书开展四项研究:研究一是基于 S 统计量的 Q 矩阵估计算法的改进,包括三个研究部分,分别是基于 S 统计量的 Q 矩阵、项目参数和被试属性掌握模式的联合估计,基于 S 统计量的 Q 矩阵、项目参数和被试属性掌握模式的在线估计以及存在一个多余属性或缺少一个必需属性时的 Q 矩阵估计;研究二是基于似然比 D^2 统计量的 Q 矩阵、项目参数和被试属性掌握模式的联合估计以及基于似然比 D^2 统计量的 Q 矩阵、项目参数和被试属性掌握模式的在线估计;研究三是关于属性粒度和属性关系对于认知诊断分类的影响;研究四是可以同时处理补偿和非补偿关系的认知诊断模型。

6.8.1 本研究的意义

本研究的意义主要包括四个方面:(1)对于研究"基于 S 统计量的 Q 矩阵估计算法改进",修改后的 Q 矩阵估计算法受到的约束更少,可以在不同的条件下使用,具有更强的实用性。首先,可以对专家界定的 Q 矩阵进行验证;其次,可以对需要入库的"新项目"进行"在线"标定;再次,当初始 Q 矩阵中存在多余一个属性或缺少一个必需的属性时,联合估计算法都可以很好地处理。(2)对于研究"基于似然比 D^2 统计量的 Q 矩阵估计",一方面,相对于 S 统计量,D^2 统计量涉及的计算量更小,在时间上更有优势;另一方面,D^2 统计量对于样本量要求更低,有更高的估计成功率。(3)对于研究"属性粒度对于 CDA 的影响研究",重点考查了属性粒度和属性之间的关系对于 CDA 的分类影响,为实际测验中测验蓝图的选择提供参考依据。(4)对于研究"属性间的补偿关系及诊断模型研究",新构建的 HDINA 模型一方面不需要事先界定属性之间的关系以及关系的大小,另一方面可以很好地处理完全补偿、连接和部分补偿的关系。

6.8.2 本研究的创新之处

本研究从促进诊断测验实际应用的角度展开了四项研究,创新之处主要体现在四个方面:

第一,将 S 统计量和对应的估计算法进行改进,实现 Q 矩阵、项目参数和被试的属性掌握模式的联合和在线估计,提高算法的实际应用价值。当 Q 矩阵中存在一个多余的属性或缺少一个必需的属性时,算法可以提供很好的参考信息。

第二,构建了似然比统计量 D^2。相对于 S 统计量,采用 D^2 统计量来估计 Q 矩阵有更高的准确率,估计过程所需的时间更短,可以实现 Q 矩阵、项目参数和属性掌握模式的联合估计和在线估计。

第三,具体研究了属性粒度对于 CDA 分类的影响,包括不同属性关系条件下,属性粒度对于被试的模式判准率、属性的边际判准率和单个属性的判准率的影响。

第四,构建了比 DINA 和 DINO 模型更一般的模型——HDINA 模型,不需要事先确定属性之间是补偿还是非补偿的关系,以及关系的大小,可以通过 HDINA 模型的参数来了解属性之间是否存在补偿关系,这样能更好地解决实际应用中诊断模型选择的问题。

第七章 Q 矩阵估计研究

7.1 基于 S 统计量的 Q 矩阵估计算法改进

根据前面的假设,有 N 个被试参加包含 J 个项目的诊断测验,共考查 K 个属性,测验中的所有项目都是 0/1 评分,因此该测验的 Q 矩阵是一个 $J \times K$ 的 0/1 矩阵,作答数据是一个 $N \times J$ 的 0/1 矩阵,用 R 表示,R_i^j 表示被试 i 在项目 j 上的得分。如果记由专家界定的测验 Q 矩阵为 $Q(0)$,将它作为各估计算法的初始 Q 矩阵(或称为 Q 矩阵的初值),将真实的 Q 矩阵记为 Q^c,将一般的 Q 矩阵记为 Q'(指所有可能的 $J \times K$ 的 0/1 矩阵,但每个行向量不能是 0 向量),则 $U_j(Q')$ 表示所有那些除了第 j 个项目不同之外,其他的项目完全与 Q' 相同的 $J \times K$ 的矩阵集合。若无特别说明,该假设在本书中通用。

7.1.1 研究目的

基于 S 统计量的 Q 矩阵估计方法是完全客观的,有坚实的理论基础,并且有很高的估计成功率。本研究针对 Liu 等人提出的 S 统计量和 Q 矩阵估计算法,以此为基础进行改进。因为 Liu 等人的算法中假设项目参数和被试总体分布已知,这不利于算法的实际应用。考虑移除这些假设,进行如下的五个实验,分别是:(1)被试总体分布已知,Q 矩阵、项目参数和被试的属性掌握模式联合估计;(2)被试总体分布未知,Q 矩阵、项目参数和被试的属性掌握模式联合估计;(3)被试总体分布已知,Q 矩阵、项目参数和被试的属性掌握模式在线估计;(4)被试总体分布未知,Q 矩阵、项目参数和被试的属性掌握模式在线估计;(5)初始 Q 矩阵中缺少一个必需的属性或多余一个额外的属性时,估计算法的表现。

本研究的主要目的一方面是考查基于 S 统计量的联合估计算法和在线估计算法在已知被试总体分布和未知被试总体分布时,估计 Q 矩阵的成功率;另一方面是考查 Q 矩阵中存在一个额外属性或缺少一个必需的属性时,基于 S 统计量的估计算法的表现。这里的 Q 矩阵估计成功率是指输入预先界定且包含错误的 Q 矩阵,经过估计程序估计后得到正确 Q 矩阵的概率。

7.1.2　研究方法

下面首先介绍本研究涉及的联合估计算法和在线估计算法,每种算法又分为已知和未知被试总体的属性掌握模式分布两种情况,因此,一共涉及 4 种算法。对于 Q 矩阵中存在多余属性和缺少必需属性,这里只考虑最简单的情况,即 Q 矩阵只多余一个属性或只缺少一个必需的属性。

7.1.2.1　项目属性向量界定错误时的 Q 矩阵估计

项目属性向量界定错误是指 Q 矩阵中有部分项目的属性向量定义错误(或者有新项目需要定义属性),而整个测验的属性结构定义是正确的。首先介绍涉及的四个估计算法。

算法一:被试总体分布已知,$\{(s,g),\alpha,Q\}$ 的联合估计

假设被试总体的属性掌握模式分布 p_α 服从均匀分布,即每种可能的属性掌握模式在被试总体中出现的概率相同。

前面已经提到,$Q(0)$ 可能包含不同的错误,它是作为估计算法的出发点,模拟时可以在真实 Q 矩阵的基础上通过修改得到。

算法的具体描述如下:

第一次迭代从 $Q(0)$ 出发,迭代的结果记为 $Q(1)$,作为第二次迭代的初始矩阵。以此类推,第 m 次迭代时,其"出发点"是算法上一次得到的估计值 $Q(m-1)$,第 m 次迭代过程的详细描述如下:

(1)根据初始 Q 矩阵 $Q(m-1)$、被试的作答数据,利用 EM 算法(de la Torre,2009)估计项目参数 $\hat{c}[Q(m-1)]$ 和 $\hat{g}[Q(m-1)]$,并计算 $S_{\hat{c}[Q(m-1)],\hat{g}[Q(m-1)]}(Q')$。

(2)根据 $Q' \in U_j[Q(m-1)]$ 作答数据,利用 EM 算法估计项目参数 $\hat{c}(Q')$ 和 $\hat{g}(Q')$,并计算 $S_{\hat{c}(Q'),\hat{g}(Q')}(Q')$,使

$$Q_j = \mathop{\arg\inf}_{Q' \in U_j[Q(m-1)]} S_{\hat{c}(Q'),\hat{g}(Q')}(Q'),j=1,2,\cdots,J。\quad 公式7-1$$

(3)使 $j^* = \arg\min_j S(Q_j),j=1,2,\cdots,J$。

(4)使 $Q(m) = Q_{j*}$，更新项目 j 的属性向量，$j = 1, 2, \cdots, J$。

(5)重复步骤(2)到(4)，直到更新所有 J 个项目的属性向量为止。

(6)重复上述步骤，直到 $Q(m) = Q(m-1)$，即第 m 次迭代前后两次的 **Q** 矩阵不变，则所得到的 $Q(m)$ 和项目参数即为算法最终的估计值。

执行步骤(2)到(4)时会固定其他项目的属性向量不变，只对项目 j 在所有可能的属性向量(共有 $2^K - 1$ 种)下计算 S，选择使 S 值最小的向量作为项目 j 的属性向量。

所有项目都完成更新称为一次迭代，在一次迭代中，需要计算 S 函数和调用 EM 算法估计项目参数的次数都为 $J \times (2^K - 1)$。

算法二：被试总体分布未知，$\{(s, g), \alpha, Q\}$ 的联合估计

与算法一不同的是，这里假设被试的总体分布未知，在 MMLE/EM 算法中通过经验贝叶斯方法估计得到，即这里需要基于当前 **Q** 矩阵作答数据，同时估计项目参数 s、g、α 和 p_α。

算法三：被试总体分布已知，$\{(s, g), \alpha, Q\}$ 的在线估计

联合估计算法要求手头已有一个质量较好的初始 **Q** 矩阵，即预先界定的 **Q** 矩阵中只包含较少的错误，大部分的项目是已经被正确定义的，但是在实际的应用中，有可能预先界定的 **Q** 矩阵中只有少数的项目被正确界定，有更多新项目需要界定。在这种情况下，联合估计算法可能就不太适用。下面来介绍适合这种情况的在线估计算法。

假定已经有部分正确界定的项目，这些项目称为"基础项目"，以这些项目所对应的 **Q** 矩阵为基础，记为 Q_{base}。对于一个需要界定的"新项目"，记为 Q_{new}，通过联合估计算法来估计 Q_{new}。Q_{new} 的初始内容可以随机生成(但是不能是全 0 的向量)。

将 Q_{base} 和 Q_{new} 合并在一起，为了方便描述，将 Q_{new} 作为第一个项目，Q_{base} 对应的项目放在这个项目之后，以这个 **Q** 矩阵作为初始的 **Q** 矩阵，记为 $Q(m-1)$，即 $Q(m-1) = \begin{bmatrix} Q_{new} \\ Q_{base} \end{bmatrix}$。$U_1[Q(m-1)]$ 表示所有那些除了第 1 个项目不同之外，其他的项目完全与 $Q(m-1)$ 相同的 $J \times K$ 的矩阵。

下面介绍详细的估计过程，在线估计算法的过程包括两个部分。

第一部分:估计所有新项目的属性向量和项目参数,包括以下几个具体步骤,描述如下:

(1)根据 $Q' \in U_1[Q(m-1)]$,作答数据 R,利用 EM 算法估计项目参数 $\hat{c}(Q')$ 和 $\hat{g}(Q')$,并计算 $S_{\hat{c}(Q'),\hat{g}(Q')}(Q')$,使

$$Q_j = \underset{Q' \in U_1[Q(m-1)]}{\arg \quad \inf} S_{\hat{c}(Q'),\hat{g}(Q')}(Q'), j=1,2,\cdots,J。 \quad 公式 7-2$$

(2)使 $j^* = \arg \min_j S(Q_j), j=1,2,\cdots,J$。

(3)使 $Q(m) = Q_{j^*}$,更新项目 1 的属性向量。

(4)将下一个新的项目 Q_{new} 与 $Q(m)$ 合并,并且 Q_{new} 作为第一个项目,即

$$Q(m-1) = \begin{bmatrix} Q_{new} \\ Q(m) \end{bmatrix}。$$

(5)重复前面的步骤(1)到(4),直到所有的新项目都被估计。

基于"基础项目"的"增量式"联合估计项目参数和 Q 矩阵也可以看作是已知部分项目的属性向量,来对一批新的项目进行界定,是采用逐个加入新项目的"增量式"联合估计方法,充分利用已有的正确信息。假设在测验中作为基础的项目有 J_{base} 个,在估计每个新项目的过程中,需要计算 S 函数和调用 EM 算法估计项目参数的次数都为 2^K-1,则算法第一部分需要计算 S 函数和调用 EM 算法的次数为 $(2^K-1) \times (J-J_{base})$。

第二部分:对所有项目的属性向量和项目参数进行校正,即以算法第一部分估计得到的 Q 矩阵(记为 $\hat{Q}_0$)作为初始的 Q 矩阵,采用联合估计计算法进行估计,以最终得到的 Q 矩阵作为结果。

算法四:被试总体分布未知,$\{(s,g),\alpha,Q\}$ 的在线估计

算法四与算法三不同的是被试总体分布未知,需要在 MMLE/EM 算法中采用经验贝叶斯方法估计,即每次都根据估计得到被试属性掌握模式来更新被试分布,其他完全一样。

7.1.2.2　测验属性个数界定错误时的 Q 矩阵估计

这里考虑整个测验的属性结构定义错误的情况。在实际的应用中,关于测验整体属性的个数也不是那么容易确定的,比如著名的"分数减法数据"的属性个数在 20 多年后仍然存在争议(DeCarlo,2011,2012)。有研究者研究了项目属

性向量界定错误的情况下对参数估计和分类的影响(Rupp,Templin,2008),但是也没有涉及属性个数界定错误的情况。因此,有必要研究当属性个数存在错误的情况下,**Q** 矩阵的估计问题。

本研究基于实际应用的目的,研究当专家界定的 **Q** 矩阵中少了必需的属性或多了额外的属性时,如何利用联合算法得到的结果来判断 **Q** 矩阵的正确性。基于此,考查当专家界定的属性个数与正确的属性个数相差为1(少一个必需的属性或多一个额外的属性)时,算法所估计出的 **Q** 矩阵和项目参数能给我们带来什么样的参考信息? 是否能够估计出正确的 **Q** 矩阵? 当 **Q** 矩阵中的属性个数存在错误时,考查缺少必需属性或存在多余属性时对 **Q** 矩阵估计和项目参数估计的影响。

当专家界定的 **Q** 矩阵中缺少一个必需的属性或者多余一个额外的属性,而对其余的属性界定完全正确时,以专家界定的 **Q** 矩阵作为初始 **Q** 矩阵,采用联合估计算法,结合算法输出的 **Q** 矩阵、S 统计量的值和项目参数的变化情况,共同来判断 **Q** 矩阵的正确性。

7.1.3　实验设计

7.1.3.1　数据模拟

(1)对于联合估计算法

考查不同的测验属性个数、包含不同的错误项目个数、是否已知被试总体属性掌握模式分布和不同的被试人数条件下,联合估计算法和在线估计算法的表现。测验属性个数(**Q** 矩阵中包含的属性个数)取 3 个水平,分别是 3、4 和 5;初始 **Q** 矩阵中包含的错误项目个数取 4 个水平,分别是 3、4、5 和 6;被试总体属性掌握模式分布取 2 个水平,分别是已知和未知,被试总体分布已知时选择均匀分布,即每种属性掌握模式的被试人数在总体上相近;被试人数取 4 个水平,分别是 500、1000、2000 和 4000。这样一来,整个实验就有 $3 \times 4 \times 2 \times 4 = 96$ 种情况,每种情况产生 100 批数据,每种情况对应一个随机生成的包含预定数量的错误项目的初始 **Q** 矩阵,即 $N_r = 100$。基于这 100 批数据和初始 **Q** 矩阵,计算能正确恢复成真实 **Q** 矩阵的次数。

采用 Liu 等人 2012 年的文章中相同的 **Q** 矩阵作为真实的 **Q** 矩阵,一共有三个,分别考查 3—5 个属性、20 个项目。三个 Q 矩阵的详细内容见图 7-1。被试人数考查 500、1000、2000 和 4000 共四种情况。

$$
Q_1 = \begin{bmatrix}
1 & 0 & 0 \\
0 & 1 & 0 \\
0 & 0 & 1 \\
1 & 0 & 0 \\
0 & 1 & 0 \\
0 & 0 & 1 \\
1 & 0 & 0 \\
0 & 1 & 0 \\
0 & 0 & 1 \\
1 & 1 & 0 \\
1 & 0 & 1 \\
1 & 0 & 1 \\
0 & 1 & 1 \\
1 & 0 & 1 \\
0 & 1 & 1 \\
1 & 1 & 0 \\
0 & 1 & 1 \\
1 & 0 & 1 \\
0 & 1 & 1 \\
1 & 1 & 1
\end{bmatrix}
\quad
Q_2 = \begin{bmatrix}
1 & 0 & 0 & 0 \\
0 & 1 & 0 & 0 \\
0 & 0 & 1 & 0 \\
0 & 0 & 0 & 1 \\
1 & 0 & 0 & 0 \\
0 & 1 & 0 & 0 \\
0 & 0 & 1 & 0 \\
0 & 0 & 0 & 1 \\
1 & 1 & 0 & 0 \\
1 & 0 & 1 & 0 \\
1 & 0 & 0 & 1 \\
0 & 1 & 1 & 0 \\
0 & 1 & 0 & 1 \\
0 & 0 & 1 & 1 \\
1 & 1 & 1 & 0 \\
1 & 1 & 0 & 1 \\
1 & 0 & 1 & 1 \\
0 & 1 & 1 & 1 \\
1 & 1 & 1 & 1 \\
1 & 1 & 1 & 1
\end{bmatrix}
\quad
Q_3 = \begin{bmatrix}
1 & 0 & 0 & 0 & 0 \\
0 & 1 & 0 & 0 & 0 \\
0 & 0 & 1 & 0 & 0 \\
0 & 0 & 0 & 1 & 0 \\
0 & 0 & 0 & 0 & 1 \\
1 & 0 & 0 & 0 & 0 \\
0 & 1 & 0 & 0 & 0 \\
0 & 0 & 1 & 0 & 0 \\
0 & 0 & 0 & 1 & 0 \\
0 & 0 & 0 & 0 & 1 \\
1 & 1 & 0 & 0 & 0 \\
1 & 0 & 1 & 0 & 0 \\
1 & 0 & 0 & 1 & 0 \\
1 & 0 & 0 & 0 & 1 \\
0 & 1 & 1 & 0 & 0 \\
0 & 1 & 0 & 1 & 0 \\
0 & 1 & 0 & 0 & 1 \\
0 & 0 & 1 & 1 & 0 \\
0 & 0 & 1 & 0 & 1 \\
0 & 0 & 0 & 1 & 1
\end{bmatrix}
$$

图 7-1　模拟的真实 Q 矩阵

各属性掌握模式在被试总体中的分布假设为均匀分布,即有:

$$p_\alpha = 2^{-K} \tag{公式 7-3}$$

猜测参数和失误参数按均匀分布进行模拟,取值区间为 $[0.05,0.25]$。当项目个数比较大时,饱和的 T 矩阵(Liu 等,2012)是一个非常庞大的矩阵。因此,为了减少计算时间,提高算法的执行效率,按照 Liu 等人 2012 年文章中的做法,在构造 T 矩阵时,选择的项目组合最大到 $K+1$ 个,这样一来,可以显著减少 T 矩阵的行数。

初始 Q 矩阵的选择方法是随机地从 20 个项目中选择 3—5 个项目,作为属性界定错误的项目。具体产生的方法是随机产生一个 K 维由 0 和 1 组成的向量,但是这个向量既不是全 0 向量,也不是该项目正确的属性模式。因此,每个项目一共可以有 $2^K - 2$ 种错误的情况,除了这些错误的项目之外,其他的项目完全正确,以这样的 Q 矩阵作为初始 Q 矩阵,使用联合估计算法进行估计。

(2)对于在线估计算法

真实 Q 矩阵、项目参数、被试的属性掌握模式的模拟与(1)相同。初始 Q 矩阵的选择,我们按照随机的方法从真实 Q 矩阵中选取若干个项目作为"基础项目",记为 Q_{base}。以 Q_{base} 为基础,逐个加入新项目来估计项目的参数和属性。为了考查"基础项目"个数对于增量式在线估计算法的影响,"基础项目"的个数分别取 3、4、5、8、10、12、15 共 7 种情况。新项目的属性向量的初始化方法为:随机生成一个 $1 \times K$ 的 0 和 1 向量,记为 q_{new},但是 q_{new} 的元素不能是全 0,也不能是正确的属性向量,这样 q_{new} 可能的初始值有 $2^K - 2$ 种情况。将模拟出的数据使用在线估计算法进行估计。

(3)Q 矩阵中存在一个额外的属性

这里的真实 Q 矩阵还是与图 7 - 1 中的相同,向 Q 矩阵中添加一个随机的二值列向量作为属性界定个数多一个的情形,其他未涉及的列保持不变。在 Q_1 中,增加一列有 4 种可能,即在第 1 列前、第 1 与第 2 列之间、第 2 与第 3 列之间、第 3 列之后。按照这种方法,从 Q_1、Q_2 和 Q_3 可以生成包含多余一个属性的 Q 矩阵 15 个,作答数据仍采用前面的数据,只是估计时的初始 Q 矩阵是在真实 Q 矩阵上增加 1 个属性列后所对应的矩阵,被试分别是 500、1000、2000 和 4000 人,一共就有 $15 \times 4 = 60$ 种情况。

当 Q 矩阵中包含一个额外的属性时,所有项目的属性向量都是错误的,但是除了这个额外属性之外,其他所有属性在每个项目中的界定都是正确的。以这样的 Q 矩阵作为输入,采用联合估计算法估计。

(4)Q 矩阵中缺少一个必需的属性

真实的 Q 矩阵如图 7 - 1 所示,随机从 Q 矩阵中删除一列作为缺少一个必需属性的情形。以 3 个属性为例,删除一列有 3 种可能,即可以删除第 1、2 或 3 列,在删除列的时候,如果导致某行剩下的元素全部为 0,则删除该项目。按照这种方法,从 Q_1、Q_2 和 Q_3 可以生成缺少一个必需属性的 Q 矩阵 12 个,作答数据仍采用前面的数据,只是在估计时的初始 Q 矩阵是在真实 Q 矩阵上删除 1 个属性列后所对应的矩阵,被试分别是 500、1000、2000 和 4000 人,一共就有 12 × 4 = 48 种情况。

为了便于说明问题,以 Q_1 为例说明缺少一个必需属性的情况。假定项目参数都为 0.2,某个项目的属性向量为 $[1\ 0\ 1]^T$,被试总人数 N 是一个很大的正整数,并且 8 种属性掌握模式是均匀分布的,则理想情况下,属性掌握模式为 $[1\ 0\ 1]^T$ 和 $[1\ 1\ 1]^T$ 的两类被试可以正确作答该项目,其余 6 类被试只能通过猜测。因此,根据 DINA 模型假设,应该有 $N \times 0.2 \times 2/8$ 的被试发生失误而错误作答,有 $N \times 0.2 \times 6/8$ 的被试发生猜测而正确作答。当缺少第一个属性时,项目变成了 $[0\ 1]^T$,则属性掌握模式为 $[0\ 0\ 1]^T$、$[0\ 1\ 1]^T$、$[1\ 0\ 1]^T$、$[1\ 1\ 1]^T$ 的被试均可以正确作答该项目,人数为 $N \times 4/8$;其余 4 种被试只能通过猜测,人数为 $N \times 4/8$。但是实际上,这部分被试中应该正确作答并且确实正确作答的人数为 $N \times 0.2 \times 2/8 + N \times (1 - 0.2) \times 2/8 = N \times 2/8$,应该正确作答但是错误作答的人数为 $N \times 4/8 - N \times 2/8 = N \times 2/8$,则采用错误的 Q 矩阵导致失误参数为 $(N \times 2/8)/(N \times 4/8) = 0.5$,猜测参数为 $(N \times 0.2 \times 4/8)/(N \times 4/8) = 0.2$。但是如果是另一个项目 $[0\ 0\ 1]^T$,删除属性后变成 $[0\ 1]^T$,通过同样的分析过程可知,其猜测参数和失误参数不会受到影响。对于 4 和 5 个属性的情况,结论同样适用。

7.1.3.2 评价指标

评价指标采用成功回收率(Successful Recovery Ratio,SRR)来衡量算法的优劣。假设一共生成 N_r 批作答数据,输入 N_r 个包含错误的 Q 矩阵,通过算法估计的 Q 矩阵有 N_r^c 次正确,则 SRR 指标的计算公式如下:

$$SRR = \frac{N_r^c}{N_r} \times 100\% \qquad 公式 7-4$$

SRR 指标越高,表示算法越好。

7.1.3.3 研究结果

(1)基于 S 统计量,被试总体分布已知,$\{(s,g),\alpha,Q\}$ 的联合估计结果如表 7-1 所示。从中可以看出,当被试人数大于 1000,错误项目个数为 3、4 和 5 时,联合估计算法都能够 100% 估计出正确的矩阵;当错误项目数达到 6、被试人数达到 4000 时,算法可以 100% 估计出正确的矩阵。根据表 7-1 和表 7-2,当已知被试属性掌握模式分布,并且真实的矩阵是 Q_1 和 Q_2 时,在不同的条件下,联合估计算法有很大的可能(平均 90% 以上)恢复正确的 **Q** 矩阵。当真实的矩阵是 Q_3、人数为 500 时,成功恢复概率大于 50%;人数达到 1000 时,可以以大于 90% 的概率恢复真实的 **Q** 矩阵。在未知被试的属性掌握模式分布以及其他条件相同的情况下,估计法的成功率会有所下降,如表 7-3 和表 7-4 所示。

当已知被试属性掌握模式的分布,影响在线估计算法的成功率的因素有被试人数、基础题的个数和 **Q** 矩阵中的属性个数。在被试人数为 500 时,8 道基础题即可保证在线估计算法可以成功地恢复 Q_1、Q_2 和 Q_3。在未知属性掌握模式分布时,相同条件下,在线估计算法的恢复成功率与已知分布时相同,也有所下降。这一点可以很容易地从表 7-5、表 7-6、表 7-7 和表 7-8 中看出。

表 7-1　被试总体分布已知,$\{(s,g),\alpha,Q\}$ 的联合估计结果(1)

case	$N=500$								$N=1000$							
	$\hat{Q}=Q$				$\hat{Q}\neq Q$				$\hat{Q}=Q$				$\hat{Q}\neq Q$			
error	3	4	5	6	3	4	5	6	3	4	5	6	3	4	5	6
Q_1	100	100	90	87	0	0	10	13	100	100	100	95	0	0	0	5
Q_2	96	94	88	82	4	6	12	18	100	100	100	93	0	0	0	7
Q_3	58	55	54	51	42	45	46	49	100	100	100	94	0	0	0	6

表 7-2　被试总体分布已知,$\{(s,g),\alpha,Q\}$ 的联合估计结果(2)

case	$N=2000$								$N=4000$							
	$\hat{Q}=Q$				$\hat{Q}\neq Q$				$\hat{Q}=Q$				$\hat{Q}\neq Q$			
error	3	4	5	6	3	4	5	6	3	4	5	6	3	4	5	6
Q_1	100	100	100	99	0	0	0	1	100	100	100	100	0	0	0	0
Q_2	100	100	100	97	0	0	0	3	100	100	100	100	0	0	0	0
Q_3	100	100	100	98	0	0	0	2	100	100	100	100	0	0	0	0

(2)基于 S 统计量,被试总体分布未知,$\{(s,g),\alpha,Q\}$ 的联合估计结果如表 7-3 和表 7-4 所示。

表 7 - 3　被试总体分布未知，$\{(s,g),\alpha,Q\}$ 的联合估计结果(1)

case	$N=500$								$N=1000$							
	$\hat{Q}=Q$				$\hat{Q}\neq Q$				$\hat{Q}=Q$				$\hat{Q}\neq Q$			
error	3	4	5	6	3	4	5	6	3	4	5	6	3	4	5	6
Q_1	96	94	91	87	4	6	9	13	98	95	93	90	2	5	7	10
Q_2	91	88	82	78	9	12	18	22	93	90	86	83	7	10	14	17
Q_3	51	47	44	41	49	53	56	59	78	72	70	68	22	28	30	32

表 7 - 4　被试总体分布未知，$\{(s,g),\alpha,Q\}$ 的联合估计结果(2)

case	$N=2000$								$N=4000$							
	$\hat{Q}=Q$				$\hat{Q}\neq Q$				$\hat{Q}=Q$				$\hat{Q}\neq Q$			
error	3	4	5	6	3	4	5	6	3	4	5	6	3	4	5	6
Q_1	100	100	99	97	0	0	1	3	100	100	100	99	0	0	0	1
Q_2	96	95	95	93	4	5	5	7	100	99	99	96	0	1	1	4
Q_3	85	81	77	74	15	19	23	26	94	91	89	85	6	9	11	15

(3)基于 S 统计量，被试总体分布已知，$\{(s,g),\alpha,Q\}$ 的在线估计结果如表 7 - 5 和表 7 - 6 所示。

表 7 - 5　被试总体分布已知，$\{(s,g),\alpha,Q\}$ 的在线估计结果(1)

case	$N=500$							$N=1000$						
	$\hat{Q}=Q$							$\hat{Q}=Q$						
base item	3	4	5	8	10	12	15	3	4	5	8	10	12	15
Q_1	85	95	100	100	100	100	100	93	100	100	100	100	100	100
Q_2	38	44	77	100	100	100	100	46	65	81	100	100	100	100
Q_3	21	37	70	100	100	100	100	41	61	80	100	100	100	100

表 7 - 6　被试总体分布已知，$\{(s,g),\alpha,Q\}$ 的在线估计结果(2)

case	$N=2000$							$N=4000$						
	$\hat{Q}=Q$							$\hat{Q}=Q$						
base item	3	4	5	8	10	12	15	3	4	5	8	10	12	15
Q_1	94	100	100	100	100	100	100	95	100	100	100	100	100	100
Q_2	59	70	84	100	100	100	100	68	73	85	100	100	100	100
Q_3	43	68	83	100	100	100	100	56	71	84	100	100	100	100

(4)基于 S 统计量,被试总体分布未知,$\{(s,g),\alpha,Q\}$ 的在线估计结果如表 7-7 和表 7-8 所示。

表 7-7 被试总体分布未知,$\{(s,g),\alpha,Q\}$ 的在线估计结果(1)

case	$N=500$							$N=1000$						
	$\hat{Q}=Q$							$\hat{Q}=Q$						
base item	3	4	5	8	10	12	15	3	4	5	8	10	12	15
Q_1	81	87	90	92	93	95	98	87	90	92	95	97	100	100
Q_2	35	39	69	89	94	98	98	42	64	80	93	96	99	100
Q_3	18	35	67	88	90	96	97	38	56	75	90	92	98	100

表 7-8 被试总体分布未知,$\{(s,g),\alpha,Q\}$ 的在线估计结果(2)

case	$N=2000$							$N=4000$						
	$\hat{Q}=Q$							$\hat{Q}=Q$						
base item	3	4	5	8	10	12	15	3	4	5	8	10	12	15
Q_1	92	98	99	100	100	100	100	94	99	99	100	100	100	100
Q_2	57	68	81	96	99	100	100	66	70	81	97	100	100	100
Q_3	39	63	80	95	97	99	100	54	69	81	99	99	100	100

(5)Q 矩阵中包含一个额外的属性。

通过联合估计算法得到的 Q 矩阵如下图 7-2 所示,这是对 Q_1、Q_2 和 Q_3 的一组估计结果。其中 Q'_1 是在 Q_1 的第 1 列后面增加了一列(按均匀分布随机生成),Q'_2 是在 Q_2 的第 2 列后面增加了一列,Q'_3 是在 Q_3 的第 2 列后增加了一列。

我们对 Q'_1、Q'_2 和 Q'_3 的估计结果进行分析,会发现,估计得到的 Q 矩阵中的某一列几乎全是 0(只包含很少的 1)。由于在其他可能的情况下(在其他位置增加属性)得到的结果与此类似,为节省篇幅,这里只列出了 Q'_1、Q'_2 和 Q'_3 的估计结果,没有列出其他情况下的估计结果。

为了便于说明问题,下文标记这个几乎全是 0 的列为 C_0,额外属性记为 α_0,如果去掉这个 C_0 列,会得到一个与正确 Q 矩阵 Q_1 非常接近(可能只是很少数的项目被界定错误,其他完全正确)或完全相同的矩阵 Q'_1,如下图 7-2 所示,这里只是项目 14 中的第 1 个属性界定错误。在图 7-2 中,去掉 C_0 后,Q'_2 中的项目 16 被界定错误;去掉 C_0 后,Q'_3 中的项目全部被正确界定。

$$Q'_1 = \begin{bmatrix} 1 & 0 & 0 & 0 \\ 0 & 0 & 1 & 0 \\ 0 & 0 & 0 & 1 \\ 1 & 0 & 0 & 0 \\ 0 & 0 & 1 & 0 \\ 0 & 0 & 0 & 1 \\ 1 & 0 & 0 & 0 \\ 0 & 0 & 1 & 0 \\ 0 & 0 & 0 & 1 \\ 1 & 0 & 1 & 0 \\ 1 & 0 & 0 & 1 \\ 1 & 0 & 0 & 1 \\ 0 & 0 & 1 & 1 \\ 0 & 0 & 0 & 1 \\ 0 & 0 & 1 & 1 \\ 1 & 0 & 1 & 0 \\ 0 & 0 & 1 & 1 \\ 1 & 0 & 0 & 1 \\ 0 & 1 & 1 & 1 \\ 1 & 0 & 1 & 1 \end{bmatrix} \quad Q'_2 = \begin{bmatrix} 1 & 0 & 0 & 0 & 0 \\ 0 & 1 & 0 & 0 & 0 \\ 0 & 0 & 0 & 1 & 0 \\ 0 & 0 & 0 & 0 & 1 \\ 1 & 0 & 0 & 0 & 0 \\ 0 & 1 & 0 & 0 & 0 \\ 0 & 0 & 0 & 1 & 0 \\ 0 & 0 & 0 & 0 & 1 \\ 1 & 1 & 0 & 0 & 0 \\ 1 & 0 & 0 & 1 & 0 \\ 1 & 0 & 0 & 0 & 1 \\ 0 & 1 & 0 & 1 & 0 \\ 0 & 1 & 0 & 0 & 1 \\ 0 & 0 & 0 & 1 & 1 \\ 1 & 1 & 0 & 1 & 1 \\ 0 & 1 & 1 & 0 & 0 \\ 1 & 0 & 0 & 1 & 1 \\ 0 & 1 & 0 & 1 & 1 \\ 1 & 1 & 0 & 1 & 1 \\ 1 & 1 & 0 & 1 & 1 \end{bmatrix} \quad Q'_3 = \begin{bmatrix} 1 & 0 & 0 & 0 & 0 & 0 \\ 0 & 1 & 0 & 0 & 0 & 0 \\ 0 & 0 & 0 & 1 & 0 & 0 \\ 0 & 0 & 0 & 0 & 1 & 0 \\ 0 & 0 & 0 & 0 & 0 & 1 \\ 1 & 0 & 0 & 0 & 0 & 0 \\ 0 & 1 & 0 & 0 & 0 & 0 \\ 0 & 0 & 1 & 0 & 0 & 0 \\ 0 & 0 & 0 & 1 & 0 & 0 \\ 0 & 0 & 0 & 0 & 0 & 1 \\ 1 & 1 & 0 & 0 & 0 & 0 \\ 1 & 0 & 0 & 1 & 0 & 0 \\ 1 & 0 & 0 & 0 & 1 & 0 \\ 1 & 0 & 0 & 0 & 0 & 1 \\ 0 & 1 & 0 & 1 & 0 & 0 \\ 0 & 1 & 0 & 0 & 1 & 0 \\ 0 & 1 & 0 & 0 & 1 & 0 \\ 0 & 0 & 0 & 1 & 1 & 0 \\ 0 & 0 & 0 & 1 & 0 & 1 \\ 0 & 0 & 0 & 0 & 1 & 1 \end{bmatrix}$$

图 7-2 存在额外属性时联合估计算法得到的 Q 矩阵

在估计得到的矩阵中删除 C_0 列,以这个删除 C_0 列后得到的矩阵为基础,通过联合估计算法就可以很容易得到正确的 Q 矩阵。这说明,联合估计算法能很好地处理 Q 矩阵中有额外属性的情况。在实际的数据中,如果 Q 矩阵中出现 C_0 列,可以通过计算 S 统计量的值和项目参数值共同来决定该列是否多余。如果删除这个 C_0 后的 Q 矩阵对应的 S 统计量的值更小,并且包含这些属性的项目的失误参数明显下降,就表明可以删除 C_0 所对应的列,即 Q 矩阵中有了一个额外的属性,可以删除该属性,进一步使用联合估计算法来验证或估计正确的 Q 矩阵。

(6) Q 矩阵中缺少一个必需的属性

表 7-9 列出了在 Q_1 中删除第 1 个属性、被试人数为 500 时,对剩余项目(因为删除属性 1 之后,项目 1、4、7 的属性向量变成了全"0",只剩下 17 个项

目)的参数估计与删除属性 1 之前的参数估计比较,$\triangle s$ 和 $\triangle g$ 表示两种情况下参数估计的差值。

表 7 - 9 在 Q_1 中删除属性 1 前后项目参数估计的结果比较

Item	$\triangle s$	$\triangle g$	Item	$\triangle s$	$\triangle g$	Item	$\triangle s$	$\triangle g$	Item	$\triangle s$	$\triangle g$
1			6	0.011	0.027	11	**0.216**	0.021	16	**0.314**	0.018
2	0.012	0.014	7			12	**0.333**	0.022	17	0.029	0.016
3	0.015	0.016	8	0.029	0.028	13	0.018	0.006	18	**0.261**	0.008
4			9	0.003	0.020	14	**0.319**	0.042	19	0.001	0.012
5	0.020	0.005	10	**0.345**	0.001	15	0.010	0.016	20	**0.314**	0.022

表 7 - 9 中的黑体显示的数值对应考查了属性 1 的项目,从表 7 - 9 中可以看出,凡是考查到属性 1 的项目的失误参数都有明显的变化,并且变化量都在 0.2 以上,而其他未考查到属性 1 的项目的参数变化较小。

因此,当怀疑专家界定的 **Q** 矩阵中有多余属性时,可以在专家界定的 **Q** 矩阵中删除一列(多余的属性所在的列),然后通过联合估计算法进行参数估计。如果发现结果中有部分项目的失误参数明显上升,猜测参数变化较小,其余项目的参数基本保持不变,并且 S 统计量的值会变大,这些信息就提示所删除的列不应该被删除,这个列所对应的属性是一个必需属性。进一步,可以在专家界定的 **Q** 矩阵的基础上使用联合估计算法估计正确的 **Q** 矩阵。

当项目的属性向量中包含所有必需的属性和一个多余的属性时,会导致猜测参数上升,但是不会影响失误参数(de la Torre,2008)。以这样的 **Q** 矩阵(包含一个多余的属性)为基础,会导致计算的目标函数 S 偏大。当 **Q** 矩阵中多余属性对应的元素值都为"0"时(即所有项目都未考查该属性),项目参数估计值更接近其真值,此时目标函数 S 达到最小。因此,联合估计算法可以处理 **Q** 矩阵中多余一个属性的情况。当项目的属性向量中仅仅只缺少一个必需的属性,会导致失误参数上升,但是不会影响猜测参数(de la Torre,2008)。以这样的 **Q** 矩阵(缺少一个必需的属性)为基础,会导致计算的目标函数 S 偏大。项目参数估计值总是围绕真值波动,仅仅考虑通过项目参数估计值来判断 **Q** 矩阵的正确性存在较大的主观性,而这里的目标函数 S 同时考查了项目参数和作答数据,项目参数估计值越接近于真值,S 越小。Liu 等人(2011)已经证明,当 **Q** 矩阵正确时,随着被试人数的增加,目标函数 S 会趋近于 0。因此,当 **Q** 矩阵中存在一个多余的属性或缺少一个必需的属性时,联合估计算法可以提供很好的参考信息。

7.1.4 研究结论

本研究在 Liu 等人的算法的基础上,研究了在已知和未知被试属性掌握模式分布的条件下,从作答数据中联合估计项目参数、被试的属性掌握模式和 Q 矩阵的算法,主要包括两种情况。一是当界定的 Q 矩阵中存在较少的错误时,通过联合估计算法联合估计项目参数、被试的属性掌握模式和 Q 矩阵。结果表明,当 Q 矩阵中存在的错误较少时,比如错误的项目数小于 5、已知被试总体分布、被试人数为 500 时,联合估计算法有很大可能恢复正确的 Q 矩阵;当被试人数在 1000 以上时,联合估计算法可以完全恢复正确的 Q 矩阵;当未知被试的属性掌握模式总体分布时,算法的估计成功率会下降。二是当初始 Q 矩阵中只有少量的项目是正确的,或者有一批新的项目需要界定时,可以通过在线估计算法对项目参数、被试属性掌握模式和 Q 矩阵进行在线估计。模拟研究表明,当对部分项目("基础项目")的界定有把握时,通过"增量式"的在线估计算法可以完成对其他项目的界定。需要注意的是,将所有项目逐个估计结束之后使用联合估计算法进行整体估计对于在线估计算法很重要。实验表明,在"增量式"在线估计算法中,无论是已知被试总体分布还是未知被试总体分布,最后将所有项目进行整体估计可以大大提高 Q 矩阵恢复的成功率,特别是当被试人数和"基础项目"都较少时尤为明显。比如当已知被试总体分布、属性个数为 3、被试人数为 500、"基础项目"为 3 时,在线估计算法有很大可能恢复正确的 Q 矩阵;当"基础项目"个数为 5 时,算法 3 恢复正确 Q 矩阵的概率为 1。和联合估计算法一样,当未知被试属性掌握模式总体分布时,在线估计算法的估计成功率也会下降。

在实际应用过程中,Q 矩阵的错误大多是项目的属性向量界定错误,但是有时候测验中的属性个数也难以确定。一般来说,属性个数在界定的时候不至于出现较大的偏差,因此本书只考查了 Q 矩阵中缺少一个必需的属性和多余一个额外的属性情况下算法的表现。结果表明,当 Q 矩阵中多出不必需的属性时,算法能将其"识别"出来,因为几乎所有项目在这个属性上都被界定为 0。这就提示我们,该 Q 矩阵中可能包含了不必需的属性,在删除这一列后,通过联合估计算法可以得到正确的 **Q** 矩阵。当在 **Q** 矩阵中删除必需的属性时,考查了该属性的项目的失误参数会明显上升,而其他未考查该属性的项目的参数基本不变。基于这些信息,基本可以确定该属性是必需的属性,不应该被删除,并以此为基础,通过联合估计算法估计出正确的 **Q** 矩阵。当然,在实际应用中,通过联合估计算法得到的 **Q** 矩阵最好还要由领域专家进行进一步确认,或者以其他 **Q** 矩阵的估计和验证方法共同来确定 **Q** 矩阵。

7.1.5　讨论

联合估计算法和在线估计算法分别适用于不同的情形,如果只是对少部分项目的界定存在疑问,对大部分项目的界定都没有问题,则可以根据实际情况,选择联合估计算法;如果只是对少部分项目的界定有把握,而对大部分的项目存在疑问,或者需要对一批新的项目进行"标定",则此时可以选择在线估计算法对项目进行估计。

无论项目参数是否已知、被试的总体分布是否已知、初始 **Q** 矩阵中错误项目较多或较少,本研究中的算法可以较好地处理从作答数据中推导 **Q** 矩阵的问题,这提高了算法在实际应用中的可能性。算法还存在几个不足之处:一是必须保证部分项目是正确的,如何保证这部分项目的正确性,需要进一步研究;二是算法都是在确定属性个数的条件下进行的,如果能够通过算法确定属性的个数或对已认定的属性进行验证,这将为认知诊断测验提供更大的应用空间;三是当属性个数或项目数较多时,算法执行需要较长的时间,因此需要对算法做进一步的优化,提高算法的执行效率,将算法推广到更多的认知诊断模型中去。

对于属性个数界定错误情况下的 **Q** 矩阵估计,之前并未见有文献进行详细报道。当 **Q** 矩阵中存在一个额外属性或缺少一个必需的属性时,该方法可以提供很好的参考信息,可以通过联合估计算法估计出正确的 **Q** 矩阵。

基于 S 统计量的 **Q** 矩阵估计算法存在的一个问题是必须对正确的 **Q** 矩阵有所了解,也就是已经有一个经专家初步定义好了的 **Q** 矩阵。如果对 **Q** 矩阵一无所知,联合估计算法就不太可能估计出正确的 **Q** 矩阵。如何在对 **Q** 矩阵一无所知或了解较少的情况下,通过作答数据估计出正确的 **Q** 矩阵,需要进行深入研究。本研究只是考虑了 **Q** 矩阵中缺少一个必需属性以及添加一个多余属性的情况下,联合估计算法能够提供有用的参考信息。如果缺少或添加了更多的属性,算法得到的结果与真实的 Q 矩阵的差距就很大了,此时算法提供的信息的参考价值就很有限了,需要进一步研究推导 Q 矩阵中属性个数的方法。

7.2　基于似然比 D^2 统计量的 Q 矩阵估计

由于 S 统计量涉及大量的计算,特别是当属性个数或项目个数较多时,基于 S 统计量的 Q 矩阵估计算法需要耗费大量的时间才能完成。为了使 Q 矩阵估计算法更加实用,因此需要研究在时间效率上更有优势的方法来实现 Q 矩阵的估计,至少在属性个数或项目个数较多时可以选用。

现代教育和心理测验需要对所选择的项目反应模型与作答反应数据进行拟合检验,来评价所使用的模型与数据之间的拟合情况。通常是把模型的预测值(比如期望得分)和实际观察值(比如实际得分)之间的残差作为统计量,这个残差的不同计算方法就构成了不同的拟合统计量,常用的有 Bock 的卡方统计量(Bock,1972)、Yen 统计量(Yen,1981)、似然比 G^2 统计量(McKinley,Mills,1985)等。

受项目反应理论(IRT)中项目和数据拟合检验方法的启发,提出本研究的逻辑假设:在认知诊断评价中,测验中的项目属性定义与作答反应数据的拟合情况,应该也是可以按照类似 IRT 中的模型—资料拟合检验的方法进行检验的,选择拟合指标(即前面提到的 D^2 统计量)最好的项目属性向量作为当前作答反应数据所对应的项目属性定义。基于这种逻辑假设,提出一种简单易懂的定义和验证项目属性向量的方法,即使用似然比统计量来对被试的属性掌握模式、项目参数和项目的属性向量进行在线的联合估计。

7.2.1　研究目的

本研究旨在考查基于 D^2 统计量的联合估计(Likelihood Ratio Joint Estimation,LRJE)算法和在线估计(Likelihood Ratio Online Estimation,LROE)算法的表现。LRJE 算法主要考虑不同属性个数的 Q 矩阵中包含错误界定的项目以及被试人数不同时算法的成功恢复率。LROE 算法主要考查不同属性个数的 Q 矩阵,基于不同数量的"基础题",在不同的被试人数下算法的成功恢复率。

7.2.2　研究方法

为了方便导出 D^2 统计量的计算公式,下面首先介绍 IRT 下的模拟拟合度的评价方法。

7.2.2.1　IRT 下的模型拟合度评价方法

一般来说,数据与模型的拟合优度可评价观察结果与期望结果之间的一致性程度(McKinley,Mills,1985;Orlando,Thissen,2000)。在 IRT 框架下,通常评价每个项目作答反应数据与模型的拟合性的过程如下:

(1)在作答数据和所选择的 IRT 模型的基础上,估计项目参数和能力参数;

(2)根据被试的能力估计值构造能力分组,通常按能力分组的组数是一个比较小的整数,比如 10,在同一组内的被试的能力值接近;

(3)根据能力估计值和作答数据,为每个能力组被试计算观察得分分布,即计算每个能力组被试对项目实际的正确作答概率;

(4)根据能力估计值和选定的 IRT 模型,计算各被试组在项目上的期望得分分布,即计算各能力组被试对项目的期望正确作答概率;

(5)比较观察得分分布和期望得分分布之间的差异。

其中第(5)步通常采用某种卡方统计量来进行比较,这里只介绍与本书相关的似然比 G^2 统计量。

$$G_j^2 = 2 \sum_{i=1}^{g_j} \left[r_i \log \frac{P_i}{\pi_i} + (N_i - r_i) \log \frac{(1 - P_i)}{(1 - \pi_i)} \right] \qquad 公式 7-5$$

这里的 g_j 是项目 j 在能力全距内将被试所分的组的个数,P_i 和 π_i 分别是第 i 组被试在项目 j 上的实际正确作答概率和期望正确作答概率。N_i 和 r_i 分别是第 i 组被试的总人数和其中实际正确作答项目 j 的人数,并且有公式 7-6 成立。

$$P_i = \frac{r_i}{N_i} \qquad 公式 7-6$$

π_i 是根据第 i 组被试的能力平均值计算出来的正确作答概率(期望正确作答概率)。当采用边际极大似然估计方法来估计项目参数时,G_j^2 服从自由度为 g_j 的 χ^2 分布。

7.2.2.2　使用 D^2 统计量来估计项目属性向量和 **Q** 矩阵

本研究在 G^2 统计量的基础上进行修改,得到 D^2 统计量,并采用 D^2 统计量检验项目属性与作答反应数据之间的拟合度,进一步确定合理的项目属性向量。这里以 DINA 模型为例来说明估计项目属性向量的具体过程,该方法可以很容易地扩展到其他认知诊断模型上。

（一）基于 DINA 模型的 D^2 统计量

对 G^2 统计量进行修改,构建似然比 D^2 统计量作为 $\boldsymbol{Q}$ 矩阵估计量。假设当前的项目属性向量由 $J \times K$ 的二值矩阵 Q' 表示,项目 j 的属性向量为 q_j,$D^2_{q_j}$ 的计算公式如下:

$$D^2_{q_j} = 2 \sum_{i=1}^{2^K} \left[r_i \log \frac{P_{ij}}{(1-s_j)^{\eta_{ij}} g_j^{1-\eta_{ij}}} + (N_i - r_i) \log \frac{P_{ij}}{s_j^{\eta_{ij}} (1-g_j)^{1-\eta_{ij}}} \right]$$

公式 7 – 7

公式 7–7 中,K 是测验考查的属性个数,DINA 模型不考虑属性之间的相互关系,测验将被试分成 2^K 组。η_{ij} 表示第 i 组被试在项目 j 上的理想作答（不考虑猜测和失误时的作答）,取值 0 或 1。N_i 是第 i 组被试的总人数,r_i 是 N_i 中正确作答项目 j 的人数。s_j 和 g_j 分别是项目 j 的失误参数和猜测参数。P_{ij} 是第 i 组被试中实际正确作答项目 j 的人数比例,P_{ij} 的计算见公式 7–6。

当 q_j 完全正确时,对于 $\eta_{ij} = 1$ 的被试组,P_{ij} 接近于 $1 - s_j$;对于 $\eta_{ij} = 0$ 的被试组,P_{ij} 接近于 g_j,此时统计量 $D^2_{q_j}$ 接近于 0。因此,选择使统计量 $D^2_{q_j}$ 最小时的向量作为项目 j 的属性向量。$D^2_{q_j}$ 统计量与 G^2 统计量的构建方式完全相同,当按照边际似然估计方法估计项目参数时,似然比统计量的自由度等于对被试所分的组数,因此 $D^2_{q_j}$ 统计量服从自由度为 2^K 的 χ^2 分布。

（二）基于 D^2 统计量的联合估计算法

假设测验共考查 K 个属性,不考虑属性之间的相互关系,即假设属性之间的层级结构是独立型,则一共有 2^K 种属性掌握模式（2^K 类被试）,每个被试属于其中的一类。假设预先界定的 $\boldsymbol{Q}$ 矩阵（作为算法的初始 $\boldsymbol{Q}$ 矩阵）记为 $Q(0)$,并且 $Q(0)$ 中可能包含少量的错误。基于 D^2 统计量的 $\boldsymbol{Q}$ 矩阵,项目参数和被试的属性掌握模式联合估计算法如下:

算法的第一次迭代从 $Q(0)$ 出发,迭代的结果记为 $Q(1)$,作为第二次迭代的初始矩阵。类似地,第 m 次迭代时,其"出发点"是算法上一次得到的估计值 $Q(m-1)$,$U_j(Q')$ 表示所有那些除了第 j 个项目不同之外,其他的项目完全与 Q' 相同的 $J \times K$ 的矩阵集合,即第 j 个项目取不同属性向量时对应的矩阵集合。

第 m 次迭代过程的详细描述如下：

（1）对 $Q(m-1)$ 中的第 j 个项目（$j=1,\cdots,J$），根据 $Q'\in U_j[Q(m-1)]$ 作答数据，利用 EM 算法（de la Torre，2009）估计项目参数 $\hat{c}(Q')$ 和 $\hat{g}(Q')$，并计算 $D_{\hat{c}(Q'),\hat{g}(Q')}(Q')$，使

$$Q_j = \mathop{\arg\ \inf}_{Q'\in U_j[Q(m-1)]} D^2_{\hat{c}(Q'),\hat{g}(Q')}(Q'), j=1,2,\cdots,J。$$

（2）使 $j^* = \arg\min_j D^2(Q_j)$，$j=1,2,\cdots,J$。

（3）使 $Q(m)=Q_{j^*}$，更新项目 j 的属性向量，$j=1,2,\cdots,J$。

（4）重复步骤（1）至（3），直到更新所有 J 个项目的属性向量为止。

（5）重复上述步骤，直到 $Q(m)=Q(m-1)$，即第 m 次迭代前后两次的 **Q** 矩阵不变，则所得到的 $Q(m)$ 和项目参数即为算法最终的估计值。

执行步骤（1）到（3）时会固定其他项目的属性向量不变，只对项目 j 在所有可能的属性向量（共有 2^K-1 种）下计算 $D^2_{q_j}$，选择使 $D^2_{q_j}$ 值最小的向量作为项目 j 的属性向量。

所有项目都完成更新称为一次迭代，在一次迭代中，需要计算 D^2 统计量和调用 EM 算法估计项目参数的次数都为 $J\times(2^K-1)$。

相对于基于 S 统计量的 **Q** 矩阵联合估计算法，基于 D^2 的 **Q** 矩阵联合估计算法不需要事先确定被试属性掌握模式的总体分布。

（三）基于 D^2 统计量的在线估计算法

假设测验共考查 K 个属性，不考虑属性之间的相互关系，即假设属性之间的层级结构是独立型，则一共有 2^K 种属性掌握模式（2^K 类被试），每个被试属于其中的一类。如无特别说明，本书用大写字母 Q 带下标的方式表示项目的属性向量集合，用小写字母 q 带下标的方式表示某个项目的属性向量。

假设已经有少部分项目属性被正确定义，称这部分项目的集合为"基础题"，记为 Q_{base}；属性向量未定义的项目集合为"新题"，记为 Q_{new}，Q_{new} 中的项目属性向量需要借助 Q_{base} 中的项目来界定。这里采用"增量"的方式每次从"新题"中选择一个项目（记为 q_{new}）加入 Q_{base} 中，然后联合估计 Q_{base} 的项目参数、q_{new} 的属性向量和项目参数，直到所有新增项目的属性向量和参数都被估计。

下面介绍详细的估计过程。LROE 算法的过程包括两大步骤，具体内容如下：

第一步,估计所有新增项目的属性向量和项目参数,包括以下几个具体步骤:

(1)从 Q_{new} 中选择一个项目,记为 q_{new},将 q_{new} 加入 Q_{base} 中,并且把 q_{new} 作为第1个项目。

(2)以 Q_{base}、q_{new} 和作答数据为基础,使用 MMLE/EM 算法(de la Torre, 2009)联合估计项目参数和被试的属性掌握模式。

(3)对于新增项目,寻找似然比统计量 $D_{q_j}^2$ 最小时对应的向量作为该项目的属性向量,此时得到的项目参数作为项目参数估计值。

(4)重复步骤(1)到(3),直到所有新增项目都被估计,则得到包含所有项目的属性向量矩阵 $\hat{Q}$。

对每个新增项目的估计过程,需要计算 D^2 统计量和调用 MMLE/EM 算法的次数都为 $2^K - 1$ 次。

第二步,对所有项目的属性向量和项目参数进行校正,包括以下几个具体步骤:

(1)迭代开始,记由以上第一步估计得到的 Q 矩阵为 $\hat{Q}_0$,这个 $\hat{Q}_0$ 可能会包含少量的错误。

(2)基于 $\hat{Q}_0$ 和作答数据,使用 MMLE/EM 算法估计出项目参数和被试属性掌握模式。

(3)对于项目 j,对其可能的属性向量(共 $2^K - 1$ 种)计算统计量 $D_{j_m}^2$ 的值,其中 m 表明 $D_{j_m}^2$ 的值是当项目 j 取第 m 种属性向量时计算得到,$m \in \{1, \cdots, 2^K - 1\}$。

(4)对于项目 j,寻找使 $D_{j_m}^2$ 最小时对应的向量,看其是否与当前界定的属性向量一致;如果不一致,则更新项目 j 的属性向量。

(5)重复步骤(2)到(4),直到所有的项目都被校正。记此时得到的 Q 矩阵为 $\hat{Q}_1$,即对所有项目完成估计后的 Q 矩阵。到此完成一次迭代,迭代次数加1。

(6)如果 $\hat{Q}_0$ 与 $\hat{Q}_1$ 相同或迭代次数达到预先设定的最大值(比如20),则算法结束;否则,将 $\hat{Q}_1$ 赋给 $\hat{Q}_0$,作为初始的 Q 矩阵,重复步骤(1)到(5)。

(7)算法结束,得到 Q 矩阵的最终估计值。

以上第一步对每个项目进行估计时,每次是"增量"式地选择一道新题进行估计,当包含的"基础题"较多时,这种方法会有利于对每个新题的估计,因为此时数据中包含较多有用的信息和较少的噪声信息。但是当"基础题"的数量较少时,即数据中包含的信息不足以对某些新题进行估计,可能会导致出现偏差。

第二步会在第一步估计得到的 **Q** 矩阵(此时的 **Q** 矩阵中包含的错误较少)基础上对每个项目进行第二次"校正",相当于使用数据对项目进行了双重"校正"。因此,整个 LROE 算法包含两个步骤:先基于第一步算法对每道新题完成估计,然后对整个 **Q** 矩阵进行校正。在第二步中,算法每完成从步骤(1)到(6)的一次执行称为一次迭代。为了防止估计程序执行时间太长或不收敛,可以通过设置最大迭代次数来避免。

7.2.3 实验设计

为了研究基于 D^2 统计量的联合估计算法和在线估计算法在不同条件下的表现,考虑的因素有三个:属性个数、错误界定的项目个数或作为基础的项目个数、被试人数。

7.2.3.1 数据模拟

Q 矩阵的真值与 Liu 等人 2012 年的研究相同,一共有三个,分别记为 Q_1、Q_2 和 Q_3。Q_1、Q_2 和 Q_3 中的属性个数分别为 3、4 和 5,项目个数都是 20。

项目参数 s 和 g 按均匀分布模拟,取值区间为 $[0.05, 0.25]$。

被试总体按均匀分布模拟,即每种属性掌握模式的人数相近,分别产生 400、500、800 和 1000 人,共四种情况。使用公式 1 – 2,在项目参数、项目属性向量和被试属性掌握模式的基础上模拟被试作答,即将正确作答概率与均匀分布的随机数比较,当正确作答概率大于随机数时为正确作答,否则为错误作答。

错误界定的项目个数分别为 3、4、5 或 6,生成的方法按随机选择,并且确保其不是全 0 向量,也不是正确的向量。因为由 K 个属性组成的属性向量有 2^K 种,在定义错误的情况下,项目的属性向量有 $2^K – 2$(不能是全 0 向量和正确的向量)种可能。

基础题的数目一共有 8、9、10、11、12 共 5 种情况,基础题的选择方式是从 **Q** 矩阵中随机选取。初始 **Q** 矩阵是作为估计程序的输入,第一次迭代时的初始 **Q** 矩阵只包含基础题,之后的初始 **Q** 矩阵都在前一次的基础上增加一道新题。

联合估计中三个因素(**Q** 矩阵、错误项目的个数和被试人数)的水平分别为 3、4 和 4,一共有 $3 \times 4 \times 4 = 48$ 种情况。

在线估计中三个因素(**Q** 矩阵、基础题的个数和被试人数)的水平分别为

3、5 和 4,一共有 $3 \times 5 \times 4 = 60$ 种情况。

从 100 批模拟数据中,以算法恢复正确 Q 矩阵的次数作为评价指标,恢复次数越接近 100,表明算法恢复的成功率越高。

对于在线估计算法,具体的研究过程如下:

(1)分别在 Q_1、Q_2 和 Q_3 下,模拟项目、被试和作答。

(2)针对每种不同个数的基础题,产生 100 个只包含基础题的初始 Q 矩阵(每次从 20 个项目中随机抽取预定个数的项目作为基础题,这样使得 100 个初始 Q 矩阵中包含的基础题个数相同,但是具体项目不同,从而产生不同的初始 Q 矩阵,以此作为估计算法的出发点,下一次迭代的输入总是在前一次初始 Q 矩阵的基础之上加入一个新题)。

(3)使用 LROE 算法的第一步,每次选择一个需要估计的新题 q_{new},补充到初始 Q 矩阵 Q_{base} 中,作为算法的出发点去估计 q_{new},直到所有的新题都被估计。

(4)使用 LROE 算法的第二步对包含所有项目的 Q 矩阵进行校正。

(5)计算 100 个初始 Q 矩阵中的估计成功率。估计成功是指估计的 Q 矩阵(包含基础题和新题)与真实 Q 矩阵完全相同。

7.2.3.2　研究结果

表 7 - 10 和表 7 - 11 是 LRJE 算法的估计结果。从表中的结果来看,使用 D^2 统计量联合估计 Q 矩阵和项目参数具有很高的估计成功率。对于 Q_1,只有当被试人数为 400、错误项目数达到 6 时,估计算法的成功率才为 99%,其余情况下都能 100% 成功恢复正确的 Q 矩阵。对于 Q_2 和 Q_3,只有错误项目数为 3 时,联合估计算法的成功率达到 100%,在其他情况下,都有不同程度的降低。总体来说,对于 Q_1、Q_2 和 Q_3,估计的成功率是随着人数的增加而增加,随着错误项目数的增加而减少的。

表 7 - 10　LRJE 算法的估计结果一

| case | $N = 400$ | | | | | | | | $N = 500$ | | | | | | | |
| | $\hat{Q} = Q$ | | | | $\hat{Q} \neq Q$ | | | | $\hat{Q} = Q$ | | | | $\hat{Q} \neq Q$ | | | |
error	3	4	5	6	3	4	5	6	3	4	5	6	3	4	5	6
Q_1	100	100	100	99	0	0	0	1	100	100	100	100	0	0	0	0
Q_2	100	94	93	88	0	6	7	12	100	97	96	92	0	3	4	8
Q_3	100	94	91	86	0	6	9	14	100	95	92	88	0	5	8	12

表 7 – 11　LRJE 算法的估计结果二

case	$\hat{Q} = Q$ ($N = 800$)				$\hat{Q} \neq Q$				$\hat{Q} = Q$ ($N = 1000$)				$\hat{Q} \neq Q$			
error	3	4	5	6	3	4	5	6	3	4	5	6	3	4	5	6
Q_1	100	100	100	100	0	0	0	0	100	100	100	100	0	0	0	0
Q_2	100	98	98	93	0	2	2	7	100	100	99	96	0	0	1	4
Q_3	100	99	94	88	0	1	6	12	100	99	96	89	0	1	4	11

表 7 – 12 是 LROE 算法的估计结果,图 7 – 3、图 7 – 4 和图 7 – 5 描述了 LROE 算法对 Q_1、Q_2 和 Q_3 的成功次数变化曲线。表 7 – 13 列出了 LROE 算法在各种情况下成功估计的平均运行时间,表 7 – 14 列出了 LROE 算法在各种情况下基于真实 *Q* 矩阵和估计矩阵 $\hat{Q}$ 时,模式判准率(Leighton 等,2004)及其变化情况。

表 7 – 12　使用 LROE 算法估计 *Q* 矩阵的结果

真实 *Q* 矩阵	被试人数	基础项目个数									
		8	9	10	11	12	8	9	10	11	12
		100 批数据成功估计次数					100 批数据失败估计次数				
Q_1	400	95	97	**100**	**100**	**100**	5	3	0	0	0
	500	95	98	**100**	**100**	**100**	5	2	0	0	0
	800	96	98	**100**	**100**	**100**	4	2	0	0	0
	1000	96	99	**100**	**100**	**100**	4	1	0	0	0
平均估计成功率/失败率(%)		95.5	98	**100**	**100**	**100**	4.5	2	0	0	0
Q_2	400	34	64	69	77	82	66	36	31	23	18
	500	50	65	73	82	90	50	35	27	18	10
	800	60	70	81	85	96	40	30	19	15	4
	1000	68	83	88	92	98	32	17	12	8	2
平均估计成功率/失败率(%)		53	70.5	77.75	84	91.5	47	29.5	22.25	16	8.5

续表 7 – 12

真实 Q 矩阵	被试人数	基础项目个数									
		8	9	10	11	12	8	9	10	11	12
		100 批数据成功估计次数					100 批数据失败估计次数				
Q_3	400	30	48	68	76	92	70	52	32	24	8
	500	48	67	80	85	96	52	33	20	15	4
	800	55	75	85	88	98	45	25	15	12	2
	1000	68	79	88	92	98	32	21	12	8	2
平均估计成功率/失败率(%)		50.25	67.25	80.25	85.25	96	49.75	32.75	19.75	14.75	4

注：平均估计成功率/失败率(%)所在的行是指对 100 批数据使用算法成功估计的比率或失败估计的比率。

从表 7 – 12 的结果来看，LROE 算法有较高的 Q 矩阵估计成功率，即使是基础题和被试人数都较少时。比如对于 Q_1，当被试为 400 人，基础题为 8 个时，估计的成功率达到 95%；当基础题达到 10 个，被试人数为 400 或更多时，就可以 100% 恢复上述指定的正确的 Q 矩阵。对于 Q_2 和 Q_3，当基础题只有 9 个时，即便被试人数达到 1000，LROE 算法的成功率也较低，分别只有 83% 和 79%；当基础题增加到 12 个时，估计的成功率能达到 98%。这说明，当 Q 矩阵中的属性个数增多时，相对于被试人数，基础题的个数显得更加重要。比如对于 Q_3，当被试人数为 400，基础题从 8 个逐渐增加到 12 个，成功率分别增加 18、20、8 和 16 个百分点，每增加一个基础题，成功率平均增加 15.5 个百分点；当基础题为 8 个，被试人数从 400 增加到 1000，估计成功率分别增加 18、7 和 13 个百分点，每增加 100 人，成功率平均增加 6.3 个百分点。

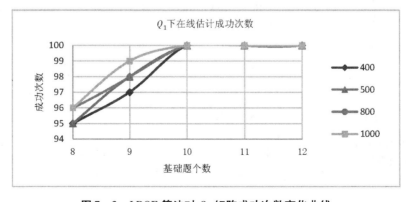

图 7 – 3 LROE 算法对 Q_1 矩阵成功次数变化曲线

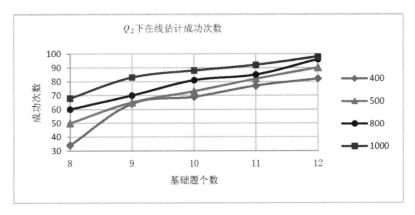

图 7 – 4　LROE 算法对 Q_2 矩阵成功次数变化曲线

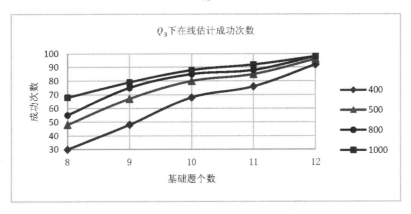

图 7 – 5　LROE 算法对 Q_3 矩阵成功次数变化曲线

从表 7 – 12 中还可以看出,当被试人数为 500 或 800 时,基础题达到 9 个或以上时,LROE 算法对 Q_2 的估计成功率低于对 Q_3 的估计成功率。直观的理解会认为在相同被试人数、相同基础项目条件下,算法对 Q_2 的估计成功率应该要高于 Q_3 的估计成功率。为什么会出现这种反常的现象?通过检查模拟程序在各次迭代的中间结果和 Q_2 矩阵的估计值发现:在错误估计 Q_2 的情形下,通常是由于对最后两个项目的估计不准确所导致的。不同于 Q_1 和 Q_3,Q_2 的最后两个项目都考查了所有的属性(下面称"全属性项目"),而 Q_1 中只有一个"全属性项目",Q_3 中没有"全属性项目"。当真实矩阵中包含多个"全属性项目"时,算法更容易出现错误估计的情况。

表 7 – 13 是使用 LROE 算法在 100 批数据中成功估计时的平均使用时间。这里只统计成功估计的时间,主要是由于估计不成功时,模拟程序达到收敛条件需要经过很多次迭代,不同批次数据的执行时间差异较大。在 LROE 算法的

执行过程中,在第二步的(6)处设置最大执行次数,在成功的估计过程中,第二步的(6)处的执行次数一般不超过 10 次。因此,可以设置在第二步的(6)处的执行次数达到 20 次时,强制结束算法的执行。

表 7 - 13   使用 LROE 算法成功估计 Q 矩阵的平均执行时间(单位:秒)

真实 Q 矩阵	被试人数	基础题个数				
		8	9	10	11	12
Q_1	400	230. 321	213. 140	129. 034	76. 382	54. 944
	500	169. 176	157. 579	64. 801	57. 694	45. 233
	800	135. 516	65. 423	30. 502	27. 541	22. 112
	1000	49. 047	45. 689	30. 314	26. 786	21. 127
Q_2	400	1 631. 775	1 217. 881	915. 603	785. 916	529. 881
	500	1 212. 66	1 002. 573	901. 547	719. 326	478. 902
	800	988. 415	733. 677	604. 676	459. 461	301. 721
	1000	912. 323	699. 426	566. 20	377. 185	294. 726
Q_3	400	2 983. 422	2 674. 103	1 964. 22	1 422. 661	1 017. 445
	500	1 562. 134	1 435. 667	1 284. 423	1 142. 716	1 003. 252
	800	1 388. 824	1 100. 102	999. 591	876. 563	718. 96
	1000	1 316. 353	1 044. 99	983. 859	872. 753	698. 42

从表 7 - 13 的结果来看,基础题个数和被试人数共同影响着算法的执行时间。固定被试人数时增加基础题,或者固定基础题时增加被试人数,都可以减少算法的运行时间。当被试人数和基础题个数都较少时,比如 400 人、8 个基础题,在 3 个 Q 矩阵下,算法都需要最多的时间,因为此时算法成功估计需要的迭代次数较多。表 7 - 13 中还可以看出,测验中考查的属性个数增加,会导致算法的执行时间急剧增加,比如被试人数为 400、基础题个数为 8 时,Q_1、Q_2、Q_3 的执行时间分别为:230. 321 秒、1 631. 775 秒和 2 983. 422 秒,这是因为每增加一个属性,会导致每个项目可能的属性向量个数翻一番。

表 7 - 14 是基于作答数据和 LROE 算法估计得到的 Q 矩阵,采用 DINA 模型进行分析得到的平均属性掌握模式判准率。从中可以看出,模式判准率的变化反映了 LROE 算法的估计成功率,即算法的估计成功率越高,采用 Q 矩阵估计值和真实 Q 矩阵得到的模式判准率就越接近。对于真实的 Q 矩阵,无论是

在 Q_1、Q_2 或 Q_3 下,被试人数的增加与属性模式判准率之间没有必然的联系,这一点可以从表 7-14 中的第 3 列数据可以看出。对于采用 LROE 算法估计得到的 **Q** 矩阵,平均模式判准率会随着基础题的增加而增加,这是因为增加基础题会提高算法的估计成功率。固定被试人数,随着基础题的增加,平均模式判准率会更接近于基于真实 **Q** 矩阵对应的模式判准率。

表 7-14　基于真实和估计 **Q** 矩阵的模式判准率

真实 Q 矩阵	被试人数	模式判准率(基于真实的 Q 矩阵)	基础项目个数					基础项目个数				
			8	9	10	11	12	8	9	10	11	12
			平均模式判准率(基于 LROE 算法估计得到的 Q 矩阵)					模式判准率变化				
Q_1	400	0.880	0.810	0.855	0.880	0.880	0.880	0.070	0.025	0	0	0
	500	0.908	0.823	0.861	0.908	0.908	0.908	0.085	0.047	0	0	0
	800	0.891	0.827	0.859	0.891	0.891	0.891	0.064	0.032	0	0	0
	1000	0.910	0.835	0.889	0.910	0.910	0.910	0.075	0.021	0	0	0
Q_2	400	0.775	0.422	0.456	0.498	0.606	0.647	0.353	0.319	0.277	0.169	0.128
	500	0.740	0.497	0.511	0.562	0.676	0.712	0.243	0.229	0.178	0.064	0.028
	800	0.769	0.556	0.579	0.613	0.678	0.741	0.213	0.19	0.156	0.091	0.028
	1000	0.769	0.586	0.641	0.659	0.724	0.757	0.183	0.128	0.11	0.045	0.012
Q_3	400	0.785	0.404	0.416	0.554	0.622	0.722	0.381	0.369	0.231	0.163	0.063
	500	0.814	0.423	0.527	0.698	0.746	0.778	0.391	0.287	0.116	0.068	0.036
	800	0.790	0.469	0.614	0.748	0.765	0.783	0.321	0.176	0.042	0.025	0.007
	1000	0.795	0.545	0.701	0.767	0.777	0.784	0.25	0.094	0.028	0.018	0.011

注:"模式判准率变化"列的数据是由真实 **Q** 矩阵对应的模式判准率减去估计 **Q** 矩阵对应的模式判准率。

7.2.4　研究结论

项目属性向量的定义对于认知诊断评价是十分重要的,采用似然比 D^2 统计量对 **Q** 矩阵进行估计,一方面可以基于初始的 **Q** 矩阵实现 **Q** 矩阵和项目参数的联合估计,即 LRJE 算法;另一方面可以基于基础题,对新题实现在线估计,进一步对测验中的所有项目进行校正。这样,即便基础题较少时,LROE 算法也可以有较高的估计成功率。相对于本书中提到的其他项目属性定义方法,LRJE 和 LROE 算法有一些优点,主要表现在:(1)实现了被试的属性掌握模式、项目属性向量和项目参数的在线联合估计;(2)即使当基础题个数较少、被试量较小时,仍有较高的估计成功率;(3)更简单和省时。D^2 统计量比 Liu 等人(2011,2012)的 S 统计量执行效率更高,在相同的条件(属性个数、被试人数和项目个数都相同)下更省时。比如,采用 MATLAB 编写程序,当人数为 1000,属性个数为 3,20 个项目中有 3 个错误项目,在 CPU 为 Intel 酷睿 i7 2600、8G 内存的台式计算机上成功估计时,LRJE 算法需要 40.059 秒,而 Liu 等人的算法需要 408.954 秒。从时间上来看,LRJE 算法不到 Liu 等人算法的 1/10。这是因为 Liu 等人的方法中涉及 T 矩阵和 β 向量的计算,即使当属性个数为 3、项目个数为 20 时,T 矩阵和 β 向量的行数仍然是一个"巨大"的数字。虽然 Liu 等人对算法中 T 矩阵中的行数进行了压缩,但是算法仍然很费时。

从结果上看,使用 D^2 统计量来估计项目的属性向量,对样本量要求不高。即使被试为 400 人,当基础题达到 10 个时,估计算法在 Q_1 上的估计成功率为 100%,这使得本方法有很好的实用性。在线估计算法需要通过两步完成,第一步是增量估计需要估计的项目,第二步是对所有的项目进行校正,从而对项目实现双重校正,可以保证在线估计的成功率。如果 Q 矩阵中只有少部分项目存在疑问或错误时,也可以直接使用 LROE 算法的第二步对被试的属性掌握模式、项目参数和项目的属性向量进行联合估计。因此,LROE 算法可以较好地处理两种情况:一是专家界定的 Q 矩阵(作为初始的 Q 矩阵)质量较好,只包含少部分错误,可以直接使用第二步进行联合估计;二是只有少部分项目已经正确定义,有更多的项目需要定义,则可以使用 LROE 算法先进行增量式在线估计,然后进行所有项目的整体联合估计。

使用 D^2 统计量进行 Q 矩阵估计时,从统计检验的结果来看,为了获得较好的估计成功率,基础题数量最好取 8 个以上。LROE 算法对被试人数有一定的要求,当被试人数少于 400(比如 200 或 300)时,算法的估计成功率会很低。需要特别注意的是,当被试人数达到 1000 甚至更多时,算法的估计成功率并不会有明显的优势。因此,使用 D^2 统计量进行 Q 矩阵估计的理想被试人数应该是 800 到 1000。

7.2.5 讨论

本研究采用的 Q 矩阵相对比较简单,基于 D^2 统计量的 Q 矩阵估计算法对于更复杂的情况下的表现如何值得更进一步研究。当然,以上结果都是基于模拟数据下的结果,D^2 统计量的联合估计算法和在线估计算法还需要在实际测验中去验证。

7.3　属性粒度和属性关系对 CDA 分类的影响

在认知诊断中,属性粒度的大小很重要(Leighton,Gierl,2007)。属性粒度是属性所对应概念内蕴的大小,即属性的粗细。比如小学数学中"加法"的粒度就比"进位加法"粒度更粗。属性粒度越粗,诊断所给出的信息越粗糙,对改进教学的作用越小,诊断的效率高,但精确性低。属性粒度越细,诊断的精确性越高,但效率越低。在实际应用中,需要在诊断精确性和诊断效率之间进行权衡(杨淑群,2009)。在实际应用中,通常需要在多个备选的 **Q** 矩阵中进行选择,而这几个备选的 **Q** 矩阵可能存在粒度上的差异。因此,需要考查属性的不同粒度在不同的属性关系下对诊断测验所带来的影响。

7.3.1　研究目的

在大多数关于 CDA 的研究中,通常假定测验属性的界定是正确的或合适的,较少有研究当测验属性的界定存在问题时对于 CDA 的影响。而在实际应用中,通常需要在较粗粒度的属性和较细粒度的属性之间进行选择。正是基于此,本研究拟从属性的粒度这个角度出发,研究不同属性关系情况下属性粒度对于 CDA 所带来的影响。

7.3.2　研究方法

7.3.2.1　属性粒度及其对 Q_t 的影响

前面已经提到,不同的属性界定会影响 Q_t 的定义,下面进一步来说明属性粒度对于 Q_t 定义的影响。假设根据专家一的界定,某测验内容共包含 K_1 个属性,即 Q_{t1} 中包含 K_1 个属性,但根据专家二的界定,该测验内容仅包含 $K_2 = K_1 - K_0 + 1$ 个属性(其中 $K_1 > K_0$),即 Q_{t2} 中包含 $K_1 - K_0 + 1$ 个属性。两个专家对属性界定出现偏差是因为专家二将其中的 K_0 个属性定义成了一个单个的属性,二者对余下的属性界定完全相同。假设 $K_1 = 4$,专家一界定的 Q_{t1} 如下所示:

$$Q_{t1} = \begin{bmatrix} 1 & 0 & 1 & 0 \\ 0 & 1 & 0 & 1 \\ 1 & 1 & 0 & 1 \\ 1 & 0 & 1 & 1 \\ 0 & 0 & 1 & 0 \end{bmatrix}$$

为方便介绍,假设专家二将 Q_{t1} 的前面 K_0 个属性界定成了一个较粗粒度的属性,这里 $K_0 = 2$,而其他属性的界定都相同且完全正确,则 $K_2 = 4 - 2 + 1 = 3$,专家二界定的 Q_{t2} 如下所示:

$$Q_{t2} = \begin{bmatrix} 1 & 1 & 0 \\ 1 & 0 & 1 \\ 1 & 0 & 1 \\ 1 & 1 & 1 \\ 0 & 1 & 0 \end{bmatrix}$$

其中 Q_{t1}、Q_{t2} 中的行表示项目、列表示属性,Q_{t2} 的第 1 个属性相对于 Q_{t1} 中的第 1 和第 2 两个属性的粒度更粗。

7.3.2.2 评价指标

对于相同的测验数据,采用 Q_{t1} 或 Q_{t2} 会给被试的属性掌握模式判准率(Pattern Classification Correct Ratio,PCCR)、属性平均判准率(Average Attribute Classification Correct Ratio,AACCR)和各单个属性的判准率(Single Attribute Classification Correct Ratio,SACCR),尤其是对剩余属性(这里是指 Q_{t1} 中的第 3 和第 4 个属性,或 Q_{t2} 中的第 2 和第 3 个属性)的判准率带来什么样的影响;属性间的不同关系和属性粒度对各判准率会带来什么样的影响:这些都是本研究所关注的内容。下面给出 PCCR、AACCR 和 SACCR 的计算公式。

$$PCCR = \frac{\sum_{i=1}^{N} (\alpha_i == \hat{\alpha}_i)}{N} \qquad \text{公式 7 - 8}$$

$$AACCR = \frac{\sum_{i=1}^{N} \sum_{k=1}^{K} (\alpha_{ik} == \hat{\alpha}_{ik})}{N \times K} \qquad \text{公式 7 - 9}$$

$$SACCR_k = \frac{\sum_{i=1}^{N} (\alpha_{ik} == \hat{\alpha}_{ik})}{N} \qquad \text{公式 7 - 10}$$

其中 N 是被试人数,K 是测验的属性个数,α_i 和 $\hat{\alpha}_i$ 分别是被试 i 的属性掌握模式真值和估计值,$\alpha_i = = \hat{\alpha}_i$ 表示被试 i 的属性掌握模式估计值与真值相同,α_{ik} 和 $\hat{\alpha}_{ik}$ 分别是被试 i 对第 k 个属性掌握的真值和估计值,$\alpha_{ik} = = \hat{\alpha}_{ik}$ 表示对被试 i 的第 k 个属性的估计值与真值相同。

7.3.3　实验设计

为简单起见又不失一般性,假设手头有两个界定的 Q_t,分别记为 Q_{t1} 和 Q_{t2},将 Q_{t1} 中部分属性界定成较粗粒度的属性之后就成了 Q_{t2}。除此之外的属性,在 Q_{t1} 和 Q_{t2} 中是完全相同的。

Q_{t1} 和 Q_{t2} 中的属性个数为 K_1,可能被界定成一个较粗粒度属性的属性个数为 K_0,余下的属性个数为 $K_1 - K_0$。根据前面的定义,Q_{t2} 中的属性个数 $K_2 = K_1 - K_0 + 1$。下面考虑两种情况:(1)Q_{t1} 中的所有 K_1 个属性之间有相近的相关;(2)Q_{t1} 中,K_0 个属性(可能被界定成较粗粒度的属性)之间有较高的相关,而余下的 $K_1 - K_0$ 个属性之间有相近且较低的相关。

为了研究测验属性个数 K_1 可能被界定成较粗粒度属性的属性个数 K_0,测验项目个数 J 对于 CDA 的评价指标 PCCR、AACCR 和 SACCR 的影响,考查这些变量取不同水平所带来的影响,整个实验为完全设计,对于每种不同情况都重复 100 次,最后取 100 次的平均值作为最终的结果,以消除随机误差。

7.3.3.1　数据的模拟

模拟实验的基本过程为:

(1)根据测验的属性个数 K_1,可能界定成较粗粒度属性的属性个数 K_0,模拟出 Q_{t1} 和 Q_{t2},其中 Q_{t1} 的项目属性向量的模拟方法是:每个项目考查每个属性的概率是 0.5,但同时每个项目考查的最小和最大属性个数分别设为 1 和 3,并且每个属性至少要被 $J \times 40\%$ 个项目所考查,通过这种方法模拟出的 Q 矩阵,可以保证 Q_{t1} 中每个属性被考查的次数相近。Q_{t1} 的项目参数的模拟方法是:猜测参数和失误参数都按 $U(0.05, 0.25)$ 的分布模拟。Q_{t2} 的项目属性向量的模拟方法是:将 Q_{t1} 中的前 K_0 个属性合并(相加,将大于 0 的元素设为 1),作为 Q_{t2} 的第 1 个属性,余下的 $K_1 - K_0$ 个属性与 Q_{t1} 中完全相同;Q_{t2} 与 Q_{t1} 的项目参数完全相同。

(2)根据被试人数 N,模拟出被试能力值,能力值服从标准正态分布。

(3)模拟项目的高阶参数,其中 λ_{0k} 服从标准正态分布,λ_k 服从对数正态分布。

（4）根据被试的能力值和属性的高阶参数，模拟出被试的属性掌握模式，并且通过控制属性的高阶参数来控制属性间的相关的大小（Wang 等，2012）。

（5）根据 HO-DINA 模型的项目反应函数，模拟出被试的作答数据。

（6）基于作答数据，分别采用 Q_{t1} 和 Q_{t2} 作为测验 Q 矩阵，分析数据并计算三种评价指标 PCCR、AACCR 和 SACCR。

7.3.3.2 所有测验属性间有相近的相关

J 有三个水平（20、30、40），被试人数 N 只有一个水平（取 1000），属性之间的相关取 8 个水平（分别为 0.2、0.3、0.4、0.5、0.6、0.7、0.8 和 0.9）。

（1）$K_0 = 2$ 时的分类结果比较

测验属性个数 K_1 有三个水平（4、5、6），该实验为完全设计。考查的因素分别为：测验的属性个数、项目个数、被试人数、属性间的相关和 K_0 的取值，一共包含 $3 \times 3 \times 1 \times 8 \times 1 = 72$ 种情况。

对于 Q_{t1}，当 $K_1 = 4$ 时，Q_{t2} 中有 $K_2 = K_1 - K_0 + 1 = 4 - 2 + 1 = 3$ 个属性。下表 7-15 是 $K_1 = 4, K_0 = 2, J = 20, N = 1000$，属性间存在不同大小的相关（注意：当相关取某个值，比如 0.2，只是个近似值，表示属性之间的相关很接近 0.2，并不表示精确值，对于相关取其他值也是相同的含义）时对两个备选的 Q 矩阵 Q_{t1} 和 Q_{t2} 进行分析之后的分类结果。图 7-6 和图 7-7 是 PCCR、AACCR 和 SACCR 的比较图。

表 7-15 $K_1 = 4, K_0 = 2, J = 20$ 时的 PCCR、AACCR 和 SACCR

corr	PCCR	AACCR	SACCR			
			属性 1	属性 2	属性 3	属性 4
0.2	0.736	0.917	0.955	0.924	0.904	0.887
0.2	0.619	0.840	0.833		0.861	0.828
0.3	0.748	0.922	0.957	0.927	0.910	0.893
0.3	0.655	0.856	0.847		0.874	0.847
0.4	0.765	0.928	0.960	0.929	0.918	0.903
0.4	0.695	0.874	0.866		0.888	0.866
0.5	0.784	0.934	0.963	0.936	0.927	0.911
0.5	0.739	0.892	0.890		0.902	0.884
0.6	0.816	0.944	0.968	0.945	0.939	0.926

续表 7 - 15

corr	PCCR	AACCR	SACCR			
			属性 1	属性 2	属性 3	属性 4
0.6	0.796	0.917	0.920		0.923	0.907
0.7	0.840	0.952	0.972	0.952	0.948	0.935
0.7	0.835	0.933	0.938		0.935	0.925
0.8	0.864	0.959	0.977	0.957	0.959	0.944
0.8	**0.872**	0.949	0.959		0.948	0.941
0.9	0.892	0.969	0.983	0.966	0.972	0.954
0.9	**0.912**	0.966	0.980		0.961	**0.956**

注:PCCR 指模式判准率,AACCR 指属性的平均判准率,SACCR 指单个属性的判准率。灰色背景显示的数据是将 K_0 个属性合并成一个较粗粒度属性时的分类结果,从 SACCR 指标上可以看出合并前后各属性的判准率。黑体显示的数据是较粗粒度的 **Q** 矩阵对应的指标占优的情况。

从表 7 - 15 中可以看出,当属性个数为 4 个(即 $K_1 = 4$),合并第 1 和第 2 两个属性成一个粒度较粗的属性之后,测验的属性个数变为 3 个(即 $K_2 = 3$),大部分情况下,Q_{t1} 对应的分类结果总是优于 Q_{t2};只有属性之间的相关达到 0.8 和 0.9 时,Q_{t2} 对应的 PCCR 才略好于 Q_{t1};对于 Q_{t1} 和 Q_{t2} 中相同的第 3 和第 4 个属性对应的 SACCR,只有在属性之间的相关达到 0.9 时,Q_{t2} 的第 4 个属性的 SACCR 才略高,其他情况下都是 Q_{t1} 占优。总体来说,在测验项目为 20 个时,通过界定较粗粒度属性得到的 Q_{t2} 在所有分类指标上的表现,在大部分情况下低于在 Q_{t1} 上的表现,并且基于 Q_{t1} 比基于 Q_{t2} 分析提供的诊断信息更丰富。从表 7 - 15 中还可以看出,无论是 Q_{t1} 还是 Q_{t2},属性间的相关越高,各分类指标就越高。

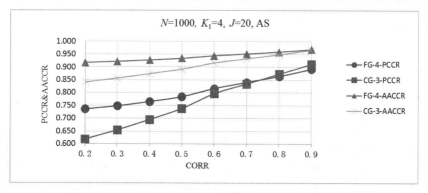

图 7-6　$K_1 = 4, K_0 = 2, J = 20$ 时的 PCCR 和 AACCR 比较图

注:AS 表示属性之间有相近的相关,图例名称中的 FG 和 CG 分别表示"细粒度"和"粗粒度",数字表示属性个数(细粒度时有 4 个属性,粗粒度时有 3 个属性,PCCR 对应的是模式判准率,AACCR 对应的是属性的平均判准率)。

根据图 7 -6,两种 Q 矩阵下的 PCCR 指标的变化情况,在属性间的相关达到 0.8 之前,Q_{t1} 占优,并且相关越小,Q_{t1} 的优势越大;当相关达到 0.8 以上,Q_{t2} 会略有优势。对于属性的 AACCR 指标,Q_{t1} 总是优于 Q_{t2},不论属性间的相关是大还是小。

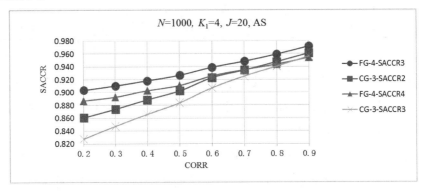

图 7 -7 $K_1 =4, K_0 =2, J =20$ 时的 SACCR 比较图

注:图例名称中的 SACCR 对应的是单个属性的判准率,SACCR 后的数字是对应的属性的编号,在细粒度时的最后两个属性分别是属性 3 和属性 4,在粗粒度时的最后两个属性分别是属性 2 和属性 3。这里只比较 Q_{t1} 和 Q_{t2} 中相同的两个属性,故不比较 Q_{t1} 中的属性 1 和属性 2 及 Q_{t2} 中的属性 1。

从图 7 -7 可以看出,对于 Q_{t1} 和 Q_{t2} 中相同的两个属性(Q_{t1} 中的属性 3 对应 Q_{t2} 中的属性 2,Q_{t1} 中的属性 4 对应 Q_{t2} 中的属性 3),Q_{t1} 的 SACCR 几乎总是占优。只有在属性间的相关达到 0.9 时,基于 Q_{t2} 的属性 3(对应 Q_{t1} 的属性 4)的 SACCR 略占优。

表 7 -16 $K_1 =4, K_0 =2, J =30$ 时的 PCCR、AACCR 和 SACCR

corr	PCCR	AACCR	SACCR			
			属性 1	属性 2	属性 3	属性 4
0.2	0.796	0.939	0.948	0.934	0.944	0.930
0.2	0.652	0.857	0.780		0.903	0.886
0.3	0.800	0.941	0.949	0.934	0.947	0.934
0.3	0.684	0.870	0.806		0.909	0.896

续表 7 – 16

corr	PCCR	AACCR	SACCR			
			属性 1	属性 2	属性 3	属性 4
0.4	0.811	0.945	0.953	0.939	0.951	0.939
0.4	0.722	0.887	0.834		0.919	0.907
0.5	0.827	0.950	0.957	0.943	0.954	0.946
0.5	0.761	0.903	0.865		0.925	0.920
0.6	0.857	0.959	0.964	0.953	0.963	0.956
0.6	0.818	0.927	0.904		0.938	0.938
0.7	0.877	0.965	0.971	0.960	0.966	0.963
0.7	0.850	0.940	0.925		0.946	0.949
0.8	0.900	0.972	0.976	0.968	0.973	0.970
0.8	0.887	0.955	0.950		0.956	0.961
0.9	0.913	0.976	0.983	0.967	0.981	0.972
0.9	0.921	0.970	0.977		0.967	0.966

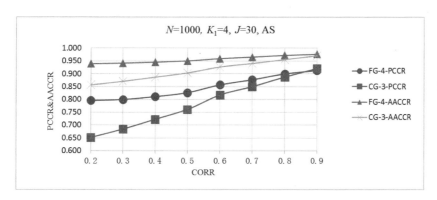

图 7 – 8　$K_1 = 4, K_0 = 2, J = 30$ 时的 PCCR 和 AACCR 比较图

表 7 – 16 对应的是项目数为 30 时,基于 Q_{t1} 和 Q_{t2} 分类得到的结果。从中可以看出,此时几乎 Q_{t1} 的各项指标都占优,唯一的情况是属性相关达到 0.9 时,Q_{t2} 的 PCCR 略占优。具体的变化情况可以在图 7 – 8 和图 7 – 9 中可以更清楚地看出。

表 7 – 17 对应的是项目数为 40 的情况,此时 Q_{t1} 的所有指标均优于 Q_{t2} 对应的指标。综合表 7 – 15、表 7 – 16 和表 7 – 17 可以看出,随着属性间相关的增加,无论是 Q_{t1} 还是 Q_{t2},各分类指标都在增加,这说明属性间的相关与分类准确

性之间存在正相关,并且随着相关的增加,Q_{t1} 和 Q_{t2} 的分类指标之间的差异有变小的趋势。

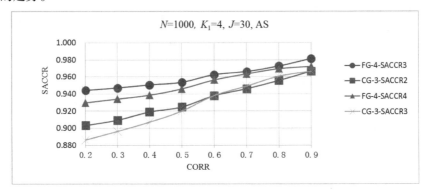

图 7-9 $K_1=4, K_0=2, J=30$ 时的 SACCR 比较图

表 7-17 $K_1=4, K_0=2, J=40$ 时的 PCCR、AACCR 和 SACCR

corr	PCCR	AACCR	SACCR			
			属性 1	属性 2	属性 3	属性 4
0.2	0.876	0.964	0.967	0.972	0.967	0.949
0.2	0.710	0.889	0.803		0.945	0.918
0.3	0.877	0.965	0.967	0.973	0.968	0.951
0.3	0.738	0.900	0.826		0.949	0.925
0.4	0.883	0.966	0.967	0.976	0.970	0.953
0.4	0.769	0.912	0.851		0.953	0.932
0.5	0.891	0.969	0.970	0.977	0.972	0.957
0.5	0.800	0.924	0.878		0.957	0.937
0.6	0.908	0.974	0.974	0.980	0.976	0.963
0.6	0.846	0.942	0.913		0.964	0.948
0.7	0.919	0.977	0.976	0.983	0.980	0.968
0.7	0.875	0.953	0.933		0.970	0.956
0.8	0.931	0.980	0.981	0.986	0.982	0.973
0.8	0.903	0.964	0.954		0.975	0.963
0.9	0.943	0.983	0.979	0.991	0.986	0.975
0.9	0.940	0.978	0.979		0.982	0.972

图 7-10 和图 7-11 是当属性个数为 4 个(即 $K_1=4$)、项目数为 40 时,分别基于两个 $\boldsymbol{Q}$ 矩阵 Q_{t1} 和 Q_{t2} 的 PCCR、AACCR 和 SACCR 的比较图。从图中可

以很明显地看出,当属性间的相关越小时,基于 Q_{t1} 的分类指标越有优势;当属性间的相关达到 0.9 时,两种 **Q** 矩阵对应的各种指标间的差异很小。考虑到基于 Q_{t1} 分类提供的信息更多,因此采用 Q_{t1} 作为测验的 **Q** 矩阵更有优势。

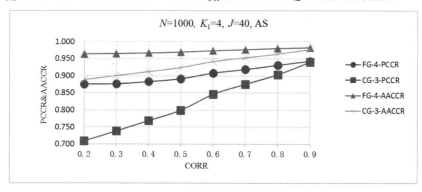

图 7-10　$K_1=4,K_0=2,J=40$ 时的 PCCR 和 AACCR 比较图

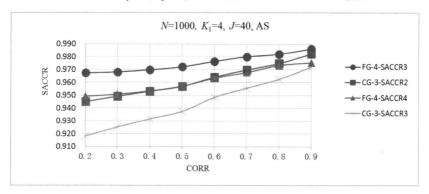

图 7-11　$K_1=4,K_0=2,J=40$ 时的 SACCR 比较图

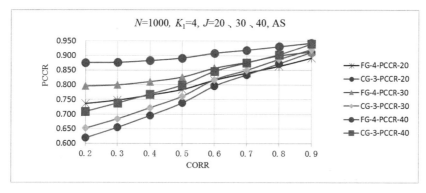

图 7-12　$K_1=4,K_0=2,J=20,30,40$ 时的 PCCR 比较图

图 7-12 是项目数在 20、30 和 40 时,基于 Q_{t1} 和 Q_{t2} 对数据进行分析得到的 PCCR 指标比较图。从中可以看出,属性之间存在相近的相关时,项目数越多,

无论是基于 Q_{t1} 还是 Q_{t2}，PCCR 指标都会增加。在相同的项目个数条件下，相关越小，Q_{t1} 和 Q_{t2} 之间的差异越大。当相关达到 0.9 时，二者的 PCCR 差异最小；当项目数为 40，相关达到 0.9 时，二者的 PCCR 指标几乎相同。

(2) $K_0 = 3$ 时的分类结果比较

与(1)不同之处在于 K_0 和 K_1 的取值，其余完全相同。在这里，测验属性 K_1 有三个水平(5、6、7)，$K_0 = 3$，实验采用完全设计。表 7 - 18 是 $K_1 = 5$，$K_0 = 3$，$K_2 = 3$，$J = 20$，$N = 1000$，属性间存在相近的相关时，基于 Q_{t1} 和 Q_{t2} 时分类指标 PCCR 和 AACCR 的结果，图 7 - 13 是 PCCR 和 AACCR 的比较图。

表 7 - 18　$K_1 = 5$，$K_0 = 3$，$J = 20$ 时的 PCCR、AACCR 和 SACCR

corr	PCCR	AACCR	SACCR				
			属性 1	属性 2	属性 3	属性 4	属性 5
0.2	0.548	0.852	0.853	0.863	0.852	0.848	0.847
0.2	0.480	0.760		0.722		0.777	0.779
0.3	0.577	0.864	0.866	0.874	0.864	0.857	0.858
0.3	0.533	0.785		0.754		0.800	0.803
0.4	0.610	0.876	0.878	0.884	0.875	0.870	0.871
0.4	0.590	0.813		0.790		0.825	0.824
0.5	0.650	0.889	0.891	0.896	0.889	0.884	0.884
0.5	0.650	0.841		0.826		0.852	0.846
0.6	0.708	0.908	0.911	0.915	0.912	0.903	0.900
0.6	0.728	0.876		0.874		0.881	0.874
0.7	0.743	0.919	0.923	0.923	0.924	0.915	0.913
0.7	0.777	0.899		0.905		0.901	0.891
0.8	0.780	0.931	0.936	0.932	0.935	0.923	0.928
0.8	0.827	0.921		0.936		0.919	0.910
0.9	0.814	0.943	0.946	0.944	0.951	0.933	0.940
0.9	0.872	0.943		0.970		0.926	0.932

根据表 7 - 18，在属性间的相关不大于 0.5、项目数为 20 时，基于 Q_{t1} 的 PCCR 指标占优；当属性间的相关大于 0.5 时，基于 Q_{t2} 的 PCCR 指标占优；而当属性间的相关大于 0.7 时，基于 Q_{t2} 的 PCCR 指标占优；而无论 $K_0 = 2$ 还是 3，基于

Q_{t1} 的 AACCR 指标总是占优,从图 7 - 12 和图 7 - 13 可以很明显地看出这一点。

图 7 - 14 比较了 Q_{t1} 和 Q_{t2} 中两个相同属性(Q_{t1} 中的属性 4 对应 Q_{t2} 中的属性 3,Q_{t1} 中的属性 5 对应 Q_{t2} 中的属性 4)的 SACCR 指标。可以看出,基于 Q_{t1} 时,两个属性的 SACCR 指标都占优;属性间的相关越小,基于 Q_{t1} 的单个属性判准率越有优势。

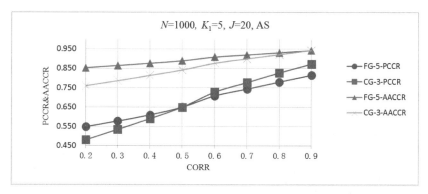

图 7 - 13 $K_1 = 5, K_0 = 3, J = 20$ 时的 PCCR 和 AACCR 比较图

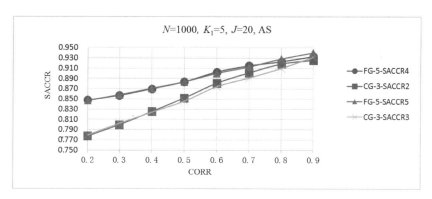

图 7 - 14 $K_1 = 5, K_0 = 3, J = 20$ 时的 SACCR 比较图

表 7 - 19 列出了 $K_1 = 5, K_0 = 3, J = 30$ 时基于 Q_{t1} 和 Q_{t2} 的 PCCR、AACCR 和 SACCR 指标。从中可以看出,当属性间的相关小于 0.8 时,基于 Q_{t1} 的 PCCR 指标占优;当相关为 0.8 和 0.9 时,基于 Q_{t2} 的 PCCR 指标占优。从图 7 - 15 中可以看出,在各种情况下,基于 Q_{t1} 的 AACCR 指标总是占优。

表 7 – 19　$K_1 = 5, K_0 = 3, J = 30$ 时的 PCCR、AACCR 和 SACCR

corr	PCCR	AACCR	SACCR				
			属性1	属性2	属性3	属性4	属性5
0.2	0.683	0.910	0.910	0.941	0.901	0.903	0.896
0.2	0.520	0.791		0.726		0.838	0.809
0.3	0.694	0.915	0.916	0.943	0.905	0.907	0.903
0.3	0.572	0.815		0.766		0.850	0.830
0.4	0.714	0.921	0.922	0.946	0.913	0.913	0.911
0.4	0.619	0.836		0.798		0.859	0.850
0.5	0.743	0.929	0.929	0.950	0.921	0.924	0.921
0.5	0.678	0.862		0.834		0.877	0.874
0.6	0.785	0.941	0.943	0.958	0.935	0.936	0.935
0.6	0.750	0.893		0.879		0.896	0.904
0.7	0.814	0.949	0.948	0.963	0.945	0.947	0.942
0.7	0.800	0.915		0.907		0.914	0.923
0.8	0.844	0.957	0.957	0.969	0.952	0.955	0.955
0.8	0.847	0.936		0.938		0.929	0.940
0.9	0.867	0.964	0.962	0.973	0.961	0.965	0.959
0.9	0.896	0.958		0.972		0.947	0.954

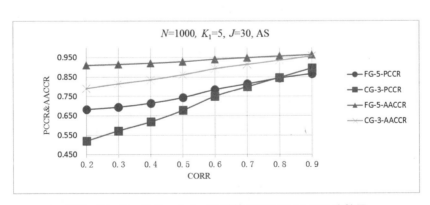

图 7 – 15　$K_1 = 5, K_0 = 3, J = 30$ 时的 PCCR 和 AACCR 比较图

　　图 7 – 16 是基于 Q_{t1} 和 Q_{t2} 时,相同的两个属性(Q_{t1} 中的属性 4 和属性 5,分别对应 Q_{t2} 中的属性 2 和属性 3)的 SACCR 指标的比较图。从中可以看出,基于 Q_{t1} 分析得到的 SACCR 指标总是占优,并且属性间的相关越大,差异越小。

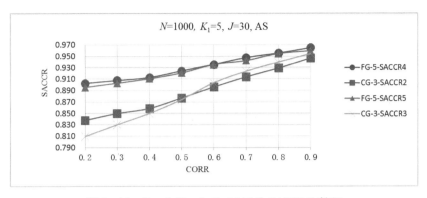

图 7 - 16 $K_1 = 5, K_0 = 3, J = 30$ 时的 SACCR 比较图

表 7 - 20 列出了 $K_1 = 5, K_0 = 3, J = 40$ 时基于 Q_{t1} 和 Q_{t2} 的 PCCR、AACCR 和 SACCR 指标。从中可以看出,当属性间的相关小于 0.9 时,基于 Q_{t1} 的 PCCR 指标占优;当相关为 0.9 时,基于 Q_{t2} 的 PCCR 指标略高。从图 7 - 17 可以看出,在各种情况下,基于 Q_{t1} 的 AACCR 指标总是占优。

表 7 - 20 $K_1 = 5, K_0 = 3, J = 40$ 时的 PCCR、AACCR 和 SACCR

corr	PCCR	AACCR	SACCR				
			属性 1	属性 2	属性 3	属性 4	属性 5
0.2	0.771	0.940	0.955	0.954	0.933	0.927	0.933
0.2	0.600	0.836		0.770		0.861	0.877
0.3	0.775	0.942	0.955	0.956	0.934	0.931	0.936
0.3	0.620	0.842		0.779		0.864	0.881
0.4	0.785	0.946	0.958	0.959	0.938	0.935	0.939
0.4	0.655	0.856		0.801		0.879	0.889
0.5	0.804	0.951	0.961	0.963	0.945	0.942	0.945
0.5	0.703	0.875		0.836		0.892	0.899
0.6	0.833	0.958	0.966	0.969	0.951	0.953	0.954
0.6	0.765	0.901		0.880		0.910	0.913
0.7	0.855	0.964	0.972	0.971	0.959	0.960	0.959
0.7	0.807	0.919		0.909		0.924	0.924
0.8	0.880	0.970	0.978	0.975	0.966	0.966	0.967
0.8	0.853	0.938		0.939		0.938	0.938
0.9	0.894	0.974	0.982	0.982	0.973	0.967	0.968
0.9	0.895	0.957		0.973		0.948	0.951

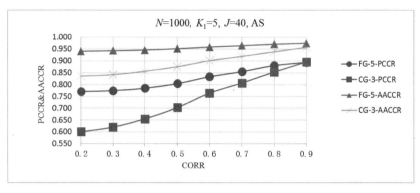

图 7 - 17　$K_1=5, K_0=3, J=40$ 时的 PCCR 和 AACCR 比较图

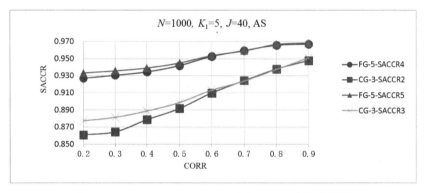

图 7 - 18　$K_1=5, K_0=3, J=30$ 时的 SACCR 指标比较图

图 7 - 18 是基于 Q_{t1} 和 Q_{t2} 时,相同的两个属性(Q_{t1} 中的属性 4 和属性 5,分别对应 Q_{t2} 中的属性 2 和属性 3)的 SACCR 指标的比较图。从中可以看出,基于 Q_{t1} 分析得到的 SACCR 指标总是占优,并且相关越小时,二者的差异越大。

(3)研究结论

当属性之间存在相近的相关,无论 $K_0=2$ 还是 $K_0=3$,将其合并成更粗粒度的属性,都会影响被试整体的 PCCR、AACCR 和 SACCR 指标,并且这些指标还会受到项目个数的影响。

第一,当 $K_0=2$,项目数为 20,相关在 0.8 以下时,基于 Q_{t1} 的 PCCR 指标占优;当 $K_0=3$,项目数为 20,相关在 0.6 以下时,基于 Q_{t1} 的 PCCR 指标占优。

第二,当 $K_0=2$,项目数为 30,相关在 0.9 以下时,基于 Q_{t1} 的 PCCR 指标占优;当 $K_0=3$,项目数为 30,相关在 0.8 以下时,基于 Q_{t1} 的 PCCR 指标占优。

第三,当 $K_0=2$,项目数为 40 时,基于 Q_{t1} 的 PCCR 指标总是占优;当 $K_0=3$,项目数为 40,除了相关为 0.9 时,其他情况下基于 Q_{t1} 的 PCCR 指标都占优。

第四,在所有情况下,基于 Q_{t1} 的 AACCR 指标总是不低于基于 Q_{t2} 的 AAC-CR 指标。

第五,对于 Q_{t1} 和 Q_{t1} 中相同的两个属性的 SACCR 指标,几乎所有情况下都是基于 Q_{t1} 时占优,只有在项目数为 20、$K_0=2$、相关为 0.9 时例外。

综合来看,考虑到 Q_{t1} 中包含的属性粒度更细,提供的诊断信息更丰富,在项目数为 20 和 30 时,基于 Q_{t1} 和 Q_{t2} 得到的模式掌握模式分类结果互有优劣,此时需要综合单个属性的判准率和测验的主要目的进行权衡来选择测验的 Q 矩阵;当项目为 40 时,基于 Q_{t1} 得到的分类指标都占优。因此,此时选择 Q_{t1} 测验 Q 矩阵更有优势。

当 K_0 从 2 增加到 3,Q_{t1} 占优时,所需要的属性间的相关的大小会降低。比如,当项目数为 20,$K_0=2$,相关为 0.8 以下时,Q_{t1} 占优;而 $K_0=3$,则只需要相关为 0.6 以下时,Q_{t1} 就占优。

7.3.3.3　K_0 个属性间相关较高,K_1-K_0 个属性间相关相近且较低

K_1 有三个水平(4、5 和 6),J 有三个水平(20、30 和 40),被试人数 N 只有一个水平(取 1000)。可能合并的属性(有 K_0 个)之间的相关有 5 个水平(分别为 0.5、0.6、0.7、0.8、0.9),余下的属性(有 K_1-K_0 个)之间的相关较低且相近,有 2 个水平(分别为 0.2 和 0.3)。

(1)$K_0=2$ 时的分类结果比较

整个实验为完全设计。一共包含 $3\times3\times1\times5\times2=90$ 种情况。每种情况重复 100 次,最后取 100 次的平均值作为最终的结果,以消除随机误差。表 7-21 列出了 $K_1=4$,$K_0=2$,$K_2=3$,$J=20$ 时的 PCCR、AACCR 和 SACCR。从中可以看出,当合并的两个属性间的相关在 0.8 以下时,基于 Q_{t1} 的 PCCR 指标占优;当合并的两个属性间的相关达到 0.8 或以上时,基于 Q_{t2} 的 PCCR 指标占优;在所有的情况下,基于 Q_{t1} 的 AACCR 指标都占优。

表 7 – 21　$K_1 = 4, K_0 = 2, J = 20$ 时的 PCCR、AACCR 和 SACCR

corr1	corr2	PCCR	AACCR	SACCR 属性 1	属性 2	属性 3	属性 4
0.5	0.2	0.746	0.922	0.948	0.932	0.900	0.905
0.5	0.2	0.703	0.878	0.871		0.879	0.884
0.5	0.3	0.754	0.924	0.949	0.929	0.907	0.911
0.5	0.3	0.712	0.881	0.872		0.883	0.887
0.6	0.2	0.754	0.925	0.954	0.939	0.902	0.904
0.6	0.2	0.739	0.895	0.905		0.890	0.891
0.6	0.3	0.765	0.928	0.956	0.940	0.907	0.909
0.6	0.3	0.746	0.898	0.905		0.893	0.896
0.7	0.2	0.764	0.928	0.959	0.948	0.904	0.902
0.7	0.2	0.761	0.905	0.928		0.894	0.894
0.7	0.3	0.774	0.931	0.961	0.947	0.906	0.911
0.7	0.3	0.771	0.909	0.927		0.897	0.902
0.8	0.2	0.770	0.930	0.964	0.955	0.901	0.902
0.8	0.2	**0.775**	0.912	0.945		0.895	0.897
0.8	0.3	0.783	0.935	0.964	0.957	0.906	0.911
0.8	0.3	**0.789**	0.918	0.946		0.900	0.906
0.9	0.2	0.783	0.935	0.973	0.966	0.898	0.901
0.9	0.2	**0.798**	0.923	0.968		0.898	**0.902**
0.9	0.3	0.796	0.939	0.970	0.966	0.908	0.910
0.9	0.3	**0.814**	0.929	0.971		0.908	0.908

注:"corr1"是指欲合并成粗粒度的 K_0 个属性间的相关,"corr2"是指余下的 $K_1 - K_0$ 个属性间的相关。

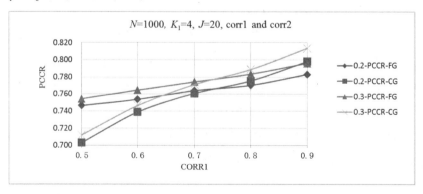

图 7 – 19　$K_1 = 4, K_0 = 2, J = 20$,corr1 = 0.5、0.6、0.7、0.8 或 0.9,
corr2 = 0.2 或 0.3 时的 PCCR 比较图

注:图例名称包括三部分,第一部分的小数表示余下属性的相关,第二部分的 PCCR 表示比较的指标,第三部分的 FG 和 CG 分别代表细粒度和粗粒度。

图 7-20 比较了两种 **Q** 矩阵下,相同的属性(Q_{t1} 中的第 3 个属性和 Q_{t2} 中的第 2 个属性)的 SACCR 指标。从中可以看出,对于该属性,基于 Q_{t1} 分析得到的 SACCR 指标不低于基于 Q_{t2} 得到的指标。只有当欲合并的属性间的相关达到 0.9 时,两种 **Q** 矩阵下对于相同的属性的 SACCR 指标才几乎相同。

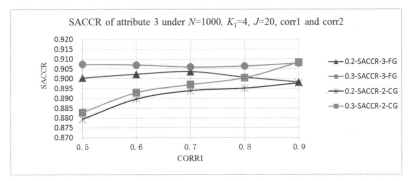

图 7-20 $K_1 = 4, K_0 = 2, J = 20, \text{corr1} = 0.5、0.6、0.7、0.8$ 或 0.9,
$\text{corr2} = 0.2$ 或 0.3 时属性 3 的 SACCR 比较图

注:图 7-20 比较的是 Q_{t1} 和 Q_{t2} 中第 1 个相同的属性,即 Q_{t1} 中的属性 3 和 Q_{t2} 中的属性 2。图例中的四个部分分别表示为余下属性间的相关大小、比较的指标、对应的属性编号和 **Q** 矩阵类型。比如 0.2-SACCR-3-FG,表示余下属性间的相关为 0.2,比较 SACCR 指标、第 3 个属性、细粒度的 **Q** 矩阵 Q_{t1},和它相比较的曲线应该是 0.2-SACCR-2-CG。

图 7-21 比较了两种 **Q** 矩阵下,相同的另一个属性(Q_{t1} 中的第 4 个属性和 Q_{t2} 中的第 3 个属性)的 SACCR 指标。从中可以看出,在大部分情况下,对于该

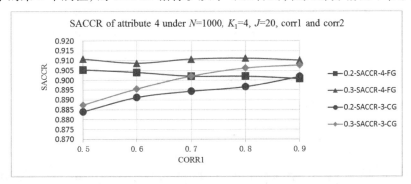

图 7-21 $K_1 = 4, K_0 = 2, J = 20, \text{corr1} = 0.5、0.6、0.7、0.8$ 或 0.9,
$\text{corr2} = 0.2$ 或 0.3 时属性 4 的 SACCR 比较图

属性,基于 Q_{t1} 分析得到的 SACCR 指标不低于基于 Q_{t2} 得到的指标,只有在 corr1 =0.9、corr2 =0.2 时例外。

表 7 -22 列出了 $K_1 =4, K_0 =2, J =30$ 时的 PCCR、AACCR 和 SACCR。从中可以看出,当合并的两个属性间的相关在 0.9 以下时,基于 Q_{t1} 的 PCCR 指标占优;只有当 corr1 =0.9、corr2 =0.3 时,基于 Q_{t2} 的 PCCR 指标略占优;在所有的情况下,基于 Q_{t1} 的 AACCR 指标都占优。图 7 -22 是对应的 PCCR 比较图。

表 7 -22　$K_1 =4, K_0 =2, J =30$ 时的 PCCR、AACCR 和 SACCR

corr1	corr2	PCCR	AACCR	SACCR			
				属性 1	属性 2	属性 3	属性 4
0. 5	0. 2	0. 839	0. 952	0. 960	0. 967	0. 944	0. 937
0. 5	0. 2	0. 757	0. 903	0. 874		0. 922	0. 915
0. 5	0. 3	0. 844	0. 954	0. 960	0. 968	0. 948	0. 940
0. 5	0. 3	0. 757	0. 903	0. 870		0. 923	0. 916
0. 6	0. 2	0. 846	0. 954	0. 964	0. 972	0. 945	0. 936
0. 6	0. 2	0. 790	0. 918	0. 905		0. 929	0. 919
0. 6	0. 3	0. 851	0. 956	0. 965	0. 974	0. 947	0. 937
0. 6	0. 3	0. 795	0. 919	0. 907		0. 930	0. 920
0. 7	0. 2	0. 847	0. 955	0. 970	0. 975	0. 943	0. 933
0. 7	0. 2	0. 812	0. 927	0. 928		0. 930	0. 922
0. 7	0. 3	0. 855	0. 958	0. 971	0. 976	0. 947	0. 937
0. 7	0. 3	0. 822	0. 930	0. 930		0. 936	0. 925
0. 8	0. 2	0. 856	0. 957	0. 975	0. 978	0. 944	0. 933
0. 8	0. 2	0. 836	0. 937	0. 949		0. 936	0. 926
0. 8	0. 3	0. 859	0. 959	0. 978	0. 979	0. 945	0. 934
0. 8	0. 3	0. 840	0. 938	0. 950		0. 939	0. 924
0. 9	0. 2	0. 865	0. 960	0. 983	0. 983	0. 942	0. 933
0. 9	0. 2	0. 860	0. 947	0. 973		0. 939	0. 929
0. 9	0. 3	0. 866	0. 961	0. 983	0. 983	0. 944	0. 935
0. 9	0. 3	**0. 867**	0. 949	0. 975		0. 942	0. 931

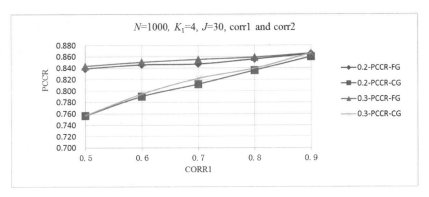

图 7 – 22　$K_1 = 4, K_0 = 2, J = 30, \text{corr1} = 0.5 \ 0.6 \ 0.7 \ 0.8$ 或 0.9,

$\text{corr2} = 0.2$ 或 0.3 时的 PCCR 比较图

图 7 – 23 和图 7 – 24 分别比较了两种 **Q** 矩阵下,相同的属性(Q_{t1} 中的第 3 个属性和 Q_{t2} 中的第 2 个属性,Q_{t1} 中的第 4 个属性和 Q_{t2} 中的第 3 个属性)的

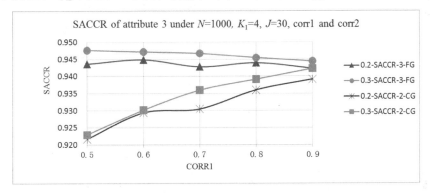

图 7 – 23　$K_1 = 4, K_0 = 2, J = 30, \text{corr1} = 0.5 \ 0.6 \ 0.7 \ 0.8$ 或 0.9,

$\text{corr2} = 0.2$ 或 0.3 时属性 3 的 SACCR 比较图

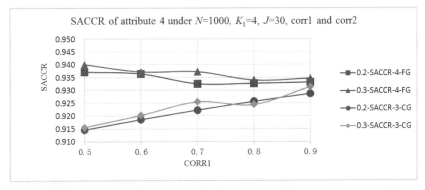

图 7 – 24　$K_1 = 4, K_0 = 2, J = 30, \text{corr1} = 0.5 \ 0.6 \ 0.7 \ 0.8$ 或 0.9,

$\text{corr2} = 0.2$ 或 0.3 时属性 4 的 SACCR 比较图

SACCR 指标。从中可以看出,对于该属性,基于 Q_{t1} 分析得到的 SACCR 指标高于基于 Q_{t2} 得到的指标。当合并的两个属性间的相关越高,基于 Q_{t1} 和 Q_{t2} 分析得到的 SACCR 指标的差异越小。

表 7-23 列出了 $K_1=4,K_0=2,J=40$ 时的 PCCR、AACCR 和 SACCR。从中可以看出,在所有的情况下,基于 Q_{t1} 的 PCCR 和 AACCR 指标都占优。合并的属性间的相关越高,基于两种 Q 矩阵得到的指标间的差异越小。

表 7-23 $K_1=4,K_0=2,J=40$ 时的 PCCR、AACCR 和 SACCR

corr1	corr2	PCCR	AACCR	SACCR			
				属性 1	属性 2	属性 3	属性 4
0.5	0.2	0.884	0.968	0.987	0.973	0.961	0.951
0.5	0.2	0.787	0.919	0.880		0.944	0.934
0.5	0.3	0.885	0.968	0.986	0.972	0.963	0.952
0.5	0.3	0.790	0.920	0.882		0.944	0.936
0.6	0.2	0.885	0.968	0.988	0.975	0.960	0.950
0.6	0.2	0.821	0.933	0.915		0.948	0.936
0.6	0.3	0.890	0.970	0.988	0.978	0.962	0.952
0.6	0.3	0.825	0.934	0.914		0.949	0.940
0.7	0.2	0.884	0.969	0.990	0.978	0.957	0.949
0.7	0.2	0.842	0.941	0.937		0.947	0.939
0.7	0.3	0.890	0.970	0.990	0.981	0.962	0.948
0.7	0.3	0.843	0.942	0.935		0.951	0.939
0.8	0.2	0.890	0.970	0.993	0.983	0.956	0.949
0.8	0.2	0.861	0.949	0.957		0.948	0.943
0.8	0.3	0.896	0.972	0.992	0.984	0.961	0.950
0.8	0.3	0.866	0.951	0.957		0.953	0.942
0.9	0.2	0.898	0.972	0.994	0.991	0.957	0.947
0.9	0.2	0.888	0.960	0.980		0.954	0.945
0.9	0.3	0.900	0.973	0.995	0.990	0.960	0.948
0.9	0.3	0.890	0.961	0.980		0.957	0.946

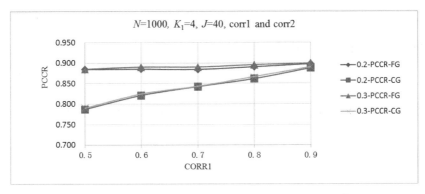

图 7 – 25 $K_1 = 4, K_0 = 2, J = 40, \text{corr1} = 0.5、0.6、0.7、0.8$ 或 $0.9,$
$\text{corr2} = 0.2$ 或 0.3 时的 PCCR 比较图

图 7 – 26 和图 7 – 27 分别比较了两种 **Q** 矩阵下，相同的属性（Q_{t1} 中的第 3 个属性和 Q_{t2} 中的第 2 个属性，Q_{t1} 中的第 4 个属性和 Q_{t2} 中的第 3 个属性）的 SACCR 指标。从中可以看出，对于该属性，基于 Q_{t1} 分析得到的 SACCR 指标都

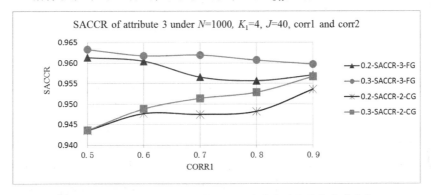

图 7 – 26 $K_1 = 4, K_0 = 2, J = 40, \text{corr1} = 0.5、0.6、0.7、0.8$ 或 $0.9,$
$\text{corr2} = 0.2$ 或 0.3 时属性 3 的 SACCR 比较图

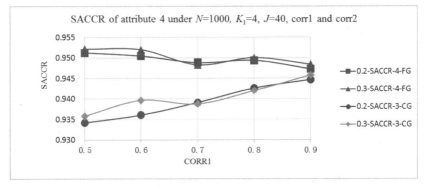

图 7 – 27 $K_1 = 4, K_0 = 2, J = 40, \text{corr1} = 0.5、0.6、0.7、0.8$ 或 $0.9,$
$\text{corr2} = 0.2$ 或 0.3 时属性 4 的 SACCR 比较图

高于基于 Q_{t2} 得到的指标。当合并的两个属性间的相关越高,基于 Q_{t1} 和 Q_{t2} 分析得到的 SACCR 指标的差异越小。

图 7-28 比较了两种 Q 矩阵下,在不同的项目个数条件下的 PCCR 指标的变化情况。从中可以看出,项目数越多,两种 Q 矩阵的分类指标都会上升;固定项目个数、合并的属性间的相关越高,两种 Q 矩阵间的差异越小。

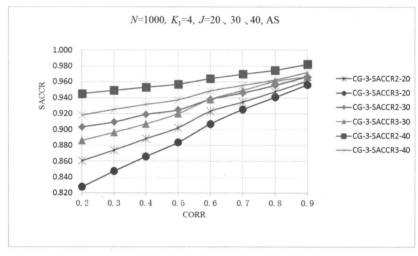

$$N=1000, K_1=4, J=20、30、40, AS$$

图 7-28 $K_1=4, K_0=2$,两种 Q 矩阵下的 PCCR 指标变化图

(2)$K_0=3$ 时的分类结果比较

除 $K_0=3, K_1=5、6$ 或 7 与(1)不同之外,其余完全相同。表 7-24 列出了 $K_1=5, K_0=3, K_2=3, J=20$ 时的 PCCR、AACCR 和 SACCR。从中可以看出,当合并的两个属性间的相关在 0.6 以下时,基于 Q_{t1} 的 PCCR 指标占优;当合并的两个属性间的相关达到 0.6 或以上时,基于 Q_{t2} 的 PCCR 指标占优;在所有的情况下,基于 Q_{t1} 的 AACCR 指标都占优。

表 7-24 $K_1=5, K_0=3, J=20$ 时的 PCCR、AACCR 和 SACCR

corr1	corr2	PCCR	AACCR	SACCR				
				属性 1	属性 2	属性 3	属性 4	属性 5
0.5	0.2	0.571	0.857	0.903	0.876	0.863	0.819	0.822
0.5	0.2	0.556	0.797		0.826		0.775	0.789
0.5	0.3	0.592	0.864	0.906	0.877	0.866	0.834	0.838
0.5	0.3	0.585	0.809		0.826		0.794	0.806
0.6	0.2	0.602	0.870	0.916	0.898	0.886	0.824	0.828

续表 7 - 24

corr1	corr2	PCCR	AACCR	SACCR				
				属性 1	属性 2	属性 3	属性 4	属性 5
0.6	0.2	**0.607**	0.824		0.870		0.795	0.807
0.6	0.3	0.625	0.877	0.921	0.895	0.885	0.843	0.842
0.6	0.3	**0.637**	0.837		0.872		0.816	0.824
0.7	0.2	0.619	0.877	0.926	0.907	0.899	0.827	0.827
0.7	0.2	**0.639**	0.842		0.902		0.808	0.817
0.7	0.3	0.643	0.884	0.926	0.908	0.900	0.842	0.844
0.7	0.3	**0.669**	0.854		0.901		0.826	0.835
0.8	0.2	0.641	0.887	0.934	0.925	0.918	0.827	0.831
0.8	0.2	**0.669**	0.859		0.931		0.818	0.827
0.8	0.3	0.663	0.892	0.933	0.921	0.916	0.847	0.846
0.8	0.3	**0.701**	0.872		0.931		0.839	0.846
0.9	0.2	0.663	0.896	0.943	0.939	0.934	0.830	0.833
0.9	0.2	**0.702**	0.877		0.962		0.829	**0.839**
0.9	0.3	0.689	0.904	0.944	0.939	0.937	0.850	0.851
0.9	0.3	**0.734**	0.890		0.965		**0.851**	**0.856**

图 7 - 30 和图 7 - 31 分别比较了两种 Q 矩阵下,相同的属性(Q_{t1} 中的第 4 个属性和 Q_{t2} 中的第 2 个属性,Q_{t1} 中的第 5 个属性和 Q_{t2} 中的第 3 个属性)的 SACCR 指标。从中可以看出,当合并的 3 个属性间的相关小于 0.9 时,基于 Q_{t1} 分析得到的 SACCR 指标都高于基于 Q_{t2} 得到的指标。

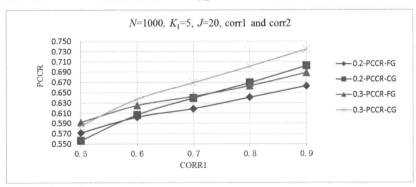

图 7 - 29　$K_1 = 5$,$K_0 = 3$,$J = 20$,corr1 = 0.5、0.6、0.7、0.8 或 0.9,

corr2 = 0.2 或 0.3 时的 PCCR 比较图

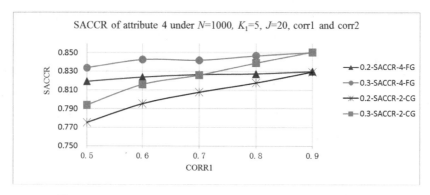

图7-30 $K_1 = 5, K_0 = 3, J = 20, \text{corr1} = 0.5、0.6、0.7、0.8$ 或 0.9,

$\text{corr2} = 0.2$ 或 0.3 时属性 4 的 SACCR 比较图

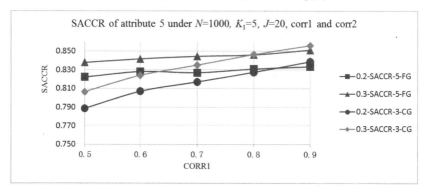

图7-31 $K_1 = 5, K_0 = 3, J = 20, \text{corr1} = 0.5、0.6、0.7、0.8$ 或 0.9,

$\text{corr2} = 0.2$ 或 0.3 时属性 5 的 SACCR 比较图

表 7-25 列出了 $K_1 = 5, K_0 = 3, J = 30$ 时的 PCCR、AACCR 和 SACCR。从中可以看出,当合并的两个属性间的相关在 0.7 以下时,基于 Q_{t1} 的 PCCR 指标占优;当合并的两个属性间的相关达到 0.7 或以上时,基于 Q_{t2} 的 PCCR 指标占优;在所有的情况下,基于 Q_{t1} 的 AACCR 指标都占优。这一点从图 7-32 也可以很容易地看出。

表 7-25 $K_1 = 5, K_0 = 3, J = 30$ 时的 PCCR、AACCR 和 SACCR

corr1	corr2	PCCR	AACCR	SACCR				
				属性 1	属性 2	属性 3	属性 4	属性 5
0.5	0.2	0.640	0.889	0.912	0.900	0.907	0.863	0.864
0.5	0.2	0.591	0.817		0.824		0.813	0.813
0.5	0.3	0.657	0.894	0.913	0.901	0.908	0.877	0.874
0.5	0.3	0.612	0.823		0.824		0.824	0.821

续表 7-25

corr1	corr2	PCCR	AACCR	SACCR				
				属性1	属性2	属性3	属性4	属性5
0.6	0.2	0.663	0.898	0.924	0.918	0.921	0.864	0.864
0.6	0.2	0.644	0.844		0.871		0.829	0.830
0.6	0.3	0.677	0.902	0.926	0.915	0.920	0.874	0.875
0.6	0.3	0.664	0.851		0.872		0.840	0.841
0.7	0.2	0.678	0.904	0.934	0.930	0.931	0.862	0.866
0.7	0.2	0.675	0.861		0.902		0.838	0.842
0.7	0.3	0.696	0.909	0.935	0.929	0.930	0.876	0.876
0.7	0.3	**0.698**	0.869		0.903		0.852	0.853
0.8	0.2	0.691	0.910	0.945	0.940	0.941	0.861	0.864
0.8	0.2	**0.705**	0.877		0.932		0.848	0.851
0.8	0.3	0.712	0.916	0.943	0.943	0.941	0.877	0.877
0.8	0.3	**0.732**	0.887		0.933		0.864	0.865
0.9	0.2	0.711	0.919	0.953	0.956	0.957	0.863	0.866
0.9	0.2	**0.741**	0.897		0.966		0.861	0.863
0.9	0.3	0.728	0.923	0.954	0.953	0.953	0.875	0.880
0.9	0.3	**0.767**	0.906		0.966		0.875	0.878

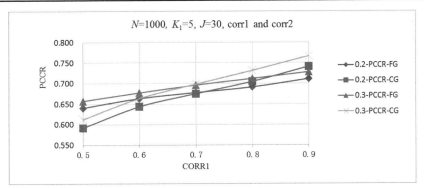

图 7-32　$K_1 = 5, K_0 = 3, J = 30,$ corr1 $= 0.5、0.6、0.7、0.8$ 或 $0.9,$

corr2 $= 0.2$ 或 0.3 时的 PCCR 比较图

图 7-33 和图 7-34 分别列出了项目数为 30 时,Q_{t1} 中的属性 4 和属性 5
(分别对应 Q_{t2} 中的属性 2 和属性 3)的 SACCR 指标。从中可以看出,无论合并
的属性和剩余的属性间的相关如何,基于 Q_{t1} 的 SACCR 指标总是不低于基于 Q_{t2}
的 SACCR 指标。属性间的相关越小时,Q_{t1} 的优势越大。

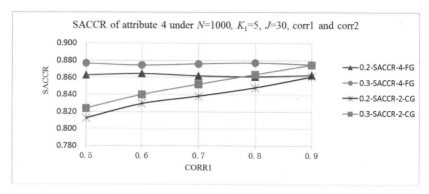

图 7-33 $K_1 = 5, K_0 = 3, J = 30, \text{corr1} = 0.5、0.6、0.7、0.8$ 或 0.9,
$\text{corr2} = 0.2$ 或 0.3 时属性 4 的 SACCR 比较图

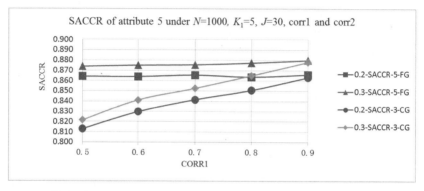

图 7-34 $K_1 = 5, K_0 = 3, J = 30, \text{corr1} = 0.5、0.6、0.7、0.8$ 或 0.9,
$\text{corr2} = 0.2$ 或 0.3 时属性 5 的 SACCR 比较图

表 7-26 列出了 $K_1 = 5, K_0 = 3, J = 40$ 时的 PCCR、AACCR 和 SACCR。从中可以看出,当合并的两个属性间的相关在 0.6 以下时,基于 Q_{t1} 的 PCCR 指标占优;当合并的两个属性间的相关达到 0.6 或以上时,基于 Q_{t2} 的 PCCR 指标占优;在所有的情况下,基于 Q_{t1} 的 AACCR 指标都占优。

表 7-26 $K_1 = 5, K_0 = 3, J = 40$ 时的 PCCR、AACCR 和 SACCR

corr1	corr2	PCCR	AACCR	SACCR				
				属性 1	属性 2	属性 3	属性 4	属性 5
0.5	0.2	0.682	0.907	0.941	0.916	0.922	0.885	0.870
0.5	0.2	0.590	0.815		0.824		0.818	0.804
0.5	0.3	0.694	0.911	0.940	0.916	0.920	0.895	0.881
0.5	0.3	0.610	0.822		0.823		0.828	0.816

续表 7 – 26

corr1	corr2	PCCR	AACCR	SACCR				
				属性 1	属性 2	属性 3	属性 4	属性 5
0.6	0.2	0.695	0.912	0.949	0.927	0.932	0.882	0.867
0.6	0.2	0.643	0.843		0.872		0.835	0.823
0.6	0.3	0.714	0.918	0.950	0.932	0.935	0.894	0.882
0.6	0.3	0.665	0.852		0.873		0.847	0.836
0.7	0.2	0.704	0.917	0.957	0.940	0.943	0.879	0.864
0.7	0.2	0.677	0.862		0.904		0.846	0.834
0.7	0.3	0.721	0.920	0.957	0.938	0.939	0.891	0.878
0.7	0.3	0.697	0.869		0.903		0.856	0.847
0.8	0.2	0.716	0.921	0.966	0.948	0.952	0.877	0.862
0.8	0.2	0.708	0.878		0.934		0.856	0.844
0.8	0.3	0.736	0.927	0.964	0.952	0.952	0.889	0.877
0.8	0.3	0.732	0.887		0.934		0.868	0.860
0.9	0.2	0.726	0.926	0.976	0.963	0.960	0.872	0.860
0.9	0.2	**0.744**	0.897		0.970		0.867	0.856
0.9	0.3	0.746	0.931	0.977	0.961	0.960	0.884	0.873
0.9	0.3	**0.765**	0.906		0.969		0.878	0.870

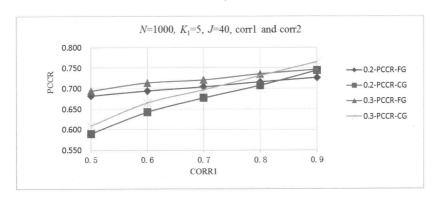

图 7 – 35 $K_1 = 5, K_0 = 3, J = 40, corr1 = 0.5、0.6、0.7、0.8$ 或 0.9, $corr2 = 0.2$ 或 0.3 时的 PCCR 比较图

图 7 – 36 和图 7 – 37 分别列出了项目数 40 时,Q_{t1} 中的属性 4 和属性 5(分别对应 Q_{t2} 中的属性 2 和属性 3)的 SACCR 指标。从中可以看出,无论合并的属性和剩余的属性间的相关,基于 Q_{t1} 的 SACCR 指标总是不低于基于 Q_{t2} 的 SACCR 指标。属性间的相关越小时,Q_{t1} 的优势越大。

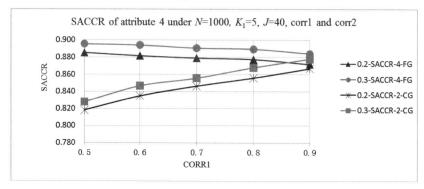

图 7 – 36 $K_1 = 5, K_0 = 3, J = 40, \text{corr1} = 0.5、0.6、0.7、0.8$ 或 0.9,

$\text{corr2} = 0.2$ 或 0.3 时属性 4 的 SACCR 比较图

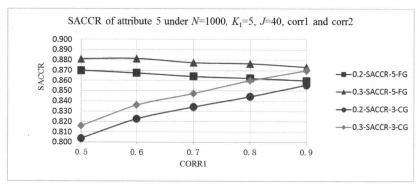

图 7 – 37 $K_1 = 5, K_0 = 3, J = 40, \text{corr1} = 0.5、0.6、0.7、0.8$ 或 0.9,

$\text{corr2} = 0.2$ 或 0.3 时属性 5 的 SACCR 比较图

(3)研究结论

当合并成粗粒度的属性之间存在较高的相关,余下的属性之间存在相近且较低的相关时,无论是 $K_0 = 2$ 还是 $K_0 = 3$,都会影响被试整体的 PCCR、AACCR 和 SACCR 指标,并且这些指标还会受到项目个数的影响。

第一,当 $K_0 = 2$,项目数为 20,K_0 部分的属性相关在 0.8 以下时,基于 Q_{t1} 的 PCCR 指标占优;当 $K_0 = 3$,项目数为 20,K_0 部分的属性相关在 0.6 以下时,基于 Q_{t1} 的 PCCR 指标占优。

第二,当 $K_0 = 2$,项目数为 30,K_0 部分的属性相关在 0.9 以下时,基于 Q_{t1} 的

PCCR 指标占优；当 $K_0 = 3$，项目数为 30，K_0 部分的属性相关在 0.7 以下时，基于 Q_{t1} 的 PCCR 指标占优。

第三，当 $K_0 = 2$，项目数为 40 时，基于 Q_{t1} 的 PCCR 指标总是占优；当 $K_0 = 3$，项目数为 40，K_0 部分的属性相关在 0.9 以下时，基于 Q_{t1} 的 PCCR 指标占优。

第四，在所有情况下，基于 Q_{t1} 的 AACCR 指标总是不低于基于 Q_{t2} 的 AAC-CR 指标。

第五，对于 Q_{t1} 和 Q_{t2} 中相同的两个属性的 SACCR 指标，几乎所有情况下都是基于 Q_{t1} 时占优，只有在少数情况下例外（可以参考表 7 – 22 至表 7 – 27 中的数据）。

综合来看，在项目数为 20 时，基于 Q_{t1} 和基于 Q_{t2} 得到的属性掌握模式分类结果互有优劣，此时需要综合权衡来选择测验的 **Q** 矩阵；当项目为 30 和 40 时，选择 Q_{t1} 作为测验 **Q** 矩阵更有优势。

7.3.4　讨论

本研究考查了属性间存在不同大小的相关时，不同的属性个数、不同的项目个数、不同粒度的属性对于被试的知识状态的分类准确率的影响。

从模拟实验的结果来看，相同的测验 **Q** 矩阵，属性间的相关越高，越有利于推断被试的知识状态；将 2 个（或 3 个）属性界定为更粗粒度的 1 个属性会降低被试的平均属性判准率 AACCR 指标，因为这个更粗粒度的属性的判准率会有明显降低，从而对所有属性的 AACCR 指标造成较大影响；而对于被试的 PCCR 指标，它受到项目个数、属性间的相关大小（包括合并的属性间的相关和剩余属性间的相关）的影响；对于两个 **Q** 矩阵中相同属性的 SACCR 指标，在大部分情况下，细粒度 **Q** 矩阵更有优势，只有少数情况下粗粒度的 **Q** 矩阵占优。

综合来看，被试知识状态和各属性的判准率，会受到属性粒度、测验项目个数和属性间的相关大小的影响。在相同相关大小的条件下，项目数越多，由属性粒度造成的影响越大；在相同项目数量的条件下，属性间的相关越小，由属性粒度造成的影响影响越大。因此，如果仅从属性粒度的角度来考虑，当欲合并的属性间的相关较低时，选择较细粒度的属性有利于提高测验的分类准确率；当欲合并的属性间存在较高的相关时，可以考虑界定较粗粒度的属性。实施 CDA 时，选取合适粒度的属性对于测验的分类准确性很重要，要综合考虑属性间的相关大小、测验中的项目个数、分析工具对数据的承受能力等因素。界定属性时,需要将属性粒度和属性的实质含义相结合。只有在统计上利于分析,并有实质含义、能提供诊断信息的属性,才应该是备选的属性。

本研究仅仅是从模拟的角度进行的研究,在实际的数据分析中,还有许多问题需要进一步研究。比如在实际界定属性时,如何控制属性间的相关?属性的界定目前大多是通过专家指定的方式定义的,客观的界定方法(比如基于数据的方法)还有待研究。

7.4 属性间的补偿关系及诊断模型研究

前面已经提到,属性之间的补偿关系是指被试即使未掌握项目中的某个(些)属性,但是如果掌握了对这个(些)属性有补偿作用的属性,该被试在这个项目上仍然有很高的正确作答概率(Roussos 等,2007)。补偿作用受到两个方面因素的影响,一方面是被试,另一方面是项目。在这里,为方便说明,称那些有补偿作用的属性为补偿属性,而被补偿作用补偿的那些属性为被补偿属性。因此,补偿作用产生的条件是:对被试来说,是指那些掌握了补偿属性的被试;对于项目来说,是指那些考查了被补偿属性的项目,这两个条件缺一不可。举个例子说明,某被试的属性掌握模式为 $[1\ 0\ 0]^{T}$,并且第 1 个属性对第 2 个属性有补偿作用,因此,该被试在属性向量为 $[1\ 1\ 0]^{T}$ 的项目上会受到补偿作用的影响,而对于属性掌握模式为 $[0\ 0\ 1]^{T}$ 的被试在该项目上的作答就不会受到补偿作用的影响。其中,上标 T 表示向量的转置。

将补偿作用对于作答的影响用项目参数 o(compensating parameter,为避免与 IRT 中的 c 参数混淆,这里采用 compensate 的第 2 个字母)来表示,比如前面一段的例子,如果该项目的补偿参数为 0.35,则意味着知识状态为 $[1\ 0\ 0]^{T}$ 的被试在属性向量为 $[1\ 1\ 0]^{T}$ 的项目上的正确作答概率为 0.35(这个例子说明了属性之间存在部分补偿作用的情况),而知识状态为 $[0\ 0\ 1]^{T}$ 的被试在该项目上只能通过猜测来作答。这个例子也说明,属性之间存在补偿作用只是会影响"特定的被试"(那些掌握了补偿属性,但是未掌握被补偿属性的被试)在"特定的项目"(那些考查了被补偿属性的项目)上的作答。比如前面提到的英文阅读理解实例:如果一个被试有很强的上下文推理能力,就可以部分补偿其单词识别能力,因为他(她)可对不认识的单词进行推断;但是如果被试没有较强的上下文推理能力,那么补偿作用是体现不出来的。这个实例也很好地解释了前面一句话的含义。

目前已有的诊断模型中,属性间的补偿作用对于 CDA 带来的影响关注得不够,至少有两方面的原因:一是在实际的应用中,补偿作用的界定大多是通过主观定义的方法,缺少客观的方法;二是确定补偿作用的大小仍然是具有挑战的工作。

7.4.1 研究目的

本研究主要是通过构建包含补偿参数的 HDINA 模型,将属性间的补偿作用及由此带来的影响纳入模型中,并且考查 HDINA 模型在不同类型的测验数据(非补偿的数据、完全补偿的数据和部分补偿的数据)上的表现,以此来检验 HDINA 模型在复杂的测验情景下的适应性。具体内容包括四个方面:一是对 DINA 模型进行改进,构建包含补偿参数的模型,并对模型的推断机制和假设条件做出说明;二是对改进的模型进行参数估计;三是对改进的模型与 DINA、DINO 模型进行模拟实验,比较在不同条件下三者的表现;四是采用 HDINA 模型分析"分数减法"数据,并对结果进行分析和讨论。

7.4.2 研究方法

下面首先介绍 HDINA 模型相关的概念及其构建。

7.4.2.1 HDINA 模型及其识别

首先对下文常用的几个短语做一个介绍:

被试完全掌握某项目:指被试掌握了项目所考查的所有属性。

被试部分掌握某项目:指项目所考查的属性个数大于 1 时,被试掌握项目所考查的部分属性(不含全部属性)。

被试完全未掌握某项目:指被试未掌握项目所考查的任何属性。

这三种情况可以用如下的数学语言来描述。假设被试 i 的属性掌握模式为 α_i,项目 j 考查的属性向量为 q_j,如果满足 $\alpha_i^T q_j = q_j^T q_j$,则表明被试掌握了项目所考查的所有属性,即被试完全掌握该项目;如果满足 $\alpha_i^T q_j > 0$ 并且 $\alpha_i^T q_j < q_j^T q_j$,则表明被试只掌握项目所考查的部分属性,即被试部分掌握该项目;如果满足

$\alpha_i^{\Gamma}q_j=0$,则表明被试没有掌握该项目的任何属性,即被试完全未掌握该项目。

7.4.2.2 HDINA 模型的构建

根据前面的介绍,下面构建包含补偿作用的 DINA 模型,为了方便说明,记为 HDINA。在 HDINA 模型中,每个项目包含 3 个参数,分别是 s、g 和 o。其中,s 的含义与 DINA 模型中的一致;g 的含义是指被试完全未掌握某项目,但是在该项目上的正确作答概率;o 的含义是指被试部分掌握某项目,但是在该项目上的正确作答概率。也就是说,在 HDINA 模型中,将 DINA 模型中的 g 参数划分成两部分,一部分是纯粹由于猜测(未掌握项目的任何属性)所导致的正确作答概率,另一部分是由于补偿作用(掌握了项目的部分属性)影响所导致的正确作答概率。

这样一来,HDINA 模型与 DINA、DINO 模型不同。DINA 和 DINO 模型是根据被试在某项目上的作答把被试分为两类,其中 DINA 模型把被试分为完全掌握该项目的被试类和未完全掌握该项目的被试类,而 DINO 模型把被试分为至少掌握该项目的一个属性的被试类和完全未掌握该项目的被试类。HDINA 模型根据被试的作答把被试分为三类,分别是:完全掌握该项目的被试类、部分掌握该项目的被试类和完全未掌握该项目的被试类。这样一来,在 HDINA 模型中,可以同时处理属性间的非补偿、部分补偿和完全补偿的情况,而不需要事先根据属性所界定的属性关系来选择模型,从而出现因为属性关系界定不正确导致选择的模型不合适的情况。

在 HDINA 模型中,用 η_{ij} 来表示被试 i 对项目 j 的属性掌握情况(η_{ij}的含义和计算方式都与 DINA 和 DINO 模型中的有所区别,但是其作用没变,还是用来表示被试对于项目属性的掌握情况)。下面来介绍 HDINA 模型下 η_{ij} 的计算方式:用 $\eta_{ij}=1$ 表示被试 i 完全掌握项目 j;用 $\eta_{ij}=0$ 表示被试 i 完全未掌握项目 j;用 $\eta_{ij}=2$ 表示被试 i 部分掌握项目 j。因此,HDINA 模型下的 η_{ij} 是一个可以取 0、1 和 2 的变量。η_{ij}的计算公式可以表示为:

$$\eta_{ij}=\begin{cases}0 & \alpha_i^{\Gamma}q_j=0 \\ 1 & \alpha_i^{\Gamma}q_j=q_j^{\Gamma}q_j \\ 2 & 0<\alpha_i^{\Gamma}q_j<q_j^{\Gamma}q_j\end{cases} \qquad 公式 7-11$$

其中,α_i 是被试 i 的属性掌握模式向量,q_j 表示项目 j 所考查的属性向量,Γ

表示向量的转置。从 η_{ij} 的计算公式中可以看出，HDINA 模型中被试对项目的作答分成三种情况：被试完全未掌握项目（$\eta_{ij}=0$）、被试完全掌握项目（$\eta_{ij}=1$）和被试部分掌握项目（$\eta_{ij}=2$）。举个例子说明：比如某测验项目的属性向量为 $[1\ 0\ 1\ 1]^{T}$，则 $q_j^T q_j = 3$。根据公式 7 – 11，三个被试 $[1\ 1\ 1\ 1]^{T}$、$[0\ 1\ 0\ 0]^{T}$ 和 $[1\ 0\ 1\ 0]^{T}$ 对应的 $\alpha_i^T q_j$ 分别为 3、0 和 2。因此，这三个被试在该项目上的理想作答（这里其实不是理想作答，它表示了被试对于项目所考查属性的三种掌握状况，仍然称理想作答只是为了与 DINA 和 DINO 模型保持统一）分别是 1、0 和 2。

用 P_{ij} 来表示被试 i 在项目 j 的正确作答概率，当 $\eta_{ij}=1$ 时，$P_{ij}=1-s_j$；当 $\eta_{ij}=0$ 时，$P_{ij}=g_j$；当 $\eta_{ij}=2$ 时，$P_{ij}=o_j$。在 HDINA 模型中，被试 i 在项目 j 上的正确作答概率可以表示为公式 7 – 12。

$$P(X_{ij}=1\mid\alpha_i,q_j,s_j,g_j,o_j,\eta_{ij})=(1-s_j)^{I(\eta_{ij},1)}(g_j)^{I(\eta_{ij},0)}(o_j)^{I(\eta_{ij},2)}$$

公式 7 – 12

其中 I 是示性函数，当 $x==y$ 时，$I(x,y)=1$；否则 $I(x,y)=0$，用 $I(\eta_{ij},1)$、$I(\eta_{ij},0)$ 和 $I(\eta_{ij},2)$ 来判断被试 i 对项目 j 的属性掌握情况。

7.4.2.3　HDINA 模型的假设

在实际应用中，要想正确界定属性之间的补偿关系及大小是非常困难的，至少到目前为止还没有可行的方法。因此，构建 HDINA 模型的基本出发点是：对于每个项目来说，它所考查的属性之间可能存在补偿；对于不同的项目来说，这个补偿作用存在区别；补偿作用的大小最终会表现在被试的作答数据上，可以通过作答数据把这个补偿作用的值 o 估计出来。这样一来，就可以通过 o 参数来判断补偿作用的存在及大小了，而无须事先来确定哪些属性之间存在补偿及大小。实际上，补偿作用的大小事先也是难以确定的。

在 HDINA 模型中，项目 j 的补偿参数 o_j 的含义可以有两种理解：第一种是被试所掌握项目 j 的那部分属性确定可以对未掌握的属性起到补偿作用，补偿参数 o_j 用来刻画这个补偿作用；第二种是掌握项目 j 的部分属性的被试根据已掌握的这部分属性并结合自身的其他能力，正确作答该项目的概率。Maris（1999）也提到被试在测验中可能会结合"其他资源或能力"（other mental resources，指不包含在测验属性内的其他技能）来正确作答项目。

从 HDINA 模型的构建过程可以看出,HDINA 模型的假设还包括:

假设 1:将项目 j 的补偿参数的范围定义为 $o_j \in (0,1)$,当 o_j 很小时,表示项目 j 所考查的属性之间不存在补偿作用或补偿很小;当 o_j 接近 1 时,表示项目所考查的属性之间存在的补偿作用较大,接近完全补偿;除这两种情形,其他情形表示项目 j 所考查的属性之间存在部分补偿作用。由于在实际测验中存在随机因素的影响,因此,即使项目的属性之间没有补偿作用,估计出来的 o 参数可能也不为 0。

假设 2:如果被试完全掌握某项目,则该被试在项目上的正确作答概率由该项目的 s 参数来决定;如果被试部分掌握某项目,则该被试在项目上的正确作答概率由该项目的 o 参数来决定;如果被试完全未掌握某项目,则该被试在项目上的正确作答概率由该项目的 g 参数来决定。

关于项目 j 的属性间没有补偿、部分补偿和完全补偿的界定,这里采用的操作方法是:将每个项目的补偿参数估计值与测验中项目的平均猜测参数、平均正确作答概率(等于 1 减去平均失误参数)进行比较,根据比较的结果来确定是否存在补偿及大小。记测验中所有项目总数为 J,平均猜测参数值和平均失误参数值分别为 $\bar{g}$ 和 $\bar{s}$,其中 $\bar{g} = \sum_{j=1}^{J} \hat{g}_j / J$、$\bar{s} = \sum_{j=1}^{J} \hat{s}_j / J$ 分别为测验中各项目的猜测参数估计值的平均值、失误参数估计值的平均值。如果项目 j 的补偿参数 $\hat{o} \in (\bar{g}, 1 - \bar{s})$,则认为项目 j 的属性之间存在部分补偿;如果 $\hat{o} \leqslant \bar{g}$,则认为项目 j 的属性之间不存在补偿;如果 $\hat{o} \in [1 - \bar{s}, 1)$,则认为项目 j 的属性之间存在完全补偿。

7.4.2.4 HDINA 模型和 DINA、DINO 模型的关系

根据 HDINA 模型的构建过程和假设可知,如果所有 o_j 的值都等于 $1 - s_j$,则此时 HDINA 模型与 DINO 模型等价;如果令所有 o_j 的值都等于 g_j,则此时 HDINA 模型与 DINA 模型等价。因此,HDINA 模型是比 DINA 和 DINO 模型更一般的模型,HDINA 模型可以将"完全补偿"、"部分补偿"和"连接"同时集中到一个模型中,从而是 DINA 和 DINO 模型的推广。下面举例来说明这一点。

假设测验考查 3 个属性,有 3 个项目,对应的 $\boldsymbol{Q}$ 矩阵为:

$$Q = \begin{bmatrix} 1 & 0 & 0 \\ 0 & 1 & 1 \\ 1 & 0 & 1 \end{bmatrix}$$

上面 Q 矩阵的行表示项目的属性向量,列表示属性。根据前面的定义,在 HDINA 模型下对应的 η^{HDINA}(用 η 的上标表示对应的模型)和 P^{HDINA}(所有可能的被试类在项目上的正确作答概率)矩阵为:

$$\eta^{\text{HDINA}} = \begin{array}{c} \\ 000 \\ 100 \\ 010 \\ 001 \\ 110 \\ 101 \\ 011 \\ 111 \end{array} \begin{array}{ccc} 1 & 2 & 3 \\ \left[\begin{array}{ccc} 0 & 0 & 0 \\ 1 & 0 & 2 \\ 0 & 2 & 0 \\ 0 & 2 & 2 \\ 1 & 2 & 2 \\ 1 & 2 & 1 \\ 0 & 1 & 2 \\ 1 & 1 & 1 \end{array}\right] \end{array}$$

$$P^{\text{HDINA}} = \begin{array}{c} \\ 000 \\ 100 \\ 010 \\ 001 \\ 110 \\ 101 \\ 011 \\ 111 \end{array} \begin{array}{ccc} 1 & 2 & 3 \\ \left[\begin{array}{ccc} g_1 & g_2 & g_3 \\ 1-s_1 & g_2 & o_3 \\ g_1 & o_2 & g_3 \\ g_1 & o_2 & o_3 \\ 1-s_1 & o_2 & o_3 \\ 1-s_1 & o_2 & 1-s_3 \\ g_1 & 1-s_2 & o_3 \\ 1-s_1 & 1-s_2 & 1-s_3 \end{array}\right] \end{array}$$

如果考虑 DINO 模型,即假设项目的属性之间可以相互完全补偿时,对应的 η^{DINO} 和 P^{DINO} 矩阵为:

$$\eta^{\text{DINO}} = \begin{array}{c} \\ 000 \\ 100 \\ 010 \\ 001 \\ 110 \\ 101 \\ 011 \\ 111 \end{array} \begin{array}{ccc} 1 & 2 & 3 \\ \left[\begin{array}{ccc} 0 & 0 & 0 \\ 1 & 0 & 1 \\ 0 & 1 & 0 \\ 0 & 1 & 1 \\ 1 & 1 & 1 \\ 1 & 1 & 1 \\ 0 & 1 & 1 \\ 1 & 1 & 1 \end{array}\right] \end{array}$$

$$P^{\text{DINO}} = \begin{array}{c} \\ 000 \\ 100 \\ 010 \\ 001 \\ 110 \\ 101 \\ 011 \\ 111 \end{array} \begin{array}{ccc} 1 & 2 & 3 \\ \left[\begin{array}{ccc} g_1 & g_2 & g_3 \\ 1-s_1 & g_2 & 1-s_3 \\ g_1 & 1-s_2 & g_3 \\ g_1 & 1-s_2 & 1-s_3 \\ 1-s_1 & 1-s_2 & 1-s_3 \\ 1-s_1 & 1-s_2 & 1-s_3 \\ g_1 & 1-s_2 & 1-s_3 \\ 1-s_1 & 1-s_2 & 1-s_3 \end{array}\right] \end{array}$$

此时如果假设 P^{DINO} 中 $o_j = 1 - s_j$,则在这种情况下 HDINA 模型是与 DINO 模型等价的。

如果假设项目的属性之间是连接关系,即考虑 DINA 模型,则对应的 η^{DINA} 和 P^{DINA} 矩阵为:

$$
\eta^{\text{DINA}} =
\begin{array}{c}
000 \\ 100 \\ 010 \\ 001 \\ 110 \\ 101 \\ 011 \\ 111
\end{array}
\begin{array}{ccc}
1 & 2 & 3 \\
\left[\begin{array}{ccc}
0 & 0 & 0 \\
1 & 0 & 0 \\
0 & 0 & 0 \\
0 & 0 & 0 \\
1 & 0 & 0 \\
1 & 0 & 1 \\
0 & 1 & 0 \\
1 & 1 & 1
\end{array}\right]
\end{array}
$$

$$
P^{\text{DINA}} =
\begin{array}{c}
000 \\ 100 \\ 010 \\ 001 \\ 110 \\ 101 \\ 011 \\ 111
\end{array}
\begin{array}{ccc}
1 & 2 & 3 \\
\left[\begin{array}{ccc}
g_1 & g_2 & g_3 \\
1-s_1 & g_2 & g_3 \\
g_1 & g_2 & g_3 \\
g_1 & g_2 & g_3 \\
1-s_1 & g_2 & g_3 \\
1-s_1 & g_2 & 1-s_3 \\
g_1 & 1-s_2 & g_3 \\
1-s_1 & 1-s_2 & 1-s_3
\end{array}\right]
\end{array}
$$

此时如果假设 P^{DINA} 中 $o_j = g_j$,则在这种情况下 HDINA 模型是与 DINA 模型等价的。

因此,通过上面的分析可知,DINA 和 DINO 模型都是 HDINA 模型的特例,HDINA 模型是 DINA 和 DINO 模型的推广。根据 η^{DINA} 的定义可知,HDINA 模型中可以处理补偿作用(包括完全补偿和部分补偿)、非补偿作用或二者的组合。

7.4.2.5 HDINA 模型的参数估计

HDINA 模型的参数估计过程可以根据 de la Torre(2009)介绍的 EM 算法略加修改,相同的部分就不再详细介绍,这里只是对不同的地方予以详细说明。

在 HDINA 模型中,如果被试完全掌握了某项目,则其正确作答概率为:

$$P(X_{ij}=1\mid\alpha_i,q_j,\eta_{ij}=1)=1-s_j \qquad 公式\ 7-13$$

如果被试完全未掌握该项目,则其正确作答概率为:

$$P(X_{ij}=1\mid\alpha_i,q_j,\eta_{ij}=0)=g_j \qquad 公式\ 7-14$$

如果被试部分掌握该项目,则其正确作答概率为:

$$P(X_{ij}=1\mid\alpha_i,q_j,\eta_{ij}=2)=o_j \qquad 公式\ 7-15$$

因此,HDINA 模型的参数估计过程几乎与 DINA 模型的估计过程一致,只是在计算 g_j 时与 DINA 模型不同,并且多了计算 o_j 的过程。下面给出各参数计算的方法和过程,首先给出计算 I_l 的公式:

$$I_l = \sum_{i=1}^{N} P(\alpha_l\mid X_i) \qquad 公式\ 7-16$$

I_l 表示属性掌握模式为 α_l 的被试人数的期望,I_l 可以分成三部分,分别是 $I_{jl}^{(0)}$、$I_{jl}^{(1)}$ 和 $I_{jl}^{(2)}$。$I_{jl}^{(0)}$ 表示未掌握项目 j 的任一个属性的被试人数的期望,$I_{jl}^{(1)}$ 表示掌握项目 j 所有属性的被试人数的期望,$I_{jl}^{(2)}$ 表示掌握项目 j 的部分属性的被试人数的期望。下面分别给出计算 $I_{jl}^{(0)}$、$I_{jl}^{(1)}$ 和 $I_{jl}^{(2)}$ 的公式如下:

$$I_{jl}^{(0)} = \sum_{i=1}^{N} P(\alpha_l \mid X_i) \qquad \text{公式 7 - 17}$$
$$\{\alpha_l : \alpha_l^{\Gamma} q_j = 0\}$$

$$I_{jl}^{(1)} = \sum_{i=1}^{N} P(\alpha_l \mid X_i) \qquad \text{公式 7 - 18}$$
$$\{\alpha_l : \alpha_l^{\Gamma} q_j = q_j^{\Gamma} q_j\}$$

$$I_{jl}^{(2)} = \sum_{i=1}^{N} P(\alpha_l \mid X_i) \qquad \text{公式 7 - 19}$$
$$\{\alpha_l : 0 < \alpha_l^{\Gamma} q_j < q_j^{\Gamma} q_j\}$$

下面是计算 R_{jl} 的计算公式:

$$R_{jl} = \sum_{i=1}^{N} P(\alpha_l \mid X_i) X_{ij} \qquad \text{公式 7 - 20}$$

R_{jl} 表示属性掌握模式为 α_l 的被试正确作答项目 j 的被试人数的期望 $R_{jl}^{(0)}$、$R_{jl}^{(1)}$ 和 $R_{jl}^{(2)}$,其中 $R_{jl}^{(0)}$ 表示未掌握项目 j 的任一个属性并且正确作答的被试人数的期望,$R_{jl}^{(1)}$ 表示掌握项目 j 的所有属性并且正确作答的被试人数的期望,$R_{jl}^{(2)}$ 表示掌握项目 j 的部分属性并且正确作答的被试人数的期望。下面分别给出其计算公式:

$$R_{jl}^{(0)} = \sum_{i=1}^{N} P(\alpha_l \mid X_i) X_{ij} \qquad \text{公式 7 - 21}$$
$$\{\alpha_l : \alpha_l^{\Gamma} q_j = 0\}$$

$$R_{jl}^{(1)} = \sum_{i=1}^{N} P(\alpha_l \mid X_i) X_{ij} \qquad \text{公式 7 - 22}$$
$$\{\alpha_l : \alpha_l^{\Gamma} q_j = q_j^{\Gamma} q_j\}$$

$$R_{jl}^{(2)} = \sum_{i=1}^{N} P(\alpha_l \mid X_i) X_{ij} \qquad \text{公式 7 - 23}$$
$$\{\alpha_l : 0 < \alpha_l^{\Gamma} q_j < q_j^{\Gamma} q_j\}$$

计算 s_j 的公式如公式 7 - 24 所示, s_j 的计算公式与 DINA 模型中的完全一致。

$$\hat{s}_j = \frac{I_{jl}^{(1)} - R_{jl}^{(1)}}{I_{jl}^{(1)}} \qquad 公式\ 7-24$$

计算 g_j 的公式如公式 7 - 25 所示, g_j 的计算公式与 DINA 模型中的不一样。

$$\hat{g}_j = \frac{R_{jl}^{(0)}}{I_{jl}^{(0)}} \qquad 公式\ 7-25$$

计算 o_j 的公式如公式 7 - 26 所示：

$$\hat{o}_j = \frac{R_{jl}^{(2)}}{I_{jl}^{(2)}} \qquad 公式\ 7-26$$

至此,对 HDINA 模型的参数估计已完成。

7.4.3　实验设计

7.4.3.1　HDINA 模型的参数估计精度和分类研究

根据前面介绍的 HDINA 模型的参数估计过程,采用蒙特卡洛模拟的方法来考查模型的参数估计返真性和被试分类的准确性。

(一)模拟 Q 矩阵、项目参数、被试的属性掌握模式

Q 矩阵采用 Q_1、Q_2 和 Q_3,测验分别考查 3、4 和 5 个属性,项目数分别为 15 和 20(其中项目为 15 时的 Q 矩阵采用 Q_1、Q_2 和 Q_3 的前 15 个项目)。失误参数、猜测参数和补偿参数都按均匀分布模拟,其中猜测参数和失误参数的取值范围为 $[0.05, 0.25]$,补偿参数的取值范围为 $(0,1)$。被试的属性掌握模式按均匀分布模拟,分别模拟 500、1000、2000 和 4000 人,这样一共就有 $3 \times 2 \times 4 = 24$ 种情况。每种情况模拟 20 次,取 20 次的平均值作为最终的结果,以降低随机误差。

(二)模拟作答

在模拟出项目参数和被试之后,可以利用 HDINA 模型来模拟出含有补偿参数的作答数据,具体的模拟过程如下:

根据被试的知识状态和项目的属性向量,计算 η_{ij}。

利用 HDINA 模型的项目反应函数,计算被试在该项目上的正确作答概率 P_{ij}。

随机产生一个均匀分布的随机数 $r_1, r_1 \in (0,1)$。如果 $P_{ij} \geq r_1$，则 $X_{ij} = 1$；否则 $X_{ij} = 0$。

(三)评价指标

实验结果采用常用的评价指标进行评价，其中参数估计的评价指标采用平均绝对离差 ABSE,其计算公式为：

$$\text{ABSE} = \frac{\sum_{i=1}^{N} | X_i - \hat{X}_i |}{N} \qquad 公式 7 - 27$$

其中，X_i 为参数真值，$\hat{X}_i$ 为参数估计值。参数的 ABSE 越小,说明参数估计越精确。

被试分类的评价指标采用模式判准率 PCCR 和属性边际判准率 AACCR,其中 PCCR 表示全体被试中知识状态被正确推断的被试人数的比例,或者说对一个被试正确分类的概率;AACCR 描述的是测验对属性的平均判准概率。

(四)研究结果

表 7 - 27、表 7 - 28 分别是参数估计和被试分类的结果;图 7 - 44、图 7 - 45、图 7 - 46 和图 7 - 47 分别是属性个数为 3、4 和 5,在不同被试人数和不同项目数时,HDINA 模型的参数估计精度、模式判准率和边际判准率的结果变化图。

表 7 - 27　HDINA 参数估计结果

| **Q** 矩阵 | 被试人数 | ABSE | | |
		s	g	o
Q_1	500	0. 023 1/0. 026 0	0. 018 2/0. 024 7	0. 020 2/0. 015 3
	1000	0. 016 7/0. 018 2	0. 018 0/0. 019 9	0. 011 7/0. 012 6
	2000	0. 013 7/0. 014 1	0. 013 3/0. 013 8	0. 007 8/0. 006 7
	4000	0. 008 6/0. 011 1	0. 009 5/0. 009 7	0. 006 1/0. 007 1
Q_2	500	0. 028 2/0. 029 0	0. 031 4/0. 034 9	0. 017 9/0. 019 4
	1000	0. 025 7/0. 018 8	0. 026 0/0. 027 8	0. 013 0/0. 016 7
	2000	0. 015 3/0. 017 3	0. 010 8/0. 016 1	0. 007 6/0. 015 4
	4000	0. 013 5/0. 009 5	0. 007 5/0. 011 8	0. 005 4/0. 010 4
Q_3	500	0. 027 9/0. 027 5	0. 032 2/0. 039 8	0. 026 0/0. 020 4
	1000	0. 019 4/0. 021 4	0. 013 2/0. 025 5	0. 018 0/0. 018 5
	2000	0. 012 7/0. 011 4	0. 010 7/0. 020 0	0. 011 6/0. 017 2
	4000	0. 007 6/0. 008 0	0. 009 8/0. 013 7	0. 007 6/0. 008 6

注:ABSE 指标中,"/"前面的数字是项目数为 20 时的结果,后面的数字是项目数为 15 时的结果。

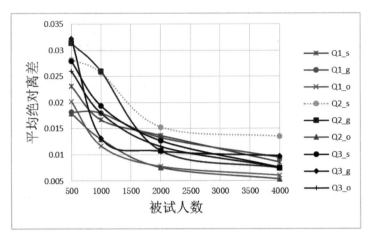

图 7 – 38 HDINA 模型在项目数为 20 时,三种 Q 矩阵下的参数估计精度 ABSE

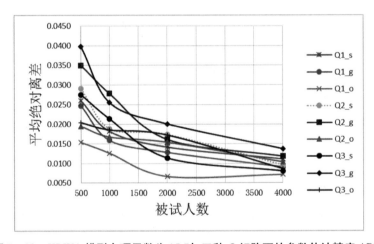

图 7 – 39 HDINA 模型在项目数为 15 时,三种 Q 矩阵下的参数估计精度 ABSE

根据表 7 – 27、图 7 – 38 和图 7 – 39 可以看出,当测验的项目数分别为 15 和 20 时,HDINA 模型都有比较好的参数估计精度。当测验矩阵为 Q_1,15 个项目,被试人数为 500 时,项目参数 s、g、o 的 ABSE 指标分别为 0.026 0、0.024 7 和 0.015 3;当被试人数增加到 1000 时,s、g、o 的 ABSE 指标会有所下降,分别为 0.018 2、0.019 9 和 0.012 6;当人数继续增加时,s、g、o 的 ABSE 指标会继续下降,表明随着被试人数的增加,项目参数的估计精度会越来越好。这一结论在测验矩阵为 Q_2 和 Q_3 时也同样适用。

表 7 - 28　HDINA 模型对被试分类的 PCCR 和 AACCR

Q 矩阵	被试人数	分类判准率	
		PCCR	AACCR
Q_1	500	0.952/0.870	0.984/0.953
	1000	0.953/0.855	0.983/0.948
	2000	0.952/0.853	0.982/0.947
	4000	0.951/0.859	0.982/0.950
Q_2	500	0.862/0.712	0.960/0.919
	1000	0.871/0.725	0.961/0.917
	2000	0.863/0.731	0.960/0.921
	4000	0.867/0.721	0.962/0.918
Q_3	500	0.806/0.586	0.954/0.891
	1000	0.792/0.592	0.950/0.898
	2000	0.787/0.597	0.951/0.900
	4000	0.794/0.615	0.952/0.906

　　注:PCCR 和 AACCR 指标中,"/"前面的数字是项目数为 20 时的结果,后面的数字是项目数为 15 时的结果。

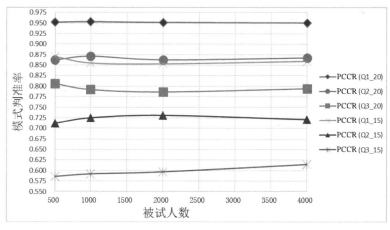

图 7 - 40　HDINA 模型在项目数分别为 15 和 20 时,三种 **Q** 矩阵下的 PCCR 表现

　　注:图中"PCCR(Q1_20)"表示该条曲线是基于 Q_1,项目数为 20 时的结果。

　　根据表 7 - 28、图 7 - 40 和图 7 - 41 可以看出,HDINA 模型有比较好的分类准确率,当测验矩阵分别为 Q_1、Q_2、Q_3,20 个项目,在不同被试人数下,HDINA

模型的 PCCR 和 AACCR 指标比较稳定（从图形看就是每条线的起伏都比较小，有的甚至接近水平直线）。各测验 Q 矩阵在四种被试人数下的平均 PCCR 指标呈下降趋势，表明测验属性的个数增加会导致 PCCR 和 AACCR 指标的下降。

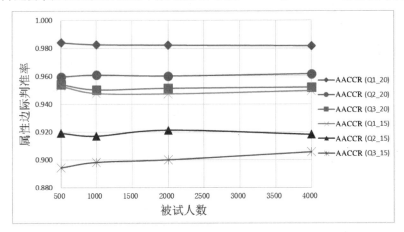

图 7－41　HDINA 模型在项目数分别为 15 和 20 时，三种 Q 矩阵下的 AACCR 表现

在相同的被试人数、相同的测验属性个数下，项目数由 15 增加到 20 时，参数估计精度和被试分类准确率会有不同程度的提高。这说明，随着项目数的增加，参数估计和被试分类会更准确。

7.4.3.2　DINA、DINO 和 HDINA 模型交叉分类比较

为了考查 HDINA 模型的适应性，分别按 DINO、DINA 和 HDINA 模型模拟作答数据，然后分别使用 DINA、DINO 和 HDINA 模型来进行交叉分类，比较三种模型的表现。考虑的因素主要有：模拟数据时采用的模型（DINA、DINO 和 HDINA）、被试人数（500、1000、2000 和 4000）、测验属性个数（3、4 和 5）和分析数据时采用的模型（DINA、DINO 和 HDINA），因此，一共有 $3 \times 4 \times 3 \times 3 = 108$ 种情况。

下面是数据模拟部分和评价指标。

（1）Q 矩阵设计

三种不同 Q 矩阵，属性个数分别为 3、4 和 5，其中的项目个数分别为 20，具体内容如图 7－1 所示。

（2）项目模拟

HDINA 模型有三个参数，分别是失误参数 s、猜测参数 g 和补偿参数 o，其中 s 和 g 按均匀分布，取值范围为 $[0.05, 0.25]$；而对于 o，也按均匀分布，取值

范围为 $(0,1)$。对于 DINA 和 DINO 模型不涉及补偿参数,按相同的方法模拟 s 和 g 参数。

(3)被试模拟

被试的属性掌握模式按照均匀分布模拟,分别模拟被试人数为 500、1000、2000 和 4000 共四种情况。

(4)作答模拟

根据前面模拟的项目参数、被试的属性掌握模式和 $\mathbf{Q}$ 矩阵,以三种模型的项目反应函数来分别模拟不同模型下的作答数据。基于 3 种模型、3 个测验 $\mathbf{Q}$ 矩阵、4 种被试人数,因此,模拟的作答数据集一共有 $3 \times 3 \times 4 = 36$ 种,每个数据集重复 20 次,对每个数据集分别使用 DINA、DINO 和 HDINA 模型进行分类,结果取平均值以消除随机误差,则可以得到 $36 \times 3 = 108$ 对评价指标(PCCR 和 AACCR)。所有的模拟程序均采用 MATLAB 软件编写。

(5)评价指标

分类准确率评价指标仍然采用 PCCR 和 AACCR。

7.4.3.3 三种模型与数据的交叉拟合比较

为了比较三种模型与不同类型数据(项目的属性间是非补偿、部分补偿和完全补偿)的拟合优度,采用 Huo 和 de la Torre(2014)类似的方法,即模型与数据的交叉分析。先简单说明这一过程:假设有备选模型 A 和 B,为了考查 A 和 B 的适应性,先基于模型 A 来模拟数据,然后分别对数据用模型 A 和模型 B 来进行分析。因为数据是基于模型 A 模拟的,所以数据与模型 A 的拟合情况应该是非常好的。我们说模型 B 比模型 A 适应性更好是指模拟出现如下情况:基于模型 A 的数据,模型 B 对数据的拟合情况很好;基于模型 B 的数据,模型 A 的拟合情况不好。

考虑分别基于不同模型(DINA、DINO 和 HDINA)来模拟数据,然后分别使用这三种模型来对数据进行分析,并计算拟合指标。

这里模型与数据的拟合采用相对拟合指标 $-2LL$、AIC 和 BIC 指标,相对拟合评价指标用来评价多个"竞争"模型对于数据的拟合性(Chen,de la Torre,Zhang,2013),$-2LL$、AIC 和 BIC 是极大似然的函数,其计算公式如下:

$$\mathrm{ML} = \prod_{i=1}^{N} \sum_{l=1}^{L} L(X_i \mid \hat{\beta}, \alpha_l) p(\alpha_l) \qquad \text{公式 7 - 28}$$

其中，N 是被试人数，L 是属性模式个数，X_i 是被试 i 的作答向量，α_l 是第 l 种属性模式，l 是项目参数估计值，$L(X_i|\hat{\beta},\alpha_l)$ 是被试 i 的作答似然函数，$p(\alpha_l)$ 是 α_l 的先验概率。在此基础上，这三个指标的计算方法如下：

$$-2LL = -2\ln(\text{ML}) \qquad\qquad 公式7-29$$

$$\text{AIC} = -2LL + 2P \qquad\qquad 公式7-30$$

$$\text{BIC} = -2LL + P\ln(N) \qquad\qquad 公式7-31$$

其中 P 是模型的参数个数，对于 DINA 和 DINO 模型，P 都等于 $(2J + 2^K - 1)$；而对于 HDINA 模型，P 等于 $(3J + 2^K - 1)$。对于这三个统计量，取值越小，表示模型与数据的拟合性越好。

（一）数据模拟及评价指标

这里数据的模拟方式与前文相同，为节省篇幅，只考虑被试为 500 人、测验矩阵采用 Q_1 时的情况。数据是基于 3 种模型来模拟的，分别使用 3 种模型来分析数据，计算 3 种拟合指标，一共有 $3 \times 3 \times 3 = 27$ 个拟合指标值。

（二）研究结果

表7-29、表7-30 和表7-31 分别列出了基于 DINA、DINO 和 HDINA 模型的模拟数据，分别使用三种模型的分类结果，图7-42、图7-43 和图7-44 分别描绘了三种模型在不同 Q 矩阵下的表现。

表7-29　基于 DINA 模型的模拟数据，采用三种模型的分类结果

Q 矩阵	被试人数	DINA PCCR	DINO PCCR	HDINA PCCR	DINA AACCR	DINO AACCR	HDINA AACCR
Q_1	500	**0.930**	0.230	0.932	**0.973**	0.702	0.974
	1000	**0.910**	0.261	0.908	**0.968**	0.712	0.967
	2000	**0.911**	0.266	0.912	**0.967**	0.717	0.967
	4000	**0.919**	0.258	0.919	**0.969**	0.708	0.969
Q_2	500	**0.798**	0.344	0.800	**0.943**	0.797	0.940
	1000	**0.799**	0.300	0.794	**0.936**	0.787	0.935
	2000	**0.796**	0.382	0.795	**0.941**	0.814	0.941
	4000	**0.800**	0.321	0.797	**0.940**	0.790	0.939
Q_3	500	**0.812**	0.290	0.810	**0.956**	0.817	0.955
	1000	**0.770**	0.241	0.776	**0.944**	0.804	0.944
	2000	**0.771**	0.313	0.767	**0.944**	0.825	0.944
	4000	**0.783**	0.284	0.785	**0.947**	0.813	0.947

注：黑体数据列对应的模型为模拟数据采用的模型。

综合表 7 - 29、图 7 - 42、图 7 - 43 和图 7 - 44 的结果可以看出,当基于 DI-NA 模型来模拟数据时,DINO 模型的表现最差,在三种测验矩阵下,平均 PCCR 指标只有 30% 左右。而 HDINA 和 DINA 模型的表现几乎相同,这一点从图 7 - 42、图 7 - 43 和图 7 - 44 中可以更明显地看出来,因为它们对应的曲线近乎完全重合。这表明 HDINA 模型可以很好地处理项目的属性是"连接"的情况。

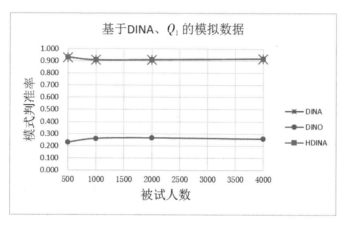

图 7 - 42　基于 DINA 模型、Q_1 的模拟数据,三种模型的分类表现

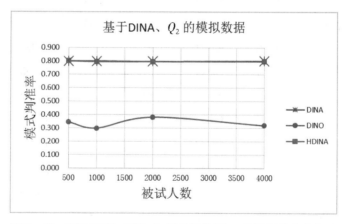

图 7 - 43　基于 DINA 模型、Q_2 的模拟数据,三种模型的分类表现

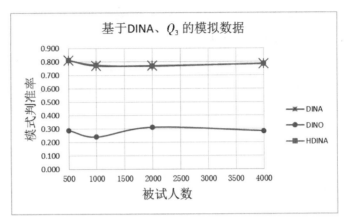

图 7 - 44　基于 DINA 模型、Q_3 的模拟数据,三种模型的分类表现

表 7 - 30　基于 DINO 模型的模拟数据,三种模型的分类结果

Q 矩阵	被试人数	DINA PCCR	DINO PCCR	HDINA PCCR	DINA AACCR	DINO AACCR	HDINA AACCR
Q_1	500	0.258	**0.924**	0.922	0.719	**0.971**	0.969
	1000	0.379	**0.934**	0.934	0.786	**0.973**	0.973
	2000	0.428	**0.946**	0.946	0.804	**0.980**	0.980
	4000	0.387	**0.932**	0.932	0.789	**0.974**	0.975
Q_2	500	0.530	**0.844**	0.846	0.859	**0.953**	0.953
	1000	0.344	**0.836**	0.839	0.809	**0.952**	0.954
	2000	0.480	**0.843**	0.842	0.847	**0.954**	0.954
	4000	0.428	**0.838**	0.836	0.830	**0.951**	0.951
Q_3	500	0.380	**0.762**	0.744	0.848	**0.946**	0.942
	1000	0.409	**0.798**	0.794	0.850	**0.954**	0.953
	2000	0.386	**0.805**	0.806	0.847	**0.953**	0.953
	4000	0.436	**0.796**	0.796	0.856	**0.953**	0.953

注:黑体数据列对应的模型为模拟数据采用的模型。

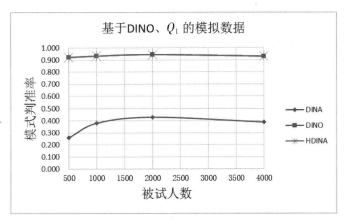

图 7 − 45　基于 DINO 模型、Q_1 的模拟数据，三种模型的分类表现

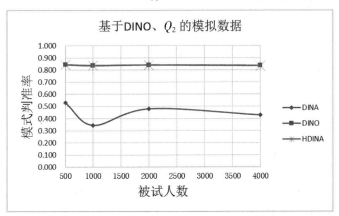

图 7 − 46　基于 DINO 模型、Q_2 的模拟数据，三种模型的分类表现

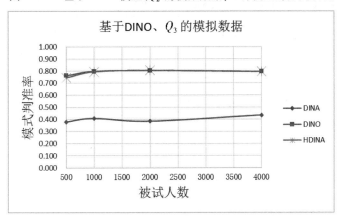

图 7 − 47　基于 DINO 模型、Q_3 的模拟数据，三种模型的分类表现

综合表 7-31、图 7-45、图 7-46 和图 7-47 的结果可以看出,当基于 DI-NO 模型来模拟数据时,DINA 模型的表现最差,在三种测验矩阵下,平均 PCCR 指标不到 50%。而 HDINA 和 DINO 模型的表现几乎相同,这一点也可以从图 7-45、图 7-46 和图 7-47 中看出,因为它们对应的曲线近乎完全重合。这表明 HDINA 模型可以很好地处理项目的属性是"完全补偿"的情况。

表 7-31　基于 HDINA 模型的模拟数据,三种模型的分类结果

Q 矩阵	被试人数	DINA PCCR	DINO PCCR	HDINA PCCR	DINA AACCR	DINO AACCR	HDINA AACCR
Q_1	500	0.902	0.834	**0.940**	0.963	0.902	**0.977**
	1000	0.878	0.839	**0.937**	0.957	0.878	**0.976**
	2000	0.877	0.822	**0.936**	0.955	0.877	**0.974**
	4000	0.875	0.810	**0.934**	0.955	0.875	**0.976**
Q_2	500	0.632	0.560	**0.756**	0.889	0.632	**0.923**
	1000	0.667	0.563	**0.764**	0.897	0.667	**0.926**
	2000	0.681	0.613	**0.792**	0.907	0.681	**0.937**
	4000	0.688	0.623	**0.796**	0.907	0.688	**0.937**
Q_3	500	0.596	0.510	**0.714**	0.900	0.596	**0.932**
	1000	0.548	0.528	**0.708**	0.891	0.548	**0.931**
	2000	0.550	0.529	**0.704**	0.893	0.550	**0.931**
	4000	0.520	0.550	**0.717**	0.887	0.520	**0.934**

注:黑体数据列对应的模型为模拟数据采用的模型

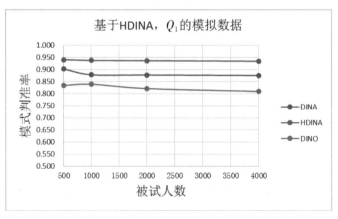

图 7-48　基于 HDINA 模型、Q_1 的模拟数据,三种模型的分类表现

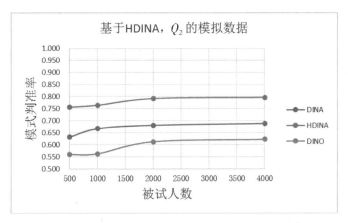

图 7 - 49　基于 HDINA 模型、Q_2 的模拟数据，三种模型的分类表现

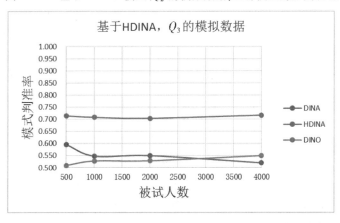

图 7 - 50　基于 HDINA 模型、Q_3 的模拟数据，三种模型的分类表现

综合表 7 - 31、图 7 - 48、图 7 - 49 和图 7 - 50 的结果可以看出，当基于 HDINA 模型来模拟数据时，HDINA 模型的表现最好，DINA 模型次之，DINO 模型最差，这一点从三幅图中可以很容易地看出来。在 Q_1 下，HDINA 模型的平均 PCCR 指标高出 DINA 模型 5.4 个百分点，高出 DINO 模型 11.1 个百分点；在 Q_2 下，HDINA 模型的平均 PCCR 指标高出 DINA 模型 11.0 个百分点，高出 DINO 模型 18.7 个百分点；在 Q_3 下，HDINA 模型的平均 PCCR 指标高出 DINA 模型 15.6 个百分点，高出 DINO 模型 18.2 个百分点。这表明 HDINA 模型可以更好地处理项目的属性是"部分补偿"的情况，并且当属性个数越多，HDINA 模型的优势越大。

表 7 – 32 Q_1 下,被试为 500 人,模型和数据交叉分析对应的拟合统计量

拟合统计量	–2LL			AIC			BIC		
分析数据的模型	DINA	DINO	HDINA	DINA	DINO	HDINA	DINA	DINO	HDINA
模拟数据所用的模型	**10 556.85**	11 714.04	10 550.34	**10 650.85**	11 808.04	10 684.34	**10 848.941**	12 006.13	10 966.72
	11 835.95	**10 695.36**	10 687.22	11 929.95	**10 789.36**	10 821.22	12 128.04	**10 987.45**	11 103.60
	11 904.93	11 928.82	**11 392.16**	11 998.93	12 022.82	**11 526.16**	12 197.02	12 220.90	**11 808.54**

注:(1)表中黑体显示的数据表示分析数据和模拟数据所使用的模型一致,在这种情况计算出来的拟合统计量可以作为基准。例如:数据 10 556.85 表示模拟数据时采用 DINA 模型,分析时也采用 DINA 模型,在此基础上计算的拟合统计量。

(2)对于计算拟合统计量时的模型参数,HDINA、DINA 和 DINO 模型下的参数个数分别为 67、47 和 47。

从表 7 – 32 的结果来看,无论数据是基于 DINA 还 DINO 模型来模拟的,采用 HDINA 模型来分析,得到的拟合统计量 –2LL 比数据对应的实际模型(模拟数据采用的模型)还要好。比如采用 DINA 模型模拟数据,–2LL 统计量为 10 556.85,当采用 DINO 模型分析时,–2LL 统计量的值为 11 714.04 > 10 556.85;采用 HDI-NA 模型分析时,–2LL 统计量的值为 10 550.34 < 10 556.85。当考虑了模型的参数个数之后,HDINA 模型的 AIC 和 BIC 指标与数据的实际模型的对应指标非常接近,这表明 HDINA 模型可以非常好地拟合 DINA 和 DINO 模型的数据。而当采用 HDINA 模型来模拟数据时,DINA 和 DINO 模型的拟合指标都要远大于 HDINA 的指标,表明 DINO 和 DINA 对包含部分补偿作用的数据拟合性较差。

7.4.3.4   采用 HDINA 模型分析"分数减法"数据

"分数减法(fraction subtraction)"认知诊断测验数据是 Tatsuoka 在 1990 年收集的,它包含 20 个项目、8 个属性(Tatsuoka,1990)、536 个被试(这里为了比较,按 de la Torre 和 Douglas 在 2004 年使用的相同方式,将数据集重复 4 次,得到一个 2144 的被试总体)。这批数据一直受到广大研究者的关注,研究者对这批数据进行了多次分析(de la Torre,2008,2009,2011;de la Torre,Douglas,2004;DeCarlo,2011)。

de la Torre 采用 DINA、HO-DINA 和 GDINA 模型对"分数减法"数据进行了分析(de la Torre,2009,2011;de la Torre,Douglas,2004),并且 de la Torre 在 2008

年采用基于经验的方法对"分数减法"数据对应的 **Q** 矩阵进行了检验(de la Torre,2008),DeCarlo 在 2011 年采用基于贝叶斯的方法对分类减法数据的项目属性向量进行了检验,他们都发现该数据中的项目属性向量的定义可能有问题(de la Torre,2008;DeCarlo,2011)。

表 7-33　用 DINA 和 HDINA 模型对"分数减法"数据的参数估计结果

题号	g		se_g		s		se_s		o	se_o
	HDINA	DINA	HDINA	DINA	HDINA	DINA	HDINA	DINA	HDINA	
1	0.00	0.03	0.05	0.01	0.09	0.09	0.00	0.01	0.06	0.01
2	0.02	0.02	0.01	0.01	0.04	0.04	0.00	0.01	0.05	0.01
3	0.00	0.00	0.05	0.01	0.12	0.13	0.00	0.01	0.00	0.01
4	0.14	0.22	0.02	0.01	0.11	0.11	0.01	0.01	**0.20**	0.01
5	0.17	0.30	0.02	0.01	0.13	0.17	0.01	0.01	**0.34**	0.01
6	0.10	0.08	0.00	0.02	0.04	0.04	0.00	0.01	0.00	0.00
7	0.00	0.02	0.05	0.01	0.16	0.20	0.00	0.01	**0.07**	0.01
8	0.45	0.44	0.00	0.03	0.17	0.18	0.00	0.01	0.00	0.01
9	0.30	0.26	0.01	0.01	0.23	0.25	0.01	0.01	0.00	0.01
10	0.01	0.03	0.01	0.01	0.16	0.21	0.00	0.01	**0.09**	0.01
11	0.05	0.07	0.01	0.01	0.08	0.08	0.00	0.01	**0.07**	0.01
12	0.02	0.13	0.01	0.02	0.04	0.04	0.03	0.01	**0.61**	0.01
13	0.00	0.01	0.05	0.01	0.33	0.33	0.00	0.02	0.02	0.02
14	0.02	0.06	0.01	0.01	0.04	0.06	0.03	0.01	**0.40**	0.01
15	0.02	0.03	0.01	0.01	0.09	0.11	0.00	0.01	**0.10**	0.01
16	0.02	0.11	0.01	0.02	0.09	0.11	0.03	0.01	**0.46**	0.01
17	0.00	0.04	0.04	0.01	0.13	0.14	0.00	0.01	0.06	0.01
18	0.00	0.12	0.05	0.01	0.13	0.14	0.01	0.01	**0.18**	0.01
19	0.00	0.02	0.05	0.01	0.21	0.24	0.00	0.02	0.04	0.02
20	0.00	0.01	0.05	0.01	0.15	0.16	0.00	0.01	0.02	0.01
平均值	*0.07*	*0.10*	*0.03*	*0.01*	*0.13*	*0.14*	*0.01*	*0.01*	*0.14*	*0.01*

注:其中,g、s 和 o 对应的列分别是项目的猜测参数、失误参数和补偿参数。se_g、se_s 和 se_o 对应的列是各项目参数的标准误。黑体部分表示该补偿参数处于存在补偿作用的范围内,灰色背景部分对应项目的补偿参数处于不存在补偿作用的范围内,最后一行是各参数的平均值。

从估计的结果来看,采用 HDINA 和 DINA 模型的参数估计结果,各项目的

失误参数 s 都比较接近,差异较大的是部分项目的猜测参数 g。当采用 HDINA 模型来分析时,如果某项目的补偿参数很小,此时该项目的参数(s 和 g)都与 DINA 模型接近,见表 7 - 33 中灰色背景显示对应的项目;当项目的补偿参数较大时,该项目的猜测参数与 DINA 模型差异较大,如表 7 - 33 中白色背景显示对应的项目。根据前面所介绍的判断补偿作用的方法,当 $\hat{o}_j \in (\bar{g}, 1-\bar{s})$,则认为项目 j 的属性之间存在部分补偿;当 $\hat{o}_j \leqslant \bar{g}$,则认为项目 j 的属性之间不存在补偿;当 $\hat{o}_j \in (1-\bar{s}, 1)$,则认为项目 j 的属性之间存在完全补偿。按照这个原则,项目 1、2、3、6、8、9、13、17、19、20 的属性之间不存在补偿,项目 4、5、7、10、11、12、14、15、16、18 的属性之间存在部分补偿。

参考 de la Torre(2008)和 DeCarlo(2011)的研究,"分数减法"数据的 Q 矩阵定义可能有问题。关于 Q 矩阵的定义是否正确不是本书的重点,这里重点讨论 HDINA 模型对"分数减法"数据分析的结果。以 Tatsuoka(1990)定义的 Q 矩阵为基础,根据 HDINA 模型的分析结果,存在补偿的这些项目的属性向量如下表 7 - 34 所示。

从结果来看,项目 12 的补偿参数最大,达到 0.61,它考查了属性 7 和属性 8。根据 Tatsuoka(1990)的定义,A7 是分子相减,A8 是将答案化简。进一步,我们检查其他考查了属性 7 和属性 8 的项目,分别是项目 5 和项目 10,它们的补偿参数分别是 0.34、0.09,也都是在补偿作用存在的范围内。

表 7 - 34　存在补偿作用的项目及其属性向量

Item	A1	A2	A3	A4	A5	A6	A7	A8
I4	0	1	1	0	1	0	1	0
I5	0	1	0	1	0	0	1	1
I7	1	1	0	0	0	0	1	0
I10	0	1	0	0	1	0	1	1
I11	0	1	0	0	1	0	1	0
I12	0	0	0	0	0	0	1	1
I14	0	1	0	0	0	0	1	0
I15	1	0	0	0	0	0	1	0
I16	0	1	0	0	0	0	1	0
I18	0	1	0	0	1	1	1	0

其次是项目 16 的补偿参数,为 0.46。根据 Tatsuoka(1990)的定义,它考查了属性 2 和属性 7,属性 2 是从分数中借位。除项目 16 外,其他考查了属性 2 和属性 7 的还有项目 4、5、7、10、11、13、14、17、18、19、20 共 11 个,这些项目的补偿参数分别为 0.20、0.34、0.07、0.09、0.07、0.02、0.40、0.06、0.18、0.04、0.02,这 11 个项目的补偿参数有 7 个大于或等于临界值(0.07),有 1 个(0.06)接近临界值,有 3 个与临界值相差较多。下面来分析考查了属性 2 和属性 7,但是补偿参数较小的 3 个项目,分别是项目 13、19 和 20,发现这三个项目的失误参数相对较大,分别为 0.33、0.21 和 0.15。在这批数据中,失误参数的平均值是 0.13,因此它们已经算是较高的失误率了。较高的失误率,会导致低估补偿作用。

补偿参数排在第 3 位的是项目 14,它考查了属性 2 和属性 7;排在第 4 位的是项目 5,它考查了属性 2、4、7 和 8;排在第 5 位的是项目 4,它考查了属性 2、3、7 和 8。从这些结果来看,存在补偿作用的项目所考查的属性还是比较一致的。

根据以上分析,基于 Tatsuoka(1990)的数据和 Q 矩阵,在假定 Q 矩阵是正确的情况下,包含补偿作用较大的项目的属性向量的交集分别是属性 2 和 7,属性 7 和 8,属性 2、7 和 8。这说明它们之间可能存在部分的补偿作用(这里所说的补偿一方面有可能是由于属性之间的补偿产生的,另一方面可能是由于被试借助其他测验未界定的能力产生的,这需要进一步对被试和项目进行分析和研究)。

7.4.4　研究结论

本研究在 DINA 和 DINO 模型的基础上,研究了包含补偿参数的 HDINA 模型,详细地介绍了模型的定义和参数的估计过程。本研究发现,通过引入项目的补偿参数 o,当项目的属性之间存在补偿作用时,HDINA 模型可以将掌握某项目的部分属性而正确作答的被试和未掌握该项目的任何属性而正确作答的被试区别开来,而 DINA 和 DINO 模型均不能区分出这两类被试。

通过模拟实验结果表明,HDINA 模型可以很好地处理项目的属性间存在补偿作用的情况,有较好的参数估计精度和被试分类准确率,并且 HDINA 模型与数据的拟合性也更好;HDINA 模型在处理"连接"关系的项目属性的测验数据时不差于 DINA 模型;而它在处理"完全补偿"关系的项目属性的测验数据时不差于 DINO 模型;并且 HDINA 模型还可以处理"部分补偿"关系的项目属性的测验数据,在这种情况下,HDINA 要优于 DINA 和 DINO 模型。因此,HDINA 模型具有更好的通用性,选择 HDINA 作为诊断模型时更具有优势。

对"分数减法"数据的分析结果表明,相对于 DINA 模型,HDINA 模型对数据的拟合性更好。从参数估计结果来看,在项目的补偿参数较小时,其猜测和失误参数与 DINA 模型接近;对于补偿参数较大的项目,存在补偿作用的项目有可能是由于其考查了可以产生补偿的属性,也可能是被试借助了测验未考查到的技能所导致的,这需要对测验项目的实质内容及被试的特点进行进一步的分析和研究。

这个结果给我们提供的信息是:对于补偿参数较高的那些项目,被试掌握其部分属性之后,会较大提高其正确作答概率,明显高于那些完全未掌握的被试;对于补偿参数较低的那些项目,仅掌握其部分属性的被试与完全未掌握的被试相近。产生这个概率变化的原因可能有二:一是属性之间确实存在补偿作用所导致的;二是测验的 Q 矩阵的界定所导致的,比如属性的个数、属性的命名等;三是被试在测验过程中的多策略导致的。关于补偿参数较高的项目的实质分析,需要进一步研究。

即使项目考查了可以产生补偿作用的属性,当项目的失误参数较大时,也可能会低估补偿参数。

HDINA 模型相对于其他的 CDM 有两点优势:一是模型相对简单,易于解释,仍然保留了 DINA 模型的特点;二是不需要事先了解项目的属性之间的关系,可以通过模型参数的大小作出判断,即降低由于模型误用而导致的风险,通过模拟实验,表明它可以很好地处理完全补偿、部分补偿和非补偿的情况。

7.4.5 讨论

HDINA 模型假定项目考查的不同属性之间可能会存在补偿作用,将补偿参数定义在项目上,这样的好处是不需要事先知道哪些项目的哪些属性之间存在补偿,因为事先确定属性之间的补偿作用是一件非常困难的工作。另一方面,使用 HDINA 模型时,无须考虑项目的属性之间是否存在"完全补偿"关系、"连接关系"或"部分补偿"关系,因为 HDINA 模型通过补偿参数(这些关系可以通过补偿参数的大小表现出来)能够很好地处理这些关系。再一方面,由于属性之间的关系的界定非常困难,目前还没有公认的很好的方法来实现;HDINA 模型只为每个项目增加了一个参数,因此,HDINA 模型仍然保留了 DINA 模型简单和易于解释的特点。这样一来,相对于 DINA 和 DINO 模型,在实际应用中选用 HDINA 模型不失为一个明智之举。

当然,通过 HDINA 模型的补偿参数只能作为补偿作用判断的一个参考,但至少它为补偿作用的判断指明了一个方向(通过补偿参数判断哪些项目可能受补偿作用的影响,哪些属性之间可能存在补偿)。在实际的测验中,补偿作用还需要结合属性的实际意义来判断,这个工作还需要相关领域的专家来完成。HDINA 模型对于包含多策略(de la Torre,Douglas,2008)的测验数据、对于属性之间存在层级关系(Leighton 等,2004)的情况表现如何,都值得进一步研究。

7.5　基于 S 统计量的 Q 矩阵、项目参数和被试属性掌握模式估计

认知诊断评价中 Q 矩阵的合适性和正确性对 CDA 中的模型参数估计和被试分类准确性影响很大。项目属性向量的定义(界定)是所有认知诊断评价中不可缺少的重要步骤,属性向量的定义一般是由内容专家和心理测量学家基于诊断测验双向细目表或诊断目的,通过讨论共同完成的。但是,在实际的操作过程中,经常会出现不同专家之间的意见不一致的情况,特别是当项目的数量较大时,专家们需要花费大量的时间和精力进行讨论并完成项目属性向量的定义。专家们在讨论过程中也经常存在分歧,因此得到的项目属性向量可能会存在错误或存在不确定的因素。

本书对基于 S 统计量的 Q 矩阵算法进行改进,提出了 Q 矩阵、项目参数和被试的属性掌握模式的联合估计算法、在线估计算法。

7.5.1　联合估计

当专家界定的 Q 矩阵中存在较少的错误,即手头已有一个质量较好的初始 Q 矩阵时,可以基于作答数据,采用联合估计算法对这个 Q 矩阵进行修正。模拟实验结果表明,当测验属性个数为 3、4 和 5 时,初始 Q 矩阵中包含较少的错误(20 个项目中存在 3、4、5 或 6 个项目的属性向量错误)。在被试人数为 500、1000、2000 和 4000 时,联合估计算法有很大的可能恢复正确的 Q 矩阵。

本研究考查了被试属性掌握模式分布已知或未知时联合估计算法的表现

两种情况。从结果来看,已知被试属性掌握模式分布时,联合估计算法的表现要略好一些。从实际应用来看,通常被试的属性掌握模式分布未知,而此时联合估计算法也有很好的表现,因此,联合估计算法有较好的实际应用空间。

7.5.2 在线估计

当对预先界定的 Q 矩阵存在较多的疑问,或只有少数的项目被界定,存在更多的新项目需要定义,在这种情况下,联合估计算法就不适用了。在线估计算法可以基于当前已界定的项目,对每个新加入的项目进行在线标定,可以实现新项目的属性向量和项目参数的同时估计。

联合估计算法和在线估计算法分别适用于不同的场合。当预先界定的 Q 矩阵质量较好,只存在少量的错误,需要对这个 Q 矩阵进行进一步的修正时,可以采用联合估计算法;当只有少部分项目的属性定义有把握,此时采用在线估计算法对其余的项目逐个估计会更有优势。

7.5.3 属性个数存在错误时的 Q 矩阵估计

当测验的属性框架定义出现了错误,在这种情况下,Q 矩阵中所有项目的属性向量都是错误的。这里考查了专家界定的 Q 矩阵中缺少一个必需的属性或多余一个额外的属性时,基于 S 统计量的联合估计算法的表现。从实验结果来看,初始 Q 矩阵中仅仅缺少一个必需的属性或多余一个额外的属性,其他属性的定义都正确的情况下,综合算法的输出结果(包括输出的 Q 矩阵估计值、项目参数和 S 统计量的值)可以提供很好的参考信息来对 Q 矩阵的正确性作出判断。因此,本研究有较好的参考价值。

7.5.4 存在的局限性

无论是联合估计算法还是在线估计算法,都是基于一定的假设之上的,具体如下:

(1)联合估计和在线估计算法都是在测验属性定义正确的前提下完成的,即整个测验的属性定义是完备的且正确的。这一点非常关键,因为如果整个测验的属性框架定义错误,通过联合估计和在线估计算法就无法得到正确的 Q 矩阵。(2)联合估计算法需要初始 Q 矩阵中包含较少的错误,它可以对初始 Q 矩阵进行修正,在线估计算法需要作为"基础"的项目定义正确。(3)算法涉及的计算量较大,特别是当属性个数较多时,因为每个项目可能的属性向量个数为 $2^K - 1$,即使属性个数达到 10 个,项目个数为 30,完整的 **T** 矩阵的大小为 $(2^{30} - 1) \times 2^{10}$,这是一个"巨大"的矩阵,并且在算法每次迭代时需要计算 S 统计量和调用 EM 算法的次数达到 $30 \times (2^{10} - 1)$,所以基于 S 统计量的估计算法比较费时。(4)对于属性个数存在错误时的估计,由于模拟实验条件限制较严格,这里仅仅考虑缺少一个或多余一个属性,没有考虑缺少多个或多余多个属性的情况,也没有考虑缺少和多余属性同时存在的情况。因此,需要进行进一步的研究,考查更复杂的情形下 **Q** 矩阵的估计,以及确定属性个数的方法。

7.6　基于 D^2 统计量的 **Q** 矩阵、项目参数和被试属性掌握模式估计

受项目反应理论中模型数据拟合统计量 G^2 的启发,认知诊断框架下的统计量 D^2 被重新定义。将 D^2 统计量应用到认知诊断中项目属性向量和数据的拟合检验上,项目属性向量与数据拟合越好,则对应的 D^2 统计量越小。与 S 统计量类似,D^2 统计量也可以实现 **Q** 矩阵、项目参数和被试属性掌握模式的联合估计和在线估计。相对于 S 统计量,使用 D^2 统计量最大的好处是涉及的计算量更少,相同条件下花费的时间更少,并且有更高的估计成功率;使用 D^2 统计量的另一个好处是不需要事先确定被试属性掌握模式的总体分布。

7.6.1　联合估计

当需要对预先界定的 **Q** 矩阵进行修正,即当前的 **Q** 矩阵仅仅包含较小的错误时,可以采用基于 D^2 统计量的 **Q** 矩阵、项目参数和被试属性掌握模式的联合估计。不同于 S 统计量,D^2 统计量不需要事先确定被试属性掌握模式的总体分布。模拟实验结果表明,基于本书中模拟的 **Q** 矩阵,其中包含 3、4、5 或 6 个错误标定的项目,联合估计算法有比 S 统计量更高的恢复成功率,并且 D^2 统计量需要的被试人数更少。

7.6.2　在线估计

若当前只有小部分项目的属性向量被界定,或者已有一个题库,需要将一

部分新编制的项目标定入库,此时可以采用对新项目"增量式"加入基础题的方法,对每个新项目进行在线标定,完成对新项目的属性向量、项目参数和属性掌握模式的在线估计。模拟实验结果表明,当基础题个数为 8、9、10、11 或 12 个,在被试人数为 400、600、800 或 1000 时,基于 D^2 统计量的在线估计算法有较高的估计成功率。D^2 统计量和 S 统计量都不基于特定模型,可以很容易地扩展到其他的认知诊断模型。

7.6.3 存在的局限性

不像 S 统计量会随着被试人数的增加提高估计的成功率,D^2 统计量存在的一个特点是当被试人数在 1000 左右时,就有很好的估计成功率;当被试人数达到 2000 或更多时,估计成功率并没有显著的提高,甚至会出现下降的可能。因此,使用基于 D^2 统计量进行 Q 矩阵估计最佳的样本量是 1000。

7.7 属性粒度对认知诊断分类的影响

本研究考查了当属性之间存在不同大小的相关条件时,属性粒度对于被试属性掌握模式分类准确性的影响。

7.7.1 属性粒度与认知诊断分类

在实际的应用中,经常会出现不同专家或研究者在界定属性时存在粒度不一致的情况,而这会给被试属性掌握模式分类带来什么样的影响是本研究所关注的问题。模拟实验结果表明,当属性之间存在相关越大,粒度对于被试分类带来的影响越小;当属性之间存在较小的相关,合并其中的部分属性成更粗粒度的属性会给被试属性掌握模式分类带来负面影响,也会对其他属性的判准率造成负面影响。属性粒度对于被试分类的影响,一方面受到项目个数的影响,另一方面受到欲合并属性之间的关系的影响,还受到其他未合并属性之间关系的影响。因此,在实际的应用中,需要综合考虑诊断测验的效率和精度来综合考虑属性的个数和属性的粒度。

7.7.2 存在的局限性

本研究存在的局限性包括:由于实际测验的情况要比模拟的情况更复杂,

因此,本研究的模拟场景不一定能代表实际的情况,研究中只考虑了所有属性间有相近的相关、欲合并的属性间有较大且相近的相关、其他属性间有较小且相近的相关,实际的测验属性间的关系可能会更复杂。

7.8　属性间的补偿关系及诊断模型研究

在实际的诊断测验中,属性间的补偿关系是很难界定的,通常无法事先界定属性之间是否存在补偿关系。更重要的是,补偿关系是存在大小的。本研究通过将补偿参数引入模型中,可以不用事先去确定属性之间的关系,通过对数据分析得到的补偿参数的大小来确定补偿关系及其大小,这使得 HDINA 模型有可能在实际应用中使用。

7.8.1　HDINA 模型

在 HDINA 模型中,每个项目有 3 个参数,分别是失误参数、猜测参数和补偿参数。这里的失误参数和 DINA 模型中的相同,都是表示完全掌握某项目所考查的所有属性的被试,但是错误作答该项目的概率。而 HDINA 模型的猜测参数与 DINA 模型不同,它是表示未掌握某项目考查的任何属性的被试正确作答该项目的概率,即完全靠猜测或借助其他能力(在当前 **Q** 矩阵中未界定的能力)而正确作答的概率。HDINA 模型中的补偿参数表示掌握某项目考查的部分属性而正确作答该项目的概率。HDINA 模型与 DINA 或 DINO 模型的区别在于它将部分掌握项目所考查的属性的被试与完全未掌握的被试区分开来,每个项目将被试由 DINA 或 DINO 模型中的两类被试分成三类被试。因此,相对于 DINA 和 DINO 等模型,HDINA 模型有更强的适应性,并且模拟实验结果也验证了这一点。更重要的是,不需要事先确定属性间的补偿关系及补偿大小,这是 HDINA 模型最大的优势。

7.8.2　存在的局限性

对 HDINA 模型研究存在的局限主要是:(1)需要对采用更复杂的 **Q** 矩阵的测验使用,比如不同的属性层级关系下 HDINA 模型的表现;(2)需要在更多实际的测验数据中检验,考查模型的表现。

第八章 多级计分认知诊断评估中的 Q 矩阵验证方法与应用研究

新一代测验理论——认知诊断测验,也称认知诊断评估(Leighton,Gierl,2008;Rupp,Templin,Henson,2010;Tatsuoka,2009;von Davier,Lee,2019),强调对被试微观的内部心理加工过程的测量与评估,而经典的测验理论,如 CTT、IRT 等(Hambleton,Swaminathan,1985)侧重对被试宏观能力或总体能力的测量。认知诊断测验能够提供被试在所测知识属性上细粒度的掌握情况,了解被试测验分数背后的心理结构、知识技能、加工过程等,让我们有机会探测到被试对测验知识的详细掌握情况,进一步了解被试的长处和不足,从而有可能进行针对性的指导和学习规划(de la Torre,2008)。

认知诊断评估作为现代心理测量发展的新方向,能够根据被试的作答来对被试进行诊断分类,了解被试的知识掌握情况,因此逐渐受到众多研究者的关注(Leighton,Gierl,2007;Rupp,Templin,Henson,2010;Tatsuoka,2009)。在实施诊断测验的过程中,一个重要的步骤就是 Q 矩阵的界定问题。如果 Q 矩阵不能被有效和正确地界定,认知诊断评估的发展和它在实际测验中的应用就会受到限制。

Q 矩阵描述的是题目和属性之间的关联,它是一个由 0 或 1 构成的二值矩阵。属性,也称为知识属性,是指被试为了能够成功完成测验考查的题目所需要掌握的子技能(也称知识点)或能力。几乎所有的认知诊断评估研究,都需要构建一个 Q 矩阵。大多数已有的研究基本是在假设已有 Q 矩阵是正确的前提下,对被试进行诊断分类(涂冬波,蔡艳,戴海琦,2012)。很多研究表明,一个正确界定的 Q 矩阵在认知诊断评估的相关研究中起关键作用,Q 矩阵中的错误会增大参数估计误差和降低被试诊断正确率(涂冬波等,2012;de la Torre,2008;Rupp,Templin,2007)。认知诊断试图从微观认知的角度获得关于被试准确的评估和反馈,在心理和教育测量领域显示出巨大的潜力。要利用这种优势,就必须确保 Q 矩阵的正确性。然而,在实际应用中,Q 矩阵通常是由某些领域的专家来界定和定义的,这个过程或多或少地包含主观或个人的经验因素在里面,会导致它的某些元素存在错误和不确定性。众多研究者对于检测 Q 矩阵中的错误十分感兴趣,开展了很多研究(Chiu,2013;Dai,Svetina,Chen,2018;de la Torre,2008;DeCarlo,2012;Liu,Xu,Ying,2012;Yu,Cheng,2020),这里仅列出部分。

目前的 Q 矩阵估计或者验证的方法多是在被试作答为二级计分(被试作答为 0 或者 1)的测验上开展的(de la Torre,2011;DeCarlo,2012;Feng,Habing,Huebner,2014;Junker,Sijtsma,2001;Tatsuoka,1995)。基于多级计分题目(被试作答为 $0,1,2,\cdots,n$)的测验也逐渐受到研究者的关注,像我们国家各类测验中这种计分的题目就很常见。相对于二级计分(要么正确,要么错误),多级计分能够更细致地展示被试的作答步骤,因而能够给被试在知识掌握方面提供更多的信息,得到了很多研究者的关注(Birenbaum,Tatsuoka,1987;Birenbaum,Tatsuoka,Gutvirtz,1992;de la Torre,2010;Hansen,2013;Templin,Henson,Rupp,Jang,Ahmed,2008;von Davier,2008)。但是基于被试作答为多级计分的 Q 矩阵验证还较少有公开报道,但它又是大范围开展诊断测验、实现智慧测评和智慧教育过程中非常重要的步骤之一。所以本书拟在前人研究的基础上,对多级计分诊断测验中的 Q 矩阵验证展开研究。

8.1 多级计分认知诊断

传统测验形式的优点是能够快速地收集被试的作答数据,对被试的总成绩、总体特征以及测验的标准误差进行分析。这些描述性统计能够对被试在总体排名以及相似测验中比较时起到重要作用,却无法提供被试在所考查知识属性上的掌握情况。在这种背景下,传统的测验理论已经无法满足实际应用的需要,认知诊断评估应运而生(Leighton,Gierl,2007;Rupp 等,2010;Tatsuoka,2009)。

测量学中,对个体认知过程、加工技能或知识结构的诊断性评价通常被称为认知诊断评估或认知诊断(Cognitive Diagnosis Assessment/Cognitive Diagnosis,CDA/CD)。认知诊断评估是在现代心理与教育测量学中结合了认知心理学、心理测量学、现代统计数学和计算机科学等多个相关学科而发展的新方向(Leighton,Gierl,2008;喻晓锋,罗照盛,秦春影,高椿雷,李喻骏,2015)。认知诊断最近

在教育和心理评估、精神病学评估以及许多其他学科中获得了突出地位(Rupp
等,2010)。以传统测验理论(CTT与IRT)为基础的测验,如学生的期中考、期
末考、中考、高考等,这些测验主要评价学生宏观层面的能力,而认知诊断可以
测量被试特定的知识结构和加工技能(Leighton,Gierl,2007),通过被试在测验
题目上的作答,推断被试在测验领域上的知识掌握详情(知识属性掌握模式),
提供被试在测验领域上的细粒度掌握情况,可以使我们更准确地了解被试在测
验领域上的优劣处,进一步对被试提供针对性的教学措施和教学指导。

　　认知诊断评估侧重的不是被试的测验分数,而是对被试的知识结构、学习
过程感兴趣,通过了解被试知识属性的掌握情况来进行查缺补漏,从而提供针
对性的教学措施和教学指导。下面以一个具体的例子来简单说明认知诊断评
估结果与传统测验结果的不同。例如,在 $4\frac{1}{8}-\frac{3}{8}$ 这样一个分数减法问题上,
该题目实际考核了三个知识属性,分别是 A1:借整;A2:分子相减;A3:化为最简
形式。即题目考核形式为 $q=(1,1,1)$。传统测验形式只关注被试的实际得
分,即被试答对题目得 1 分,答错题目得 0 分。而认知诊断测验则关注被试在
作答这道题目时对题目考核的知识属性的掌握情况。按照被试完成题目的不
同步骤,可以将被试在该题目上的得分分为 0、1、2、3 四个类别。即,若被试未
掌握题目考查的任何属性,得分为 0;若是掌握属性 A1,得分为 1;继续掌握属性
A2,得分为 2;掌握所有属性,得分为 3。四个得分类别中,后三个得分类别对应
了解答这个题目的三个步骤。

表 8-1　$4\frac{1}{8}-\frac{3}{8}$ 分数减法题目的得分矩阵

类别	得分	属性		
		A1	A2	A3
类别一	0	0	0	0
类别二 $3\frac{9}{8}-\frac{3}{8}$	1	1	0	0
类别三 $3\frac{6}{8}$	2	0	1	0
类别四 $3\frac{3}{4}$	3	0	0	1

8.1.1　知识属性及层级关系

认知诊断是对个体认知加工过程中所涉及的知识属性的诊断。很多学者将认知诊断中被试完成测验中的题目或任务所需要的潜在特质,包括知识、技能、策略等称作属性(Leighton,Gierl,2007;Leighton,Gierl,Hunka,2004;Nichols,Chipman,Brennan,1995;Tatsuoka,1990)。总的来说,在特定的知识领域,为了完成测量任务,被试所需要掌握的知识和技能就是知识属性。

知识属性之间的关系并不仅仅只有相互独立这一种结构,还可能是一种相互关联,具有层次或是逻辑关系的结构(Leighton 等,2004)。研究者们根据知识属性之间的相互关联,将知识属性之间的基本关系分为独立型、线性型、收敛型、分支型和无结构型。

除却独立型,其他几种结构类型皆表示知识属性之间存在先决条件关系。以线性型(图 8 - 1 中的 D)为例,知识属性 A1 是知识属性 A2 的先决条件,知识属性 A1 和 A2 是知识属性 A3 的先决条件,知识属性 A4 的掌握又以知识属性 A1、A2 和 A3 的掌握为基础(A5 和 A6 以此类推)。以下是这几种知识属性关系的结构图。

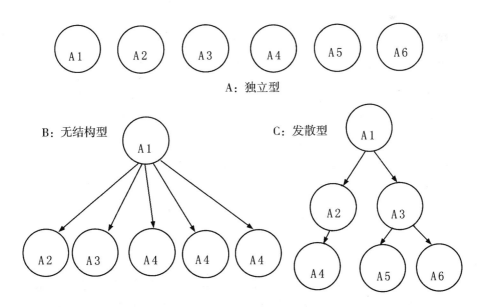

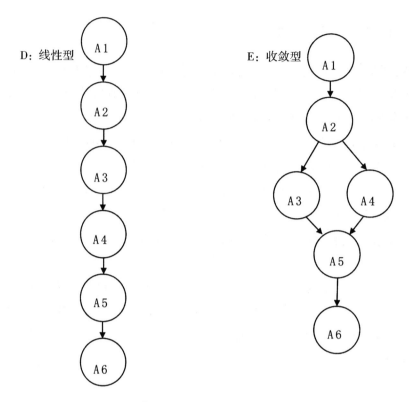

图 8 - 1　知识属性关系结构图

8.1.2　Q 矩阵理论

8.1.2.1　Q 矩阵

知识属性和题目之间的关系用 Q 矩阵来表述,它一般是一个 J(测验题目数)行 K(测验考查的知识属性个数)列的 0/1 矩阵。如果第 j 个题目考查了第 k 个属性,则如果题目 j 没有考查属性 k。换句话说,在不考虑猜测和失误的理想情况下,被试必须掌握第 k 个属性才有可能答对该题。

$$Q = \begin{bmatrix} 0 & 1 & 0 \\ 1 & 0 & 0 \\ 0 & 0 & 1 \\ 1 & 1 & 0 \end{bmatrix}$$

例如上面的 Q 矩阵,是一个 4 行 3 列的矩阵,表示该测验一共有 4 个题目,共考查了 3 个属性。其中,题目 1 考查了第二个属性,题目 2 考查了第一个属性,题目 3 考查了第三个属性,题目 4 考查了前两个属性。比如当被试作答题目 1,理想情况下,只有掌握第二个属性,才能答对该题;而对于第一个和第三个属性,被试没有必要掌握。

8.1.2.2　理想掌握模式

理想掌握模式又称知识状态或认知结构,是指根据知识属性间的关系得到符合逻辑的属性掌握模式。如果一个题目考查 5 个属性,那么被试所有可能的属性掌握模式共有 $2^5 = 32$ 种。当属性之间存在层级或其他关系时,则可能的属性掌握模式数会变少。假设测验考查了 5 个属性,其中属性 A1 是掌握属性 A2 的前提,余下的三个属性独立,若某个被试的属性掌握模式为(01100),则为不可能模式;属性掌握模式(11100)才为符合层级关系的正常模式。

8.1.2.3　典型题目考查模式

典型题目考查模式是指根据属性之间的层级关系,确定符合逻辑的测验题目。将已经获取的理想掌握模式删除属性全部为 0 的模式,就是典型题目考查模式,因为一个测验题目不可能一个属性都不考查。比如测验考查 5 个属性,则题目考查模式(00000)就不可能出现在测验中。简而言之,在所有的理想掌握模式中删除全部为 0 的模式就是典型题目考查模式。

8.1.3　期望作答模式

期望作答模式是指不考虑猜测和失误等异常情况下被试的作答向量,它描述的是理想状态下的情况。

8.1.4　观察作答模式

观察作答模式是指观察到的被试实际的作答向量,它是被试的知识状态、题目的属性向量和题目的质量共同作用的结果。

8.1.5　认知诊断模型

认知诊断研究根据被试在题目上的作答情况来推断被试的知识属性和加工过程,这个过程需要借助认知诊断模型。认知诊断模型是研究者开发的具有诊断功能的一系列心理测量模型(von Davier,Lee,2019)的总称。有研究统计表明,国内外研究者已开发 60 多种认识诊断模型(Fu,Li,2007),不同的模型有不同的假设,适合不同的诊断情况。这里只介绍和本书研究相关的三个模型:DINA、GDINA 和 sequential GDINA 模型,并且会详细介绍本研究中所采用的多级计分模型——sequential GDINA 模型。

8.1.5.1 DINA 模型

DINA 模型,全称为决定型输入、噪声与门模型(Deterministic Input, Noisy "And" Gate Model)。它是一个比较"节省"的模型,只涉及两个参数:失误参数 s 和猜测参数 g。s 参数是指被试完全掌握题目所考查的属性,但是由于失误而答错题目的概率;g 参数是指被试至少有一个题目所考查的属性未掌握,但由于猜测而答对题目的概率。

DINA 模型的项目反应函数为:

$$P(X_{ij} = 1) = (1 - s_j)^{\eta_{ij}} g_{ij}^{1 - \eta_{ij}} \qquad\qquad 公式\ 8 - 1$$

其中

$$\eta_{ij} = \prod_{k=1}^{K} \alpha_{ik}^{q_{jk}} \qquad\qquad 公式\ 8 - 2$$

η_{ij} 指不存在猜测和失误的情况下,被试对题目 j 的理想作答,它的取值只能为 0 或 1,取决于被试是否完全掌握题目 j 所考查的全部属性。当被试 i 掌握题目 j 所考查的全部属性,$\eta_{ij} = 1$;当被试 i 至少有一个题目 j 所考查的属性未掌握,则 $\eta_{ij} = 0$。由项目反应函数可知,DINA 模型中每个题目将被试分为两大类,即完全掌握题目知识属性的被试和未完全掌握题目知识属性的被试,并且认为在每一大类中,所有被试(他们的属性掌握模式可能不相同)答对题目的概率相同。

例如:题目 $q_j = (1,1,0)$,则将被试分为 $2^K = 2^3 = 8$ 种属性掌握模式,但是掌握题目考查全部属性的被试只有 $\alpha = (1,1,0)$ 和 $\alpha = (1,1,1)$,属于 $\eta_{ij} = 1$ 这一大类,而属性掌握模式为 $\alpha = \begin{pmatrix} 0, & 0, & 0 \\ 0, & 0, & 1 \\ 0, & 1, & 0 \\ 1, & 0, & 0 \\ 0, & 1, & 1 \\ 1, & 0, & 1 \end{pmatrix}$ 的被试属于 $\eta_{ij} = 0$ 这一大类,属于同一大类被试,答对该题目的概率是相同的。

8.1.5.2　GDINA 模型

GDINA(Generalized DINA)模型又称为广义的 DINA 模型(de la Torre,2011),相较于 DINA 模型,约束条件更加宽松。在对被试的分类上,不同于 DINA 模型只将被试分为两大类(且在这两大类中,不同属性掌握模式的被试答对题目的概率是相同的),GDINA 模型认为不同属性掌握模式的被试答对题目的概率不同,即它考虑了各单个属性的主效应以及属性间的交互作用对于题目作答概率的影响。

GDINA 模型着重于题目所需要的属性 K_j^*,$K_j^* = \sum_{k=1}^{K} q_{jk}$,即题目 j 所需要或测量的属性个数,这样 GDINA 模型将被试分为 $2^{K_j^*}$ 类,并且 $2^{K_j^*} \geq 2$,即 GDINA 模型中题目对被试的分类数大于 DINA 模型中题目对被试的分类数。定义 α_{lj}^* 为基于题目 j 需要属性的缩减属性掌握模式 $\alpha_{lj}^* = (\alpha_{lj1}^*, \cdots, \alpha_{ljK_j^*}^*)$,$l = 1,2,\cdots,2^{K_j^*}$ 来取代完全属性掌握模式 $\alpha_{lj} = (\alpha_{lj1}, \cdots, \alpha_{ljk})$,$l = 1,2,\cdots,2^K$。

假设 $q_j = (1,1,0)$,即题目 j 考查了第一和第二个知识属性,即 $K_j^* = 2$,则被试在题目 j 上被分为 $2^{K_j^*} = 2^2 = 4$ 类,即 $\alpha_{lj}^* = [(0,0),(0,1),(1,0),(1,1)]$。

GDINA 模型采用的是一致性链接函数,其项目反应函数如下所示:

$$P(X_{ij} = 1 \mid \alpha_{lj}^*) = \delta_{j0} + \sum_{k=1}^{k_j^*} \delta_{jk}\alpha_{lk} + \sum_{k'=k+1}^{k_j^*} \sum_{k=1}^{k_j^*-1} \delta_{jkk'}\alpha_{lk}\alpha_{lk'} + \cdots$$
$$+ \delta_{j1,2,\cdots,k_j^*} \prod_{k=1}^{k_j^*} \alpha_{lk'} \qquad\qquad 公式\ 8-3$$

其中,各参数含义如下:

δ_{j0}:题目 j 的截距,代表基线概率,即未掌握任何属性正确作答的概率;

δ_{jk}:题目 j 上 α_k 产生的主效应,掌握单个属性 k 对正确作答概率增加的部分,即属性 k 的主效应;

$\delta_{jkk'}$:题目 j 上同时掌握 α_k 和 $\alpha_{k'}$ 产生的交互效应,即二阶交互效应;

$\delta_{j1,\cdots,k_j^*}$:掌握题目 j 测量的所有属性,产生的 K_j^* 阶交互效应。

如果采用 logit 链接函数和对数链接函数,则可以得到 GDM 和 LCDM。它们的项目反应函数分别如下:

$$\text{logit}\left[P(X_{ij} = 1 \mid \alpha_{lj}^*)\right] = \lambda_{j0} + \sum_{k=1}^{k_j^*} \lambda_{jk}\alpha_{lk} + \sum_{k'=k+1}^{k_j^*} \sum_{k=1}^{k_j^*-1} \lambda_{jkk'}\alpha_{lk}\alpha_{lk'}$$
$$+ \cdots + \lambda_{j1,2,\cdots,k_j^*} \prod_{k=1}^{k_j^*} \alpha_{lk'} \qquad\qquad 公式\ 8-4$$

$$\log \left[P(X_{ij} = 1 \mid \alpha_{lj}^*) \right] = \nu_{j0} + \sum_{k=1}^{k_j^*} \nu_{jk}\alpha_{lk} + \sum_{k'=k+1}^{k_j^*} \sum_{k=1}^{k_j^*-1} \nu_{jkk'}\alpha_{lk}\alpha_{lk'}$$

$$+ \cdots + \nu_{j1,2,\cdots,k_j^*} \prod_{k=1}^{k_j^*} \alpha_{lk'} \qquad \text{公式 8 - 5}$$

在以上三种链接函数中,δ_{j0}、λ_{j0}、ν_{j0}均为截距参数或基线概率,代表被试未掌握题目任何属性而正常答对题目的概率;δ_{jk}、$\delta_{jkk'}$和$\delta_{j1,2,\cdots,k_j^*}$,$\lambda_{jk}$、$\lambda_{jkk'}$和$\lambda_{j1,2,\cdots,k_j^*}$以及$\nu_{jk}$、$\nu_{jkk'}$和$\nu_{j1,2,\cdots,k_j^*}$均为斜率参数,代表属性的主效应和交互效应大小。

8.1.5.3 sequential GDINA 模型

Ma 和 de la Torre(2016)开发的多级计分诊断模型——sequential process 模型,是在考虑现实情况中存在结构性作答题目(比如简答题,或者有多个空的填空题等)、被试作答为多级计分的基础上提出的。假设一个测验考查了 K 个属性,则将被试划分为 2^K 种潜在类别,每一种潜在类别都具有独特的属性掌握模式,即 $\alpha_c = (\alpha_{c1}, \cdots, \alpha_{cK})$,$c = 1, \cdots, 2^K$。被试属性掌握模式为 α_c,被试在题目 j 上得 h 分的作答概率见公式8-6。

$$P(X_j = h \mid \alpha_c) = \{[1 - S_j(h+1 \mid \alpha_c)]\} \prod_{x=0}^{h} S_j(x \mid \alpha_c) \quad \text{公式 8 - 6}$$

其中,$S_j(x \mid \alpha_c)$表示该被试在类别 x 上的得分概率,它可以处理成一个通常的诊断模型,如 DINA 或 GDINA 模型。如果采用 GDINA 模型,则

$$S_j(h \mid \alpha_{ljh}^*) = \phi_{jh0} + \sum_{k=1}^{K_{jh}^*} \phi_{jhk}\alpha_{lk} + \sum_{k'=k+1}^{K_{jh}^*} \sum_{k=1}^{K_{jh}^*-1} \phi_{jhkk'}\alpha_{lk}\alpha_{lk'} + \cdots$$

$$+ \phi_{jh1,2,\cdots,K_{jh}^*} \prod_{k=1}^{K_{jh}^*} \alpha_{lk} P(X_j = h \mid \alpha_c) \qquad \text{公式 8 - 7}$$

可以看出,每个题目可以将被试分为 $2^{K_j^*}$ 类,K_j^* 的定义与 GDINA 模型相同。在 sequential GDINA 模型中,对于每个得分类别(category h,即被试在该题目上得 h 分),$2^{K_j^*}$ 种被试类别缩减为 $2^{K_{jh}^*}$,K_{jh}^* 指的是在题目 j 上达到 h 类别所需要的属性数量,α_{ljh}^* 指基于题目 j 达到 h 类别所测量属性的缩减属性掌握模式,其中 $l = 1, \cdots, 2^{K_{jh}^*}$。$\phi_{jh0}$ 为题目 j 的截距,即被试在题目 j 的 h 类别上未掌握题目测量的任何知识属性而答对题目的概率;ϕ_{jhk} 为题目 j 的 h 类别上知识属性 k 的主效应,代表被试掌握了属性 k 而达到该题目 h 类别的增加效应,即属性掌握模式

α_{lk} 产生的主效应。$\phi_{jhkk'}$ 为题目 j 的 h 类别上知识属性 k 和属性 k' 的交互作用,$\phi_{jh1,2,\cdots,K_{jh}^{*}}$ 指题目 j 考查的所有属性对被试在该题目上得 h 分产生的交互作用。

下面以一个简单的例子来说明:

假设一道题目的考查模式为 $q = (1011)$,则在 DINA 模型中该题能将被试分为 $2^{K} = 2^{4} = 16$ 种独特的属性掌握模式。但是在 GDINA 模型中,题目只考查了被试的第一个、第三个和第四个属性,所以将被试分为 $2^{K_{j}^{*}} = 2^{3} = 8$ 类。而在 sequential GDINA 模型中,考虑的是题目的作答步骤。假设这个题目第一步考查的是属性一,第二步考查的是后两个属性,则在步骤一上将被试分为 $2^{K_{jh}^{*}} = 2^{1} = 2$ 类,在步骤二上将被试分为 $2^{K_{jh}^{*}} = 2^{2} = 4$ 类。

表 8 - 2 DINA、GDINA 及 sequential GDINA 模型下的属性掌握模式

初始 α_{c}			缩减 α_{c} (GDINA)			缩减 α_{c} (sequential GDINA)	
						类别一	类别二
0000	0100	0001	0101	000	001	0	00
0010	0110	1000	1100	010	100	1	01
1010	1110	1101	1001	110	101		10
0011	0111	1011	1111	011	111		11

8.1.6 现有的 Q 矩阵估计和验证方法介绍

通过对现有研究的综述,我们对已有的 Q 矩阵检测的方法进行分类:根据是否需要估计模型参数,可以分为参数化的方法和非参数化的方法;根据是否需要以专家定义的 Q 矩阵作为基础,又可以将这些方法分为 Q 矩阵验证和 Q 矩阵探索;在以上的分类中又可以根据是否需要以预先设置的阈值来确定估计结果,将方法分为需要阈值的方法和不需要阈值的方法。综合来看,将已有的研究根据不同的分类标准归纳如下表所示:

表 8-3 已有研究 Q 矩阵估计方法分类

	参数化方法		非参数化方法	
	验证方法	探索方法	验证方法	探索方法

需要阈值	de la Torre(2008);
	涂冬波等(2012);
	de la Torre,Chiu(2016);
	Chen(2017);
	Kang,Yang,Zeng 等(2018);
	Terzi,de la Torre(2018);
	Dai,Svetina,Chen(2018);
	Nájera,Sorrel,Abad(2019)
		Xiang(2013);
		Chung(2014)
			Barnes(2003,2005,2010);
			Chiu(2013);
			汪大勋(2017);
			Lim,Drasgow(2017)
				Köhn,Chiu,
				Brusco(2015)

不需要阈值	Liu,Xu,Ying(2012); 喻晓锋等(2015); Yu,Cheng(2020)	Cheng,Culpepper, Chen,Douglas(2018); DeCarlo(2012)	—	—

注:以上所提到的方法均只在0/1计分下展开研究。

其中非参数化的方法主要有:

Q 矩阵法(Barnes,2003,2005,2010)、统计提纯法(Chiu,2013)以及 HD、ICC-IR(汪大勋,2017)等。其中 Q 矩阵法是通过搜寻每个被试的作答反应向量与理想反应模式之间距离的最小值作为该被试测验的误差,计算 Q 矩阵总误差的方法来验证 Q 矩阵。该方法认为,在复杂的题目中,当失误和猜测较高时,需要较大的样本量才能使 Q 矩阵估计更加准确。

Chiu(2013)提出的统计提纯法,其逻辑是通过计算被试在观察作答反应和理想作答反应间的残差平方和(Residual Sum of Squares,RSS)来估计 Q 矩阵,并认为当 RSS 达到最小值时,q 向量被正确标定。但是,这种方法不能应用于所有的 Q 矩阵错误类型,例如当全部属性被标定为错误时,该方法的使用便受到限制。

汪大勋(2017)提出基于理想得分的 ICC 指标法。该方法在属性个数较少或基础题较多的情况下有较高的估计成功率。

参数化的方法主要有:de la Torre(2008)提出的 δ 法,涂冬波、蔡艳、戴海琦(2012)提出的 γ 法,de la Torre 和 Chiu(2016)提出的 GDI 指标,Liu、Xu 和 Ying(2012)提出的数据驱动法,Yu 和 Cheng(2020)提出的基于残差统计量的数据驱动法等。

de la Torre(2008)提出一种基于 DINA 模型的 Q 矩阵验证方法——题目区

分度指标 δ_j。这种方法是通过最大化第 j 个题目上已掌握和未掌握的考生之间的正确作答概率的差异的原则,通过一种顺序搜索算法逐个替换不合适的 q 向量,直到确定 Q 矩阵。这种方法能够识别和替换错误标定的 q 向量,并且在 Q 矩阵中保留正确的 q 向量。它有较高的准确率,但是它需要事先确定一个阈值,这在实际数据中往往不容易实现。

Liu 等人(2012)基于 DINA 模型开发出数据驱动学习法,从被试作答向量的角度建立 Q 矩阵估计方法,认为如果 Q 矩阵及题目参数被正确界定,被试期望作答向量的分布与观察作答向量的分布会随着样本量的增加而逐渐趋于一致。该方法在题目和考查的知识属性较多的情况下,因运算负担较大、运算规模呈指数增长而难以进行。

Xiang(2013)提出非线性惩罚估计法(Nonlinear Penalized Estimation),可用于处理知识属性全部缺失和知识属性个数未知的情形,但是其惩罚因子确定困难,以 0.5 为节点(Cut-Off Point)在对 Q 矩阵进行估计时,可能会出现对 q 元素误判的现象。

DeCarlo(2012)在贝叶斯理论基础上,通过指定 Q 矩阵某些元素是随机而非固定的方法来确定 Q 矩阵元素,将这些元素视为服从某一概率参数的 Bernoulli 分布随机变量,然后通过后验分布来获得关于 Q 矩阵中包含可疑元素的信息。这种方法验证 Q 矩阵过程比较简单,但是当 Q 矩阵中其他元素不能完全确定,或者 Q 矩阵元素缺失较多时,估计效果较差,还需要进一步的研究来评估该方法的稳定性和通用性。

de la Torre 和 Chiu(2016)提出了一种可以用于 GDINA 模型的判别指标——GDI 法。该方法可以识别和替换 Q 矩阵中被错误标定的项,而不改变正确的 q 向量,并且提供了理论基础。

Chen(2017)提出的基于残差的方法,对 Q 矩阵验证有很好的效果,但是它也受知识属性数量和节点的影响。

8.1.6.1　统计提纯法

该方法通过计算被试在题目上观察作答反应和理想作答反应之间的残差平方和(RSS)的方式验证 Q 矩阵,并认为当 RSS 达到最小值,此时的 q 向量被正确标定。N 个被试在题目 j 上的 RSS 可以表示为:

$$\text{RSS}_j = \sum_{i=1}^{N} \left[u_{ij} - E(U_{ij} \mid q_j, \hat{\alpha}_i) \right]^2 \qquad \text{公式 8 - 8}$$

u_{ij} 为被试 i 在题目 j 上的观察作答，$E(U_{ij}|q_j)$ 表示当第 j 个题目的属性向量为 q_j 时，第 i 个被试在这个题目上得分的期望值。$\hat{\alpha}_i$ 是被试的属性掌握模式估计值。

Chiu 和 Douglas（2013）指出，由于被试的属性掌握模式是未知的，公式 8 – 8 可以转化成如下形式：

$$RSS_j = \sum_{m=1}^{2^K} \sum_{i \in C_m} \left[u_{ij} - E(U_{jm} \mid q_j, \hat{\alpha}_i) \right]^2 \qquad 公式 8 – 9$$

其中，C_m 为第 m 种潜在掌握类别，如果考虑每种属性掌握模式的分布不同，则公式可进一步转化为如下的公式 8 – 10。π_{α_m} 是 C_m 的后验概率，公式 8 – 10 可以理解为观察得分和期望得分之间的期望残差平方和。

$$RSS_j = \sum_{m=1}^{2^K} \pi_{\alpha_m} \sum_{i \in C_m} \left[u_{ij} - E(U_{jm} \mid q_j, \hat{\alpha}_i) \right]^2 \qquad 公式 8 – 10$$

对于被试的分类问题，Chiu（2013）通过计算加权的 Hamming 距离对被试进行分类，即考查被试的观察作答向量与每种理想作答模式之间的差异。若属性掌握模式 $\hat{\alpha}_i$ 对应的 $\eta_i(\hat{\alpha}_i, q_j)$ 能使 $d_{wh}[u_i, \eta_i(\hat{\alpha}_i, q_j)]$ 达到最小，那么 $\hat{\alpha}_i$ 就为该被试的属性掌握模式估计值。具体公式表述如下：

$$d_{wh}[u_i, \eta_j(\hat{\alpha}_i, q_j)] = \sum_{j=1}^{J} \frac{1}{\bar{p}_j(1-\bar{p}_j)} \mid u_{ij} - \eta_{ij}(\hat{\alpha}_i, q_j) \mid$$

$$公式 8 – 11$$

上式中的 h 表示第 h 种理想属性掌握模式，$\frac{1}{\bar{p}_j(1-\bar{p}_j)}$ 为该题目的加权部分，$\bar{p}_j$ 表示答对题目 j 的被试的比例或正确作答概率。$\bar{p}_j(1-\bar{p}_j)$ 是被试在题目 j 上的观察作答的方差，因此，这个指标更倾向于选择方差小的题目。通过前面的分析，可以用一个两步迭代的算法来基于 RSS_j 统计量估计题目的属性向量，其中第一步是利用加权的 Hamming 距离 $d_{wh}[u_i, \eta_i(\hat{\alpha}_i, q_j)]$ 对被试进行分类；第二步在被试分类的基础上，利用 RSS_j 估计题目的属性向量。具体的算法步骤如下：

Step 1：

（1）初始化参数：包括题库 $S^0 = \{1, \cdots, J\}$ 和其对应 $\boldsymbol{Q}$ 矩阵的初值 Q^0，这个 Q^0 可以通过经验数据或专家界定得到；

（2）基于 Q^0，对每个被试计算其观察作答模式和理想作答模式之间的加权 Hamming 距离，取加权距离最小时对应的理想掌握模式作为被试的属性掌握模式估计值 $\hat{\alpha}$。

Step 2：

（1）使用 $\hat{\alpha}$ 和 Q^0 计算每个被试在测验各个题目上的期望得分 $E(U_{ij} \mid q_j, \hat{\alpha}_i)$；

（2）使用 $E(U_{ij} \mid q_j, \hat{\alpha}_i)$ 和 u_{ij} 计算每个题目的 RSS$_j$，选择 Q^0 中具有最大 RSS$_j$ 的题目，将该题目的 q 向量记为 $q_j^{(1)}$；

（3）在 Q^0 中，用除 $q_j^{(1)}$ 外 $2^K - 2$ 个 q 向量分别替代 $q_j^{(1)}$，并计算 $2^K - 2$ 个 RSS$_j$；

（4）找出所计算的 $2^K - 2$ 个 RSS 值中最小值的 RSS$_j$ 值所对应的 q 向量［记作 $q_j^{*(1)}$］替换 $q_j^{(1)}$，并更新 Q^0 为 Q^1；

（5）在 S^0 中删除题目 j 并更新为 S^1；

（6）分别用 Q^1 和 S^1 替换 Q^0 和 S^0，重复以上步骤，直到所有题目都被更新；

（7）重复以上步骤，直到每个题目的 RSS$_j$ 不再变化为止。

8.1.6.2 数据驱动法

Liu 等人（2012）基于被试的作答向量来估计 **Q** 矩阵，提出数据驱动法。结果表明，如果 **Q** 矩阵以及相对应的参数（Q', p, s, g）被正确指定，随着被试人数（样本容量）的增加，由 **Q** 矩阵确定的期望作答向量的分布和观察（经验）作答向量的分布趋于一致。其逻辑为：

$$\text{if} \qquad Q' = Q_{true} \ and \ N \rightarrow \infty \qquad \text{公式 8-12}$$

$$\text{then} \qquad \hat{P}(R) \rightarrow P(R \mid Q', p, s, g) \qquad \text{公式 8-13}$$

其中，Q' 为备选 **Q** 矩阵（也可以称作 **Q** 矩阵估计值），Q_{true} 为其真值，$P(R \mid Q', p, s, g)$ 表示由模型参数和总体分布确定的期望作答向量 R 的分布，$\hat{P}(R)$ 表示作答向量 R 的观察作答分布，并且有：

$$P(R \mid Q', p, s, g) = \sum_{\alpha} p_{\alpha} \prod_{j=1}^{J} P(R^i \mid Q', \alpha, s_j, g_j) \qquad \text{公式 8-14}$$

$$\hat{P}(R) = \frac{1}{N} \sum_{i=1}^{N} I(R_i = R) \qquad \text{公式 8-15}$$

其中,$R=(R^1,\cdots,R^J)$ 为 J 个题目的作答向量。其中,p_α 表示属性掌握模式 α 在总体中的分布,$p_\alpha \in [0,1]$ 且 $\sum_\alpha p_\alpha = 1$。

Liu 等人(2012)的核心概念是构建 $\boldsymbol{T}$ 矩阵(T-matrix),它的作用是描述期望作答分布。

(1)对于单个题目:

$$P(R^j=1|Q',p,s,g) = \sum_\alpha p_\alpha P(R^j=1|Q',\alpha,s,g) = B_{Q',s,g}(j)p$$

公式 8 – 16

(2)对于题目组合:

$$P(R^{j1}=1,R^{j2}=1|Q',p,s,g) = \sum_\alpha p_\alpha P(R^{j1}=1|Q',\alpha,s,g)P(R^{j2}=1|Q',\alpha,s,g)$$

$$= B_{Q',s,g}(j1,j2)p$$

公式 8 – 17

以此类推,还可以有 3 个题目,甚至更多个题目的组合。按照这种方式可以构建长度为 2^J-1 的 $\boldsymbol{T}$ 矩阵:

$$T_{(Q')} = \begin{pmatrix} B_{Q'(1)} \\ \cdots\cdots \\ B_{Q'(J)} \\ B_{Q'(1,2)} \\ \cdots\cdots \end{pmatrix}$$

公式 8 – 18

根据公式 8 – 17,$\boldsymbol{T}$ 矩阵可以表示为:

$$T_{(Q')}p = \begin{pmatrix} P(R^1=1|Q',p,s,g) \\ \cdots\cdots \\ P(R^J=1|Q',p,s,g) \\ P(R^1=1,R^2=1|Q',p,s,g) \\ \cdots\cdots \end{pmatrix}$$

公式 8 – 19

β 向量是构建 $\boldsymbol{Q}$ 矩阵验证指标 S 统计量的另一个重要概念,这是与公式 8 – 19 对应的观察作答向量,各元素的值为题目或题目组合的正确作答人数与总人数的比值,它表示的是观察作答向量的分布,即 $\frac{1}{N} \sum_{i=1}^{N} I(R=R_i)$。比如:

该向量的第 1 个元素应该为 $\frac{1}{N} \sum_{i=1}^{N} I(R_i^1=1)$,第 J 个元素为 $\frac{1}{N} \sum_{i=1}^{N} I(R_i^J=$

1)，第 $J+1$ 个元素为 $\dfrac{1}{N}\sum_{i=1}^{N}I(R_i^1=1,R_i^2=1)$。

当 $N\to\infty$、各参数正确标定时，依据大数定律则有：

$$\beta=T_{sg}(Q')p \qquad\qquad 公式\ 8-20$$

基于此，可以建立 **Q** 矩阵验证指标的目标函数：

$$S_{psg(Q)}=\left|T_{sg}(Q')p-\beta\right| \qquad\qquad 公式\ 8-21$$

在公式 8-21 中，|……| 为欧氏距离（Euclidean Distance），由于参数是未知的，需要基于模型来估计各参数，采用极大似然估计来估计各参数。同样，目标函数估计量为 $\tilde{Q}=\arg\inf_{Q'}\hat{S}(Q')$。算法的过程大致如下：

（1）确定初始 **Q** 矩阵（记作 Q_0）。初始 **Q** 矩阵在实证研究中可由专家定义获得，在模拟研究中可以通过修改真实 **Q** 矩阵获得。对于每个 Q'，$\Omega_j(Q')$ 为与 Q' 除了第 j 行（第 j 个题目）外其他题目完全相同的 $J\times(2^K-1)$ 个矩阵集合。

（2）选择 $Q(0)=Q_0$ 作为迭代初始值。对于第 m 次迭代，新的迭代起点为前一次迭代得到的 Q_{m-1}。

（3）令 $Q_{j*}=\arg_{Q_j\in\Omega_j}\inf_jS(Q_j)$，$j=j+1$。

（4）当所有的题目估计完成，$Q(m)=Q_{j*}$。

（5）重复上述步骤，直到 $Q(m)=Q(m-1)$，即前后两次迭代得到的 **Q** 矩阵保持不变。

对于每一次迭代 m，算法都要更新所有的 J 个题目。如果第 j 个题目得到更新，那么下一次迭代的 **Q** 矩阵就记作 Q_j。由于对（3）中目标函数 S 的优化估计最多需要 2^K-1 次，因此，每一次迭代对目标函数 S 的优化估计需要 $J\times(2^K-1)$ 次，这大大低于对 **Q** 矩阵空间进行完全搜索所需的 $(2^K-1)^J$ 次。

8.1.7　现有研究的缺陷

已有一些研究探讨从数据中直接估计 **Q** 矩阵，而不需要事先设定临时 **Q** 矩阵（Cheng, Culpepper, Chen, Douglas, 2018；Cheng, Liu, Xu, Ying, 2015；Liu 等, 2012；Liu, Xu, Ying, 2013），但是 **Q** 矩阵的估计效果会受到知识属性个数以及所使用的认知诊断模型的复杂度的影响（Ma, de la Torre, 2019）。从现有研究来看，无论是参数化还是非参数化的方法，都是基于被试作答为 0/1 的二分作答，而没有考虑到被试作答为多级计分的情况。在对被试诊断上,二分作答题目只能将被试分为掌握和未掌握两种情况;而多级计分能将被试进行更加细致的划分,且实际测验中会存在大量的结构性作答题目,能够清晰地展示被试作答步骤,从而了解被试的知识属性掌握情况,使其更具有研究价值(Ma,de la Torre,2018,2019)。被试作答为多级计分的情况下的 Q 矩阵验证值得进一步讨论。

8.1.8 研究的意义

随着社会和教育的发展,被试在相关知识领域细粒度的掌握情况越来越受关注。尽管传统的测验理论(如 CTT、IRT 等)很受欢迎,但是它们都是仅仅考虑被试有一个真实的分数或者连续的潜在特征,强调对被试宏观层面或总体能力水平的评估,无法达到对被试知识或者技能掌握程度的评估。认知诊断评估旨在用一些心理测量模型对被试的技能或知识的掌握程度进行评估。要对这些细粒度的知识属性做出有效的推断,深入了解被试在解决问题时涉及哪些知识属性至关重要。Q 矩阵连接的是题目和知识属性之间的关系,有效评估被试的技能或知识的掌握程度需要有正确标定的 Q 矩阵。在现实情况下,Q 矩阵大多数被专家预先定义,这样导致 Q 矩阵很可能存在意见不一致或被错误标定的情况(de la Torre,2008)。从目前的研究来看,很多研究者开发出大量的方法来探测和校正错误标定的 Q 矩阵,但是这些研究都是基于属性取值方式为 0/1 的二值情况,计分方式也为 0/1 的二值情况,只能评估被试是否掌握某一知识或技能,而不能对被试掌握不同知识(或技能)的水平或程度进行有效的评估。在实际考试中,传统的计分方式,通常将被试作答记为 0/1,即被试错误作答/正确作答,但是被试即使未完全掌握题目考查的所有知识属性,被试的作答也是具有意义的,可以进一步提取有用的诊断信息。如果只是简单地将错误作答记作 0 分,而不区分那些错误作答被试之间的差异,会损失有用的数据信息,影响诊断和被试分类。总体来说,针对我国国情,以多级计分测验居多,更准确地说是二级和多级计分的混合测验,所以对多级计分诊断测验下的 Q 矩阵验证方法展开研究具有重要的意义,更加符合现阶段的测验发展现状。本书的研究意义具体表现在以下三个方面:

(1)它能够提高实施诊断测验的效率,提高诊断测验的分类准确率,提高诊断测验的信度和效度;

（2）它是对诊断测验理论基础的必要补充，能够对实际的诊断测验开展提供理论和技术参考；

（3）多级计分诊断测验具有更广阔的应用前景，它能够促进诊断测验在我国的开展。

8.2　研究的内容和目标

本书拟在已有研究的基础上，从参数化和非参数化方法两种角度，通过模拟实验和实证数据应用研究来考查所构建的两种 Q 矩阵验证方法的表现。在模拟研究中，考虑 Q 矩阵中的元素错误比例、被试人数等因素的影响，在多级计分条件下去验证 Q 矩阵，并对两种方法的精度进行比较，考查两种方法的表现。实证研究会对所构建的方法进行进一步的验证。多级计分模型拟采用 Ma 和 de la Torre(2016)提出的多级计分模型，选用该模型的主要原因是我们对多个多级计分诊断模型进行了相对拟合比较后，发现它对多级计分的实测数据拟合较好。

8.2.1　基于非参数化方法——R^P 统计量的多级计分下的 Q 矩阵验证

本研究借鉴 Chiu(2013)提出的 RSS 统计量，并进行推广，使得推广后的统计量可以应用到多级计分诊断测验的 Q 矩阵估计中去。本研究通过模拟实验和实证数据分析，对该方法在多级计分下的 Q 矩阵验证的表现进行评价。

8.2.2　基于参数化方法——S^P 统计量的多级计分下的 Q 矩阵验证

将 Liu(2012)提出的 S 统计量进行推广，对多级计分下的 Q 矩阵进行估计，通过模拟研究和实证数据分析，考查该方法在多级计分条件下的 Q 矩阵验证的表现。

8.3　基于非参数方法——R^P 统计量的多级计分下的 Q 矩阵验证

8.3.1　Q 矩阵验证指标

本研究将 Chiu(2013)所提出的非参数化 Q 矩阵验证方法进行拓展，将相应的 Q 矩阵验证指标推广到多级计分问题上，记相应的方法为 R^P。Chiu

(2013)认为测验中基于某题目的 q 向量,如果被试在这个题目上的观察作答反应和理想作答反应之间的残差平方和能达到最小,就表明该题目的 q 向量被正确指定。该方法在多级计分下的计算公式可以表示为:

$$R_j^P = \sum_{i=1}^{N} [u_{ij} - E(U_{ij} \mid q_j, \hat{\alpha}_i)]^2 \qquad 公式 8-22$$

其中,$E(U_{ij} \mid q_j)$ 表示当第 j 个题目的属性向量为 q_j 时,第 i 个被试在这个题目上得分的期望值。R_j^P 中的上标 P 表示多级计分,这是为了与二级计分中的统计量区别开来,$\hat{\alpha}_i$ 是被试的属性掌握模式估计值。如果根据被试知识属性向量 α 分类统计,则公式 8-22 可以转化成如下的公式:

$$R_j^P = \sum_{m=1}^{2^K} \sum_{i \in C_m} [u_{ij} - E(U_{jm} \mid q_j, \hat{\alpha}_i)]^2 \qquad 公式 8-23$$

其中,C_m 为第 m 种潜在掌握类别,这里 $E(U_{jm} \mid q_j, \hat{\alpha}_i) = \sum_{h=1}^{H} h \cdot P(Y_t = h \mid \hat{\theta})$。如果考虑每种属性掌握模式的分布不同,则公式可进一步转化为如下的公式 8-24。π_{α_m} 是 C_m 的后验概率分布,公式 8-24 可以理解成观察得分和期望得分之间的期望残差平方和。

$$R_j^P = \sum_{m=1}^{2^K} \pi_{\alpha_m} \sum_{i \in C_m} [u_{ij} - E(U_{jm} \mid q_j, \hat{\alpha}_i)]^2 \qquad 公式 8-24$$

对于被试的分类问题,Chiu(2013)通过计算加权的 Hamming 距离对被试进行分类,即考查被试的观察作答向量与每种理想作答模式之间的差异。若知识属性掌握模式 $\hat{\alpha}_i$ 对应的 $\eta_i(\hat{\alpha}_i, q_j)$ 能使 $d_{wh}[u_i, \eta_i(\hat{\alpha}_i, q_j)]$ 达到最小,那么 $\hat{\alpha}_i$ 就为该被试的知识属性掌握模式估计值。具体公式表述如下:

$$d_{wh}[u_i, \eta_i(\hat{\alpha}_i, q_j)] = \sum_{j=1}^{J} \frac{1}{\bar{p}_j(1-\bar{p}_j)} |u_{ij} - \eta_i(\hat{\alpha}_i, q_j)| \quad 公式 8-25$$

上式中的 h 表示第 h 种理想属性掌握模式,$\dfrac{1}{\bar{p}_j(1-\bar{p}_j)}$ 为该题目的加权部分,$\bar{p}_j$ 表示答对题目 j 的被试比例或正确作答概率。$\bar{p}_j(1-\bar{p}_j)$ 是被试在题目 j 上观察作答的方差,因此,这个指标更倾向于选择方差小的题目。通过前面的分析,可以用一个两步迭代的算法基于 R_j^P 统计量来估计题目的属性向量,其中第一步是利用加权的 Hamming 距离 $d_{wh}[u_i, \eta_i(\hat{\alpha}_i, q_j)]$ 对被试进行分类;第二步是在被试分类的基础上,利用 R_j^P 估计题目的属性向量。具体的算法步骤如下:

Step 1:

（1）初始化参数，包括题库 $S^0 = \{1,\cdots,J\}$ 和 $\boldsymbol{Q}$ 矩阵的初值 Q^0，这个 Q^0 可以通过经验数据或专家界定得到；

（2）基于 Q^0，对每个被试计算其和理想属性模式之间的加权 Hamming 距离，取加权距离最小时对应的理想模式作为被试的属性掌握模式估计值 $\hat{\alpha}$。

Step 2：

（1）使用 $\hat{\alpha}$ 和 Q^0 计算每个被试在测验各个题目上的期望得分 $E(U_{ij} | q_j, \hat{\alpha}_i)$；

（2）使用 $E(U_{ij}, q_j, \hat{\alpha}_i)$ 和观察题目反应 u_{ij} 计算每个题目的 R_j^P，选择题库 S^0 中具有最大 R_j^P 的题目，将其 q 向量记为 $q_j^{(1)}$；

（3）用除 q_j 外 $2^K - 2$ 个 q 向量分别替代 $q_j^{(1)}$ 并计算 R_j^P；

（4）找出所有 R_j^P 的最小值，用其对应 q 向量[记作 $q_j^{*(1)}$]替换 $q_j^{(1)}$，更新 Q^0 为 Q^1；

（5）在 S^0 中删除题目 j 并更新为 S^1；

（6）用 Q^1 和 S^1 替换 Q^0 和 S^0，重复（1）至（5），直到所有题目都被更新；

（7）重复 Step 1 至 Step 2，直到每个题目的 R_j^P 不再变化为止。

Step 2 中的（2）表示算法先是从 R_j^P 值最大的题目开始，因为这个题目的属性向量最有可能是错误的，先对它进行校正，然后逐步对整个 $\boldsymbol{Q}$ 矩阵中的错误进行校正。

8.3.2　研究假设

本研究基于如下的假设：假设专家已经界定了一个 $\boldsymbol{Q}$ 矩阵（初始 $\boldsymbol{Q}$ 矩阵），并且这个初始的 $\boldsymbol{Q}$ 矩阵中包含部分错误（其中有一部分元素被错误定义，余下的元素被正确定义）。

8.3.3　研究设计

本研究分别模拟不同被试人数（400、600、800、1000）和不同错误 q 向量（5%、10%、15%）条件下的数据。总共有 $4 \times 3 = 12$ 种实验条件，每种条件下重复 100 次。本研究使用 R 软件生成模拟数据。

（1）模拟测验 $\boldsymbol{Q}$ 矩阵

对于 Q 矩阵,本书采用 Ma(2016)研究中对题目的作答等级进行属性向量分解的 Q 矩阵,一个作答类别所需的知识属性指的是考生在完成之前的所有步骤后正确达到该类别后所需的属性。

(2)模拟包含错误的 Q 矩阵

在真实 Q 矩阵基础上构建初始 Q 矩阵 Q_0,Q_0 中包含错误标定的题目按三种比例(5%、10%和15%)随机挑选,被挑选的错误项在 2^K-2 种可能性中随机抽选(不能为全 0 的向量和正确的向量)。

(3)模拟被试的知识状态

假设被试的知识状态服从均匀分布,即每种知识属性掌握模式下的被试数相近。

(4)模拟题目参数

题目参数的模拟根据如下的规则完成:最高类别 $S_j(h\mid\alpha_{ljh}^*=1)=0.9$,最低类别 $S_j(h\mid\alpha_{ljh}^*=0)=0.1$,当作答类别多于两个时,中间的类别概率从均匀分布 $U[S_j(h\mid\alpha_{ljh}^*=0),S_j(h\mid\alpha_{ljh}^*=1)]$ 中随机抽取,并且保证掌握越多属性时,其类别概率越大。

(5)模拟被试作答

在上述步骤中模拟出学生的知识状态、Q 矩阵和题目参数值之后,计算被试在题目上的作答反应概率。被试的作答得分基于 sequential GDINA 模型的项目反应函数模拟。

(6)评价指标

为了评价 R^P 法在 Q 矩阵估计上的表现,分别采用 Q 矩阵水平上的指标(成功估计次数)、题目水平的评价指标(题目模式判准数)、属性水平的评价指标(题目属性平均判准数)来评价估计精度。在估计效率方面,分别采用平均迭代次数和平均运行时间来评价。其中,成功估计次数 $N_{success}$ 表示在随机生成 100 批数据中,完全正确估计 Q 矩阵的次数。

$$N_{success}=\sum_{r=1}^{100}I(Q^{PT}==\hat{Q}_r^P)\qquad\text{公式 8-26}$$

其中 I 为指示函数,$I(Q^{PT}==\hat{Q}_r^P)$ 表示第 r 次估计的 Q 矩阵是否与真实的 Q 矩阵完全相同,即是否成功地对包含错误的 Q 矩阵进行了校正,$I(Q^{PT}==$

$\hat{Q}_r^P$) = 1 表示成功估计,反之则为 0。

题目模式判准数(Pattern Match Number,PMN):计算每次估计的 **Q** 矩阵中所有题目的测量模式和真实 **Q** 矩阵题目测量模式的一致性,并计算 100 次实验的平均值。

$$\text{PMN} = \frac{\sum_{r=1}^{100} \sum_{j=1}^{J} I(q_j == \hat{q}_j)}{r} \qquad \text{公式 8 - 27}$$

$I(q_j == \hat{q}_j)$ 表示第 r 批数据中题目 j 的属性向量是否被正确估计,1 表示正确估计,反之则为 0。

题目属性平均判准数(Attribute Recovery Number,ARN):计算 100 次重复实验中对题目属性的平均正确恢复量,反映了知识属性恢复的概率。

$$\text{ARN} = \frac{\sum_{r=1}^{100} \sum_{j=1}^{J} I(q_{jk} == \hat{q}_{jk})}{100 \times J} \qquad \text{公式 8 - 28}$$

当 **Q** 矩阵没有成功恢复时,PMN 和 ARN 就刻画了估计方法将题目属性向量恢复的程度。PMN 和 ARN 越高,表明方法的估计越准确。

平均迭代次数(Average Iterative Number,AIN):计算 100 次重复实验中的迭代次数,取平均值。

$$\text{AIN} = \frac{\sum_{r=1}^{100} ItNum_r}{100} \qquad \text{公式 8 - 29}$$

$ItNum_r$ 指的是第 r 次估计中所用的迭代次数。

平均运行时间(Average Running Time,ART):计算 100 次重复实验中 **Q** 矩阵验证过程的运行时间,取平均值。

$$\text{ART} = \frac{\sum_{r=1}^{100} t_r}{100} \qquad \text{公式 8 - 30}$$

t_r 指第 r 次实验中所用运行时间。分析同一批数据,ART 越小,表明算法的运行效率越高。

8.3.4　研究结果

利用 R^P 方法估计多级计分诊断测验 **Q** 矩阵的结果如表 8 - 4 所示。本研究主要关注样本较小时的 **Q** 矩阵估计效果。

整体来看,非参数 R^P 法在测验的样本较小时,大多数情况下 Q 矩阵估计成功率只能接近或者略微超过 50%。从结果可以看出,随着样本的增加,R^P 估计的成功率会上升;随着 Q 矩阵中包含正确元素的增加,即降低错误比例,R^P 法估计 Q 矩阵的成功率也会上升。

但是相对来看,减少错误比例所带来的成功率的提高要大于增加样本量所带来的提高。比如:当被试人数从 400 增加到 600,各种条件下估计成功率平均增加 2.67 个百分点,而错误比例从 15% 下降到 10%,各种条件下估计成功率平均增加 4 个百分点。当人数增加到 800 或以上时,由于错误比例所带来的 Q 矩阵估计成功率的增加幅度会变小。再比如:在 400 和 600 人时,错误比例从 15% 下降到 10%,估计成功率平均增加值分别为 6 个百分点和 5 个百分点;而在 800 和 1000 人时,相应的平均增加值分别为 2 个百分点和 3 个百分点。

表 8-4　R^P 法的 Q 矩阵估计结果

N	错误比例	$N_{success}$ [0,100]	PMN [0,39]	ARN [0,195]	AIN [0,20]	ART
400	15%	35	34.84	172.16	8.31	10 052.30
	10%	41	35.35	177.46	7.93	9 326.54
	5%	50	36.14	183.88	7.95	9 685.36
600	15%	38	35.10	176.83	8.27	8 967.27
	10%	43	35.69	178.60	7.89	7 358.57
	5%	53	36.47	187.62	7.65	6 640.33
800	15%	42	35.76	177.66	7.99	7 251.09
	10%	44	35.90	179.02	7.38	5 689.18
	5%	58	37.84	189.15	7.38	5 388.36
1000	15%	44	35.96	178.66	7.59	7 846.52
	10%	47	36.09	183.82	7.17	6 121.76
	5%	60	37.95	189.64	7.20	6 679.29

图 8-2 和图 8-3 表示按照不同类型分组情况,Q 矩阵成功估计次数的变化。图 8-2 为按照不同被试人数分组,图 8-3 为按照不同 Q 矩阵错误比例分组。

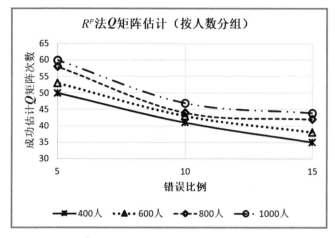

图 8 - 2 R^P 法估计 Q 矩阵(按人数分组),范围 $[0,100]$

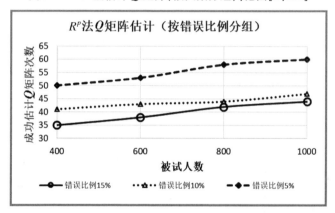

图 8 - 3 R^P 法估计 Q 矩阵(按 Q 矩阵中元素的错误比例分组),范围 $[0,100]$

图 8 - 2 描述了用 R^P 法估计 Q 矩阵随着人数的变化趋势,可以很容易地看出人数的增加以及错误比例的降低对于非参数方法下的 Q 矩阵估计效果的影响。很显然,人数越多以及错误比例越低,Q 矩阵估计效果越好。

图 8 - 3 可以很容易地看出人数的增加和错误比例不同对于非参数方法下的 Q 矩阵估计效果的影响。Q 矩阵错误比例为 5% 的估计效果明显高于错误比例为 10% 和 15% 的情况。当人数为 800 和 1000 时,Q 矩阵错误比例为 5% 的情况下,Q 矩阵成功估计次数的差异很大;Q 矩阵错误比例为 10% 和 15% 的情况下,Q 矩阵成功估计次数差异不大,并且在人数为 800 和 1000 时,差异变得更小。

为了进一步验证 R^P 法估计 Q 矩阵的表现,本研究分步骤考查了该方法的估计成功率,表 8 - 5 列出了相应的结果:

根据表8-5可知,一共有5道题是二级计分(包含1个做题步骤),有13道题是三级计分(包含2个做题步骤),有3道题是四级计分(包含3个做题步骤)。从结果可以看出,R^P法对不同步骤的属性向量估计有不同的成功率,对每个题目的第1个步骤所对应的属性向量估计准确率相对更高。随着样本量的增加和错误比例的降低,属性向量估计准确率逐渐提高。

表8-5　R^P法的Q矩阵估计结果(按题目得分类别统计)

N		PMN [0,39]	ARN [0,195]	PMN1 [0,20]	ARN1 [0,100]	PMN2 [0,13]	ARN2 [0,65]	PMN3 [0,3]	ARN3 [0,15]
400	15%	34.84	172.16	18.56	95.74	9.01	37.56	1.31	11.32
	10%	35.35	177.46	18.89	95.9	9.64	37.89	1.92	12.74
	5%	36.14	183.88	18.90	96.01	10.18	36.14	1.96	12.88
600	15%	35.10	176.83	18.73	95.81	9.76	37.73	1.33	11.45
	10%	35.69	178.60	18.89	95.91	9.60	37.89	1.94	12.90
	5%	36.47	187.62	18.97	96.43	10.27	37.97	1.96	13.01
800	15%	35.76	177.66	18.9	95.88	10.04	37.9	1.39	11.62
	10%	35.90	179.02	18.99	95.98	10.48	37.99	1.95	12.91
	5%	37.84	189.15	19.04	96.51	10.75	38.04	1.98	13.04
1000	15%	35.96	178.66	19.12	96.33	10.68	38.12	1.59	12.27
	10%	36.09	183.82	19.29	96.47	10.81	38.29	2.01	13.13
	5%	37.95	189.64	19.35	97.41	11.12	38.35	2.20	13.26

　　注:PMN指平均的题目属性向量模式判准的数量。PMN1指的是题目的第1个得分步骤对应的属性向量的平均判准数量,它涉及Q矩阵中的每一个题目;PMN2和PMN3分别指的是所有满分大于等于2和3分的题目,估计方法在第2和第3个得分步骤对应的属性向量的平均判准数量,其中涉及PMN2的题目有13题,涉及PMN3的题目只有3题。ARN、ARN1、ARN2、ARN3是对应的属性平均判准率。

　　图8-4和8-5分别展示的是利用R^P法估计Q矩阵时,按人数分组和按错误比例分组条件下,平均的正确作答类别所对应的属性向量的估计成功数。整个Q矩阵中的作答类别数是39,因此,这个指标离39越近,说明估计得越准确。

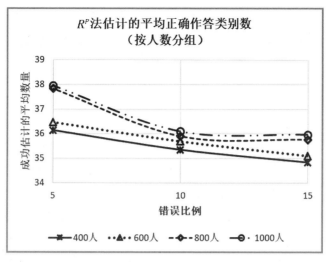

图 8 - 4　R^P 法成功估计题目的平均作答类别数（按人数分组），范围[0,39]

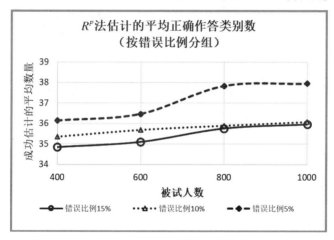

图 8 - 5　R^P 法成功估计题目的平均作答类别数（按错误比例分组），范围[0,39]

　　从图 8 - 4 可以看出，平均类别属性向量的估计成功次数随着错误比例的增加而减少。在错误比例为 5% 的情况下，800 人和 1000 人条件下，估计错误的平均类别属性向量数小于 1.5；而 400 人和 600 人条件下，这个数字则达到 3 以上。这说明，要想达到较好的类别属性向量估计，样本量最好要超过 800。而在错误比例为 10% 和 15% 的情况下，各人数条件下，估计错误的平均类别属性向量数都达到 3 以上。

　　从图 8 - 5 可以看出，当 **Q** 矩阵中包含的错误元素比例达到 15% 的时候，人数的增加对于类别属性向量的成功估计数提高较慢，尤其是当达到 800 人以上时,对于类别属性向量的成功估计数增长处于平缓状态。在包含错误比例的三种条件下,当达到 800 人以上时,类别属性向量的成功估计数保持在比较稳定的水平。

8.3.5　讨论

本研究考查了 R^P 法在不同被试人数、不同错误比例时的 Q 矩阵估计效果。从表现上来看,在实际应用中,该方法可以对 Q 矩阵中存在不同程度的错误时估计 Q 矩阵提供很好的参考信息。

在较小的样本量(比如 400)和 Q 矩阵含有较小的错误比例(比如 5%)时,该方法有 50% 的可能正确恢复整个 Q 矩阵(包含所有题目的各个作答步骤所对应的属性向量)。当 Q 矩阵中包含较大的错误比例时,该方法虽然正确恢复 Q 矩阵的可能性只有 35%,但是它仍然有很大的可能正确估计各题目的第一个步骤所对应的属性向量。不过,随着作答步骤的增加,该方法对越后面的步骤所对应的属性向量的估计成功率会下降。

综合来看,当样本量达到 800 或 1000,包含较少的错误比例时,该方法对于 Q 矩阵中类别属性向量的估计成功率较好。

8.4　基于参数化方法——S^P 统计量的多级计分下的 Q 矩阵验证

8.4.1　Q 矩阵验证指标

根据前面的介绍,Liu 等人(2012)构建的 Q 矩阵验证指标 S 统计量(为方便,下文称为 S 法)只在 0/1 计分的情形下展开研究。本研究将 S 法进行推广,结合 Ma 和 de la Torre(2016)提出的 sequential process model,将 Q 矩阵验证指标拓展到多级计分诊断测验中。下面介绍将 S 法应用到多级计分诊断测验中相关符号和公式的含义,并将多级计分下的方法记为 S^P 法。

Liu 等人(2012)的 Q 矩阵估计算法的基本思想为:当被试人数足够多时,基于正确界定的 Q 矩阵去分析测验数据,得到模型参数和被试分类参数,去计算得到的期望作答分布与观察作答分布应该相等,可用如下的伪代码表示:

$$\text{if} \qquad Q^{P'} = Q^P_{true} \qquad\qquad \text{公式 8-31}$$

$$\text{then} \qquad P(R \mid Q^{P'}, p) = \hat{P}(R) \qquad\qquad 公式 8-32$$

其中,$Q^{P'}$ 为备选的多级计分诊断测验下的 **Q** 矩阵(也可以称作 **Q** 矩阵估计值),Q^{P}_{true} 为其真值,$P(R \mid Q^{P'}, p)$ 表示由模型参数和总体分布确定的作答向量 R 的分布,$\hat{P}(R)$ 表示作答向量 R 的观察分布。另有:

$$P(R \mid Q^{P'}, p) = \sum_{\alpha} p_{\alpha} \prod_{j=1}^{J} P(R^{j} \mid Q^{P'}, \alpha) \qquad 公式 8-33$$

$$\hat{P}(R) = \frac{1}{N} \sum_{i=1}^{N} I(R_{i} = R) \qquad\qquad 公式 8-34$$

其中,p_{α} 表示属性掌握模式 α 在总体中的分布,R_{i} 表示被试 i 的作答向量。

S 法的一个关键概念是 **T** 矩阵(T-matrix),它的作用是描述期望作答分布。

(1)对单个题目而言,假设题目的最高得分为 H,即得分区间为 $[0, H]$,共有 $H+1$ 个作答类别,则:

$$P(R^{j} = 1 \mid Q^{P'}, p) = \sum_{\alpha} p_{\alpha} P(R^{j} = 1 \mid Q^{P'}, \alpha) = B_{Q^{P'}}(j) p$$

$$公式 8-35$$

$$\cdots\cdots$$

$$P(R^{j} = H \mid Q^{P'}, p) = \sum_{\alpha} p_{\alpha} P(R^{j} = H \mid Q^{P'}, \alpha) = B_{Q^{P'}}(j) p$$

$$公式 8-36$$

(2)对题目对而言,则(这里为了方便,假设每个题目有相同的作答类别,其实在实际应用中,各个题目的作答类别可能是不相同的):

$$P(R^{j1} = 1, R^{j2} = 1 \mid Q^{P'}, p) = \sum_{\alpha} p_{\alpha} P(R^{j1} = x_{j1} \mid Q^{P'}, \alpha) P(R^{j2} = x_{j2} \mid Q^{P'}, \alpha)$$

$$= B_{Q^{P'}}(j1, j2) p \qquad\qquad 公式 8-37$$

$$\cdots\cdots$$

$$P(R^{j1} = H, R^{j2} = H \mid Q^{P'}, p) = \sum_{\alpha} p_{\alpha} P(R^{j1} = H \mid Q^{P'}, \alpha) P(R^{j2} = H \mid Q^{P'}, \alpha)$$

$$= B_{Q^{P'}}(j1, j2) p \qquad\qquad 公式 8-38$$

因此,一共有 C_{J}^{2} 个题目对。同理,还有三个题目的组合,直到 J 个题目的组合。通过这种方法,可以构建一个大小为 $(2^{JH} - 1) \times 2^{K}$ 的 **T** 矩阵:

$$T = \begin{array}{c} 1 \\ 2 \\ \vdots \\ J \\ 1 \cup 2 \\ \vdots \end{array} \begin{array}{cccc} \alpha_1 & \alpha_2 & \cdots & \alpha_{2K} \\ \begin{bmatrix} P_{\alpha_1,1} & P_{\alpha_2,1} & \cdots & P_{\alpha_{2K},1} \\ P_{\alpha_1,2} & P_{\alpha_2,2} & \cdots & P_{\alpha_{2K},2} \\ \vdots & \vdots & \vdots & \vdots \\ P_{\alpha_1,J} & P_{\alpha_2,J} & \cdots & P_{\alpha_{2K},J} \\ P_{\alpha_1,1\cup2} & P_{\alpha_2,1\cup2} & \cdots & P_{\alpha_{2K},1\cup2} \\ \vdots & \vdots & \vdots & \vdots \end{bmatrix} \end{array},$$

公式 8 – 39

记 **T** 矩阵的行向量分别为 $B_{Q^{P'}(1)}$,……, $B_{Q^{P'}(1,2)}$,则公式 8 – 39 可以表示为:

$$T_{(Q^{P'})} = \begin{pmatrix} B_{Q^{P'}(1)} \\ \cdots\cdots \\ B_{Q^{P'}(J)} \\ B_{Q^{P'}(1,2)} \\ \cdots\cdots \end{pmatrix}$$

公式 8 – 40

根据公式 8 – 36 到公式 8 – 39 ,**T** 矩阵可以表示为:

$$T_{(Q^{P'})} = \begin{pmatrix} P(R^1 = 1 \mid Q^{P'}, p) \\ \cdots\cdots \\ P(R^J = 1 \mid Q^{P'}, p) \\ P(R^1 = 1, R^2 = 1 \mid Q^{P'}, p) \\ \cdots\cdots \end{pmatrix}$$

公式 8 – 41

β 向量是该方法的另一个重要概念,这是与公式 8 – 39 相对应的列向量,其分向量为答对该题目组合的人数比,它表示的是观察得分的分布。当 $N \to \infty$,如果各参数都正确标定,则依大数定律,有:

$$\beta = T_{(Q^{P'})} p$$

公式 8 – 42

因此,多级计分诊断测验下的 **Q** 矩阵验证的目标函数同样可以表示为:

$$S_{p(Q^{P'})} = |T_{(Q^{P'})} p - \beta|$$

公式 8 – 43

其中,|……|为欧氏距离,由于参数是未知的,需要基于模型采用极大似然估计来估计各参数。相应地,目标函数估计量为 $\tilde{Q}^P = \arg\inf_{Q^{P'}} \hat{S}(Q^{P'})$。算法的过程大致如下:

(1)基于初始的 **Q** 矩阵(称为 Q_0^P),在实际应用中它通常是由专家界定得到,这里是通过在正确 Q 矩阵中加入一定比例的错误模拟得到。对于每个 $Q^{P'}$ 而言,定义 $\Omega_j(Q^{P'})$ 为除 $Q^{P'}$ 中第 j 行(题目)外的 $J \times (2^K - 1)$ 个矩阵集合,简记为 Ω_j。

(2)将 Q_0^P 作为迭代初始值,即 $Q(0) = Q_0^P$。对于 m 次迭代,Q_0^P 从前一次迭代 Q_{m-1} 中得到。

(3)令 $Q_{j*} = \arg_{Q_j^P \in \Omega_j} \inf_j S(Q_j^P)$,$j = j + 1$。

(4)当所有的题目完成估计,$Q(m) = Q_{j*}^P$。

(5)重复以上步骤,直到 $Q(m) = Q(m-1)$。

对于每一次迭代 m,算法都要更新 J 个题目中的一个。如果第 j 个题目得到更新,那么下一次迭代的 Q 阵就包含了题目 j 的属性向量,记为 Q_j^P。由于对(3)中目标函数 S 的优化估计最多需要 $2^K - 1$ 次,因此,每一次迭代对目标函数 S 的优化估计需要 $J \times (2^K - 1)$ 次,这大大低于将整个 Q 阵进行优化所需的 $(2^K - 1)^J$ 次。

8.4.2　实验假设

本研究基于如下的假设:假设手头已经由相关知识领域专家界定了一个 Q 矩阵,即初始 Q 矩阵,并且这个初始的 Q 矩阵中只包含部分错误(其中的一部分元素被错误定义,其余元素被正确定义)。

8.4.3　实验设计

本书分别模拟不同被试人数(800、1000、2000、4000)和不同错误属性比例(5%、10%、15%)下的数据,总共有 $4 \times 3 = 12$ 种实验条件,每种条件下模拟 100 次。本研究使用 R 软件生成模拟数据。

(1)测验 Q 矩阵的真值

采用 Ma(2016)研究中所使用的 Q 矩阵(Restricted Q-matrix),记作 Q^{PT}。

(2)模拟初始的 Q 矩阵

基于真实 Q 矩阵,模拟包含一定比例错误的初始 Q 矩阵,记作 Q_0^P。Q_0^P 中包含错误标定的 q 向量,错误的题目按一定比例(分别为 5%、10%、15%)随机挑选,被挑选的错误项在 $2^K - 2$ 种可能性中随机抽选。

(3)模拟被试的知识状态

被试的知识状态按均匀分布模拟,即每种知识属性掌握模式下的被试数相近。

(4)模拟题目参数

题目参数的模拟根据如下的规则完成:最高类别 $S_j(h|\alpha_{ljh}^*=1)=0.9$,最低类别 $S_j(h|\alpha_{ljh}^*=0)=0.1$,当作答类别多于两个时,中间的类别概率从均匀分布 $U[S_j(h|\alpha_{ljh}^*=0),S_j(h|\alpha_{ljh}^*=1)]$ 中随机抽取,并且保证掌握越多属性时,其类别概率越大。

(5)模拟被试作答

在上述步骤中模拟出学生的知识状态、Q 矩阵和题目参数值之后,计算被试在题目上的作答反应概率。被试的作答得分基于 sequential GDINA 模型的项目反应函数模拟。

$$P(X_j=h|\alpha_c)=\{[1-S_j(h+1|\alpha_c)]\}\prod_{x=0}^{h}S_j(x|\alpha_c)$$

公式 8 - 44

其中,$S_j(x|\alpha_c)$ 为被试在题目 j 的在第 x 步上得分的概率,它可以选用常用认知诊断模型函数,比如 DINA 或 GDINA 等。

8.4.4 研究结果

利用 S^P 法估计多级计分诊断测验 Q 矩阵的结果如表 8 - 6 所示。本研究主要关注样本较大时的 Q 矩阵估计效果。整体来看,参数化 S^P 法的表现在测验样本较大时,大多数情况下对整个 Q 矩阵估计的成功率都超过 50%。

从结果可以进一步看出,随着样本的增加,S^P 法估计 Q 矩阵的成功率会上升;随着 Q 矩阵中包含正确元素的增加,即降低错误比例,S^P 法估计 Q 矩阵的成功率也会上升。

但是相对来看,样本量的提高所带来的成功率要高于减少错误比例所带来的成功率,这一点不同于 R^P 法。比如:样本量从 800 增加到 1000 时,各种条件下估计成功率平均增加 3.33 个百分点;样本量从 1000 增加到 2000 时,各种条件下估计成功率平均增加 7 个百分点;样本量从 2000 增加到 4000 时,各种条件下估计成功率平均增加 8.33 个百分点。而错误比例从 15% 降为 10% 时,样本量为 800 时,估计成功率仅提高 3 个百分点;而在大样本中,估计成功率提高得更多。

随着错误比例的提高,估计过程中的平均迭代次数和平均运行时间会有提高,尤其是运行时间,会有大幅的提高。

表 8 – 6 S^P 法的 **Q** 矩阵估计结果

N	错误比例	$N_{success}$ [0,100]	PMN [0,39]	ARN [0,195]	AIN [1,20]	ART
800	15%	48	35.81	177.61	6.45	41 146.24
	10%	51	36.13	178.76	6.33	36 512.65
	5%	60	37.40	182.26	5.95	36 214.51
1000	15%	50	36.11	178.13	6.67	32 265.67
	10%	57	36.96	179.65	6.40	28 971.33
	5%	62	37.12	188.34	5.56	25 089.21
2000	15%	57	36.76	179.96	6.99	28 967.92
	10%	64	36.98	181.21	6.35	26 412.45
	5%	69	37.88	190.52	6.38	21 752.60
4000	15%	63	37.96	190.15	6.54	33 098.25
	10%	72	38.01	191.38	6.26	24 569.98
	5%	80	38.54	192.73	6.22	23 043.52

图 8 – 6 和图 8 – 7 表示按照不同类型分组情况,**Q** 矩阵成功估计次数的变化。图 8 – 6 为按照不同被试人数分组,图 8 – 7 为按照不同 **Q** 矩阵错误比例分组。

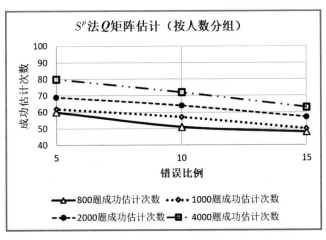

图 8 – 6 S^P 法估计 **Q** 矩阵(按人数分组),范围[0,100]

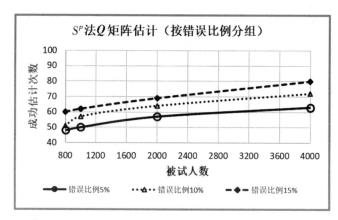

图 8 - 7 S^P 法估计 Q 矩阵（按 Q 矩阵中元素的错误比例分组），范围 $[0,100]$

图 8 - 6 描述了 S^P 法估计 Q 矩阵随着人数的变化趋势，可以很容易地看出人数的增加对于参数化方法的影响。随着样本量的增加，Q 矩阵估计效果逐渐提高。在 Q 矩阵错误比例为 10% 和 15%，以及被试人数为 800 时，Q 矩阵的正确估计率微弱高于 50%。但在错误比例为 5%，被试人数为不同条件的情况下，Q 矩阵成功估计次数明显高于错误比例为 10% 和 15% 的情况，且在样本为 4000 的条件下，Q 矩阵成功估计率达到了 80%。

图 8 - 7 可以很容易地看出人数的增加对于参数方法的影响。人数的增加对于估计成功率的提高还是较明显的，这与 R^P 法不同。

为了进一步评价 S^P 法估计 Q 矩阵的表现，我们分步骤考查了方法的估计成功率，表 8 - 7 列出了相应的结果。

根据表 8 - 7 可知，一共有 5 道题是二级计分（包含 1 个做题步骤），有 13 道题是三级计分（包含 2 个做题步骤），有 3 道题是四级计分（包含 3 个做题步骤）。从结果可以看出，S^P 法对不同步骤的属性向量估计有不同的成功率，对每个题目的第 1 个步骤所对应的属性向量估计准确率相对更高，并且随着样本量的提高和错误比例的下降，属性向量估计准确率会有所提高。

表 8 - 7　S^P 法的 Q 矩阵估计结果（按题目得分类别统计）

N		PMN [0,39]	ARN [0,195]	PMN1 [0,20]	ARN1 [0,100]	PMN2 [0,13]	ARN2 [0,65]	PMN3 [0,3]	ARN3 [0,15]
	15%	35.81	177.61	18.76	96.33	10.25	37.74	1.62	12.34
800	10%	36.13	178.76	18.81	96.42	10.48	37.92	1.95	12.87
	5%	37.12	182.26	18.90	96.87	11.09	41.54	1.97	12.96

续表 8 - 7

N		PMN	ARN	PMN1	ARN1	PMN2	ARN2	PMN3	ARN3
		[0,39]	[0,195]	[0,20]	[0,100]	[0,13]	[0,65]	[0,3]	[0,15]
1000	15%	36.11	178.13	18.78	96.67	10.67	40.35	1.61	12.54
	10%	36.96	179.65	18.93	96.92	10.86	41.76	1.98	12.98
	5%	37.40	188.34	18.98	97.02	11.34	42.55	1.99	13.15
2000	15%	36.76	179.96	18.89	96.96	10.93	40.97	1.69	12.77
	10%	36.98	181.21	19.02	96.98	11.05	43.85	2.13	13.31
	5%	37.88	190.52	19.15	97.33	11.56	45.41	2.18	13.54
4000	15%	37.96	190.15	19.08	97.36	11.72	48.56	1.89	13.12
	10%	38.01	191.38	19.21	97.51	11.93	48.33	2.22	13.73
	5%	38.54	192.73	19.40	98.23	12.10	50.15	2.36	14.62

对于整个 **Q** 矩阵中的平均类别属性向量的变化趋势,请参考图 8 - 8 与图 8 - 9;平均的 **Q** 矩阵元素估计正确数量,请参考图 8 - 10。

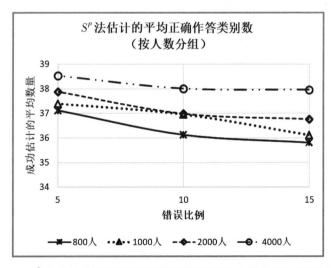

图 8 - 8 S^P 法成功估计题目的平均作答类别数(按人数分组),范围[0,39]

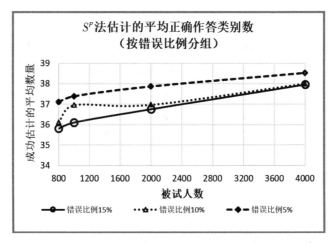

图 8-9 S^P 法成功估计题目的平均作答类别数(按错误比例分组),范围[0,39]

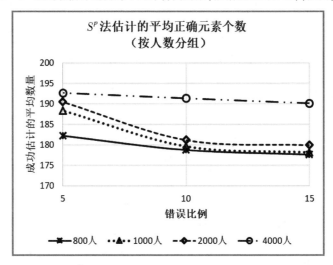

图 8-10 S^P 法成功估计题目的属性元素个数,范围[0,195]

从中可以看出,一方面随着 Q 矩阵中包含错误元素的比例提高,无论是整个 Q 矩阵的估计成功率、Q 矩阵中作答类别属性向量的平均估计成功率,还是 Q 矩阵中元素的平均估计成功率都会有相应的下降;另一方面,随着被试人数的增加,各估计精度指标会有不同程度的提高。

当 Q 矩阵中包含的错误比例只有5%时,1000个被试数据就可以达到较高元素估计成功率;当错误比例达到更高的10%或15%,被试人数为800、1000和2000时,Q 矩阵中元素的估计成功率都不高。但是,当样本量达到4000时,可以获得较高的 Q 矩阵元素估计成功率,并且不同的样本量条件下,Q 矩阵的成功估计数都保持着较高且相近的水平。总体来看,S^P 法在样本达到 4000 个被试时,会得到比较稳定的 Q 矩阵元素估计成功率。

8.4.5　讨论

本研究考查了 S^P 法在不同被试人数包含不同错误比例时的 Q 矩阵估计效果。从表现上来看,在实际应用中,该方法可以对 Q 矩阵中存在的错误提供很好的参考信息。

在较大的样本量(比如 4000)和较小的错误比例(比如 5%)时,该方法有 80% 的可能正确恢复整个 Q 矩阵(包含所有题目的各个作答步骤所对应的属性向量);当 Q 矩阵中包含较大的错误比例时,该方法虽然正确恢复 Q 矩阵的可能性只有 63%,但是仍然有很大的可能恢复题目的大部分步骤所对应的属性向量。随着作答步骤的增加,该方法对越后面步骤所对应的属性向量的估计成功率会下降。

综合来看,在实际应用中,如果想获得较稳定的属性水平的估计精度,需要较大的样本量,以及较低的 Q 矩阵错误比例。该方法需要较长的运行时间,在运算成本上耗费较大。

第九章　认知诊断测验中的被试拟合研究

9.1　认知诊断评估理论的基础概念

诊断评估更重要的价值在于诊断。诊断本质上是对问题进行精确分析,找出出现问题的原因,从而基于全面评价做出分类的决策。诊断评估的目的是掌握诊断对象特定领域的优势和劣势,提出合理的改善建议。从教育的角度看,评价要更好地反映学生的学习情况,促进学生的学习发展,为教师的教学提供反馈。因此,越来越多的学者和实践者呼吁测验结果要能够促进学习提升。认知诊断为学业的形成性评价提供了技术支持,它通过分析考试的作答数据,提供学生知识结构掌握情况、认知发展过程等方面的评估。

近年来,认知诊断评估被广泛应用于教育评估中。相对于传统的心理测量方法,认知诊断评估的主要优势在于它提供了关于被试特定知识结构和加工技能的优势和劣势的有用信息。学生可以通过诊断结果来了解他们未掌握的知识点或不具备的技能,这种认知诊断结果反馈也有助于推动教师的教学过程有序发展。在认知诊断评估中,被试正确作答概率的大小取决于是否掌握题目所考查的属性。与经典测验理论和项目反应理论根据被试的能力"分数"对被试进行排序不同,认知诊断评估是根据被试作答反应数据,借助认知诊断模型,将被试对测验所考查的知识点(如通分、借位、约分等)是否掌握的情况进行分类,明确被试知识结构的优势和劣势。

近年来,认知诊断评估在一些教育测试中得到应用。比如 Roussos 等(2003)将重新参数化的统一模型(Reparameterized Unified Model,RUM)应用于美国大学考试(ACT)的数学部分评估;Hartz(2002)将 RUM 应用到 60 个科目的 PSAT 考试中,目的是告诉学生在参加 SAT 考试之前应该掌握的属性;Templin(2006)利用国际数学与科学趋势研究(TIMSS)的数据,比较了不同国家的学生对属性的掌握情况等。总之,这些研究展示了认知诊断评估在现实教育环境中的应用。

9.1.1　属性

属性一词是认知诊断评估最重要的概念之一,与潜在特质、内隐特质是近义词。Leighton、Gierl 和 Hunka(2004)提出属性是指完成任务必备的知识结构和知识过程。在认知诊断评估中,属性通常指知识、技能、策略等心理特征。例如,在数学领域的一个例子中,属性被描绘成分数减法项目的认知反应过程(de la Torre,Douglas,2004)。而在英语语言学习领域的例子中,阅读理解的属性难以被清晰地排列成特定的顺序,因为阅读理解的结构对使用不同成分的策略的变化更为敏感。因此,这些被测量的知识、技能、认知过程和问题解决步骤被称为属性(de la Torre,2009;de la Torre,Lee,2010)。在文献中,技能的存在和缺失被称为属性掌握和属性未掌握。

属性和属性之间的关系可以是彼此独立的,也可以是相互关联的。如果一个测验共测量了 K 个相互独立的属性,那么理论上所有可能的被试属性掌握模式有 2^K 种,可能的项目考查属性组合模式有 $2^K - 1$ 种(减去未考查任何属性的题目)。理想属性掌握模式是理论上所有可能的属性掌握模式。举个例子,如果一个测验考查了 3 个属性,那么可能的属性掌握模式就有 $2^3 = 8$ 种,即 000、100、010、001、110、101、011、111。

属性层级是属性之间依赖关系的说明。比如,假设掌握属性 1 是掌握属性 2 的先决条件,那么从某种意义上说,如果被试掌握了属性 2,那么他就掌握了属性 1。Gierl 等人(2007)提出典型的属性层级关系形式有直线型、收敛型、发散型和无结构型,如图 9-1 所示。在直线型属性层次结构中,所有属性在单个链中按顺序排列,意味着如果被试掌握了位于链条末端的属性,那么他已经掌握了前面的所有属性。在收敛型属性层次结构中,单个属性可以在单个链中有多个先决条件属性,如图 9-1 中收敛型结构图所示,如果被试掌握了属性 5,那么他也已经掌握了属性 3 或属性 4 或两者,以及属性 1 和属性 2。在发散型属性层次结构中,多个不同的分支起源于一个公共的属性。在无结构型属性层次结构中,一个属性是几个不同属性的先决条件(许多不同的子属性链接到相同的公共父属性,但彼此之间不链接)。

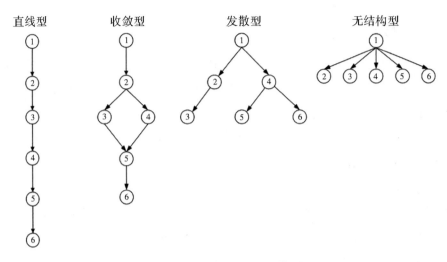

图9-1 属性层级关系结构图

9.1.2 Q 矩阵

Q 矩阵是 $J \times K$ 阶的、反映题目和属性关联的矩阵。其中，J 是题目的数量，K 是测验中题目考查的属性的数量。通常来说，Q 矩阵的行表示题目，列表示属性，题目和属性的具体关系用 $q_{jk}(k=1,\cdots,K;j=1,\cdots,J)$ 来表示，如果题目采取 0/1 二级计分，用 q_{jk} 表示该题目是否考查某属性。如果题目 j 考查了属性 k，则 $q_{jk}=1$；如果题目 j 未考查属性 k，则 $q_{jk}=0$。例如，某一题需要测试该测验所考查三个属性中的前两个属性，则该题在 Q 矩阵中的属性向量为 $[110]$，这个向量表示被试需要掌握前两个属性才能正确作答。

表9-1给出了一个简单、通用的二级计分 Q 矩阵的例子，包含 4 个题目，共考查了 3 个属性，分别用 $k1$、$k2$、$k3$ 表示。其中第 1 题考查了属性 1 和属性 3，没有考查属性 2；第 2 题仅仅考查了属性 3，没有考查属性 1 和属性 2；第 3 题考查了属性 2 和属性 3；第 4 题考查了属性 1 和属性 2。需要说明的是，一道题目可以考查所有属性，但不会有题目没有考查任何属性。

表9-1 某测验中部分题目-属性关系 Q 矩阵

	$k1$	$k2$	$k3$
题目 1	1	0	1
题目 2	0	0	1

续表 9 - 1

	k1	*k2*	*k3*
题目 3	0	1	1
题目 4	1	1	0

注:1 代表题目考查了该属性,0 代表题目未考查该属性。

值得注意的是,**Q** 矩阵也可以包含多水平属性,如用 0、1、2 来表示属性掌握情况的三个水平(Karelitz,2004;von Davier,2005)。

9.1.3 知识状态

知识状态指被试对属性的掌握情况,通常用 α 表示。如果 $\alpha_k = 1$,则表示被试掌握了属性 k;如果 $\alpha_k = 0$,则表示被试没有掌握属性 k。在具体实例中,假设一次测试考查了 6 个属性,学生甲掌握了第 2、第 3、第 4、第 6 个属性,而未掌握第 1、第 5 个属性,那么他的知识状态表示为[011101];学生乙掌握了第 1、第 2、第 3、第 5、第 6 个属性,未掌握第 4 个属性,那么学生乙的知识状态表示为[111011]。

9.1.4 理想反应模式

理想反应模式是指如果被试在不存在猜测和失误的情况下,掌握了题目考查的所有属性,那么他一定能正确作答该题;如果他没有掌握题目考查的所有属性,那么他一定会错误作答该题。举例说明如下:仍以上表 9 - 1 某测验的部分 **Q** 矩阵为例。在表 9 - 2 中,共展示了 8 名被试,其中被试 4 掌握了第 3 个考查属性,因此他的属性掌握模式为[001]。从表 9 - 1 中的 **Q** 矩阵看,只有第 2 题是考查了 1 个属性且考查的是属性 *k3*,其他 3 道题都是考查了 2 个属性,被试 4 掌握了第 2 题考查的所有属性,未掌握其他三道题考查的所有属性,因此,被试 4 的理想反应模式为[0100],以此类推。

表 9 - 2 部分被试理想反应模式示例

	掌握模式	属性掌握模式	理想反应模式
被试 1	未掌握任何属性	000	0000
被试 2	*k1*	100	0000

续表 9 - 2

	掌握模式	属性掌握模式	理想反应模式
被试 3	$k2$	010	0000
被试 4	$k3$	001	0100
被试 5	$k1$、$k2$	110	0001
被试 6	$k1$、$k3$	101	1100
被试 7	$k2$、$k3$	011	0110
被试 8	$k1$、$k2$、$k3$	111	1111

9.1.5 常用的认知诊断模型

自 20 世纪 80 年代以来,认知心理学和心理测量学的结合产生了基于认知的心理测量学模型(Brennan,2006)。通常来说,参数化认知诊断评估需要通过认知诊断模型对被试进行诊断评估。认知诊断模型是一种心理测量模型,用来评估学生的优势和劣势,建立起被试可观察的作答反应数据与不可观测的属性掌握情况之间的关系,将被试按照属性掌握模式进行分类。认知诊断模型分为三类,第一类是没有显式的项目特征函数,如规则空间模型(Rule Space Model,RSM;Tatsuoka,1995)、属性层级模型(Attribute Hierarchy Model,AHM;Leighton,Gierl,Hunka,2004);第二类是潜类别模型;第三类是多维项目反应理论模型,包括补偿型模型和非补偿型模型(Rupp,Templin,2008)。如何构建、评价、选择一个拟合良好的、适应于具体实际评价情境的认知诊断模型一直是认知诊断理论的研究热点。国内外对认知诊断模型的研究很多,据统计,认知诊断模型发展至今已达 100 多种(辛涛,乐美玲,张佳慧,2012)。常用的认知诊断模型包括规则空间模型、属性层级模型、DINA 模型、NIDA 模型、融合模型、通用诊断模型、贝叶斯网、GDINA 模型等。丁树良等(2012)提出,认知诊断模型适用于形成性评价,因为它考查的属性粒度更细。

根据不同的实际测量情境,研究者可以采用不同的认知诊断模型进行分析。然而,由于二级计分方式的模型只能评价被试是否掌握某一知识或技能,而对被试在知识或技能的不同掌握水平或程度不能进行有效的评价。在实际测评题型中,有一些题型是以多级计分方式进行评分的,如计算题、简答题、论述题等,心理量表中的李克特量表等也是采取多级计分数据。因此,越来越多研究者开始关注多级计分的模型开发研究,如多级 LCDM(Hansen,2013),PG-DINA 模型(Cheng,de la Torre,2013),诊断树模型(Ma,de la Torre,2018),涂冬波、蔡艳、戴海琦和丁树良(2010)提出适合二级计分和多级计分的 P-DINA 模型。此外,苗莹(2017)从分步计分模型的思路出发,将 DINA 模型拓宽为多级计分认知诊断模型(PC-DINA);在 P-DINA 模型的基础上,蔡艳等人(2017)提出了一种新的多级评分认知诊断模型(rP-DINA 模型);苗莹、蔡艳等人(2019)基于局部或相邻类别链接函数的思想开发出多级计分认知诊断模型(LC-DINA 模型);等等。

9.1.5.1　DINA 模型

DINA 模型是参数化、非补偿模型,是近年来被广泛应用的一种认知诊断模型。模型假设被试正确作答项目的前提是需要掌握该项目考查的所有属性,缺少其中任何一个属性都会导致被试错误作答或答对概率很低,因此它属于完全非补偿的认知诊断模型。DINA 模型由确定性和随机性两部分组成。确定性指理想情况下,为了正确回答某一题,被试必须具备该题所考查的所有属性。随机性则指"失误参数"和"猜测参数":"失误"是指被试掌握了项目考查的所有属性,但因为粗心等原因错误作答;"猜测"是指被试至少有一个项目考查属性没有掌握,但因为猜测而正确作答(de la Torre,2009)。

在 DINA 模型中,基于被试知识状态及测验 Q 矩阵,可以得到被试理想作答向量 η_{ij},表达式如下:

$$\eta_{ij} = \prod_{k=1}^{K} \alpha_{ik}^{q_{jk}} = h(\alpha_i, q_j) \qquad 公式\ 9-1$$

K 表示测验所考查的属性总数。α_{ik} 表示被试 i 是否掌握了第 k 个属性,$k=1,\cdots,K$。当 $\alpha_{ik}=1$ 时,被试 i 掌握了属性 k,反之亦然。q_{jk} 表示项目 j 是否考查属性 k,当 $q_{jk}=1$ 时表示正确作答第 j 题需掌握属性 k。η_{ij} 指属性掌握模式为 α_i 的被试是否掌握项目 j 考查的所有属性,其取值采取 0/1 二级计分。$h(\alpha_i, q_j)$ 表示每个 α 元素乘以 q_{jk} 的幂的运算。当 $\eta_{ij}=1$ 时,代表被试 i 掌握了项目 j 考查的所有属性;$\eta_{ij}=0$ 时,代表被试 i 至少有一个项目 j 考查的属性未掌握。这是 DINA 模型的确定性输入部分,从理论上来说,就是被试正确作答该项目必须掌握该项目考查的所有属性。

DINA 模型的项目反应函数为:

$$P(X_{ij} = 1) = (1 - s_j)^{\eta_{ij}} g_{ij}^{1 - \eta_{ij}} \qquad \text{公式 9 - 2}$$

上式中,X_{ij}表示被试i在项目j上的作答,$i = 1, \cdots, I; j = 1, \cdots, J; s_j = P(X_{ij} = 0 | \eta_{ij} = 1)$指被试$i$掌握了项目$j$测量的所有属性但答错该项目的概率,被称为项目失误参数;$g_j = P(X_{ij} = 1 | \eta_{ij} = 0)$指被试$i$至少有一个项目$j$考查的属性未掌握但答对该项目的概率,被称为猜测参数。例如,如果一个题目的猜测参数值很高,那么有很大的可能性是没有掌握所有考查属性的被试猜对了题目;如果题目的失误参数值很高,那么说明掌握了所有考查属性的被试往往会失误,从而错误地作答。DINA模型的"失误参数"和"猜测参数"定义在题目水平上,不受考查属性个数的影响。表9 - 3表明了DINA模型的作答概率。每个题目均有一个失误参数和猜测参数,为保证模型的可识别性,一般假设$(1 - s_j) \geq g_j$,即保证$P(X_{ij} = 1 | \eta_{ij} = 1) \geq P(X_{ij} = 1 | \eta_{ij} = 0)$。

由于DINA模型中被试正确作答概率由属性掌握模式α_{ik}和题目考查属性模式q_{jk}决定,并受"猜测"和"失误"两个随机因素的影响,对被试作答行为有较好的解释力,同时又具有简洁性的特征,因此受到了较多研究者的关注。

表9 - 3 DINA 模型中作答概率

	$X_{ij} = 1$(正确作答)	$X_{ij} = 0$(错误作答)
$\eta_{ij} = 1$ (掌握了所有考查属性)	$1 - s_j$	s_j
$\eta_{ij} = 0$ (至少有1个考查属性未掌握)	g_j	$1 - g_j$

9.1.5.2 C-RUM

C-RUM(Compensatory-Reparameterized Unified Model; Hartz, 2002)是补偿型模型。补偿型模型允许被试通过掌握另一种技能来弥补一种技能的不足(高旭亮,涂冬波,2017)。换句话说,在一项技能上的高水平的能力可以弥补在另一项技能上的低水平的能力,从而引发被试成功地完成一项任务。C-RUM采用logit函数形式,项目反应函数为:

$$P(X_{ij} = 1 | \alpha_i) = \frac{\exp\left(\sum_{k=1}^{k} \gamma_{jk}^{*} \alpha_{ik} q_{jk} - \pi_j^{*}\right)}{1 + \exp\left(\sum_{k=1}^{k} \gamma_{jk}^{*} \alpha_{ik} q_{jk} - \pi_j^{*}\right)} \qquad \text{公式 9 - 3}$$

其中,$-\pi_j^{*}$是截距,指被试在没有掌握任何属性的情况下正确作答题目j

概率的程度,是题目水平上的表示低水平被试作答反应的下限参数。γ_{jk}^{*} 是斜率,体现在项目和属性交叉水平上,指的是被试掌握了考查属性 k 时对能正确作答题目 j 概率的增加值。如基于 C-RUM 计算,知识状态为 $[010]$ 的被试,考查属性 Q 向量分别为 $[100]$、$[110]$ 的第 4 题、第 5 题的正确作答概率为 $-\pi_{4}^{*}$ 和 $\gamma_{52}^{*}-\pi_{5}^{*}$。

9.1.6　模型—资料拟合

在认知诊断评估中,通常将认知诊断模型(CDMs)与 Q 矩阵(Tatsuoka,1983)结合使用,以提供关于被试的详细诊断信息,便于教学设计的优化。测量模型必须在教育评估的测试构建和结果解释过程中发挥重要作用,认知诊断模型作为一种新兴的测量模型,由于将认知心理学融入测试实践中而受到人们的关注。认知诊断模型是用于识别学生在特定领域中掌握或未掌握的知识和技能的统计模型。为了实现这一点,测试项目和被测量的知识或技能之间的关联必须是预先定义的。与任何心理测量模型一样,认知诊断模型推论的有效性决定了这些模型的有用程度。为了使认知诊断模型的推论有效,确定模型与数据的拟合是至关重要的。而且简约原则规定,从一组同样合适的模型中,应该选择最简单的模型,de la Torre 和 Lee(2013)指出,简约模型优于一般模型的原因在于:第一,一般模型更加复杂,因此需要更大的样本量才能可靠估计;第二,简约模型具备更直观的解释参数;第三,简约模型比一般模型具有更好的属性分类精度,特别是在样本量较小和题目质量较差的情况下(Rojas,de la Torre,Olea,2012)。为了确定认知诊断模型评估结果有效,关键是确定所选模型是否与实际数据相拟合,因此,进行模型—资料拟合优度检验是实施认知诊断评估的重要步骤。

模型—资料拟合检验主要包括三个方面:第一,整体拟合(test-fit)检验,检验整体测验水平数据与认知诊断模型拟合程度。目前整体拟合检验相对拟合指标,主要有偏差、$-2LL$、Akaike 信息量标准、贝叶斯信息量标准、DIC、贝叶斯因子等。第二,项目拟合(item-fit)检验,检验每道题目水平与模型的拟合程度,主要拟合指标有基于卡方检验拟合统计量(Rupp,Templin,Henson,2010)、基于后验预测模型检验拟合统计量(PPMC;Rubin,1984)、项目误差均方根(Kunina-Habenicht,Rupp,Wilhelm,2012)等。第三,被试拟合(person-fit)检验,从被试水平检验被试作答反应与模型的拟合程度(陈孚等,2016;Levine,Drasgow,1983;Meijer,Sijtsma,2001;Cui,Leighton,2009),又称"合适性测验"。

9.1.6.1 被试拟合检验

认知诊断评估的目的是对被试的知识状态、属性掌握的情况作诊断分析,将被试进行分类。测量模型在测试项目的开发和测试结果的解释中发挥着核心作用,如果所选择的模型和被试的作答反应不拟合、被试存在异常反应或者被试的考试行为出现异常,这些情况下被试的考试成绩不一定是技能和属性的真实反映。当被试行为受所测特质或所考查属性之外的因素影响时,被试反应行为可能产生偏倚的结果。比如被试掌握了题目考查的全部属性,但是错误作答了该题;或者被试未掌握到考查的属性,但是正确作答了该题:这样的作答模式均是异常的。具体的异常行为包括作弊、因考试意愿低等原因对整个测验进行随机作答、因考试时间不够等原因致使被试最后几道题目未进行作答等。在心理测量学中,被试的项目作答反应与所选择测量模型匹配,称为被试拟合。

被试拟合作为衡量被试个体与测量模型适应性的度量,提供了关于测试分数解释的有效信息。举个例子,假设一个虚构的测试有 10 个题目,正确作答概率从 95% 到 5% 按每次 10 个百分点的顺序递减,分配给 4 个被试,被试作答反应模式见下表 9 - 4。

表 9 - 4　虚拟测试中被试预期反应模式和失拟反应模式示例

	题目1	题目2	题目3	题目4	题目5	题目6	题目7	题目8	题目9	题目10
被试1	1	1	1	1	1	1	0	0	0	0
被试2	1	1	1	1	0	1	1	0	0	0
被试3	0	0	0	1	1	1	1	0	0	0
被试4	1	0	1	0	1	1	1	1	1	0
正确作答概率	0.95	0.85	0.75	0.65	0.55	0.45	0.35	0.25	0.15	0.05

注:1 代表正确作答,0 代表错误作答。

表 9 - 4 中,被试 1 和被试 2 的正确作答概率随题目难度增加而降低,符合预期作答反应模式。被试 3 和被试 4 则属于异常反应模式,其中被试 3 在正确作答概率为 0.95、0.85 和 0.75 的前三道较容易的题目上答错,但是在中等难度的第 4 题至第 7 题上答对,这可能是考试开始时紧张的表现(Warm Effect;Shao,

2016）；被试4答对了七道题目，推断其为能力较高的被试，但在较容易的题目2和题目4上错误作答，可能是由于注意力不集中（Carelessness）或缺乏动力（Low Motivation）所致（Yu，Cheng，2019）。

被试拟合是用统计指标来检验被试作答反应模式与模型预测之间的差异，这个指标可以在个体之间，甚至是不同属性掌握情况的个体之间进行比较。因此，可以利用被试拟合分析来筛选出异常反应模式的被试，确定哪些被试的数据需要进行额外处理（Patton，Cheng，Hong，Diao，2019），以对被试潜在特质水平进行更加准确的判断。

9.1.7　认知诊断中被试拟合指标研究现状

认知诊断模型在认知诊断评估中发挥着核心作用，模型是否恰当使用直接关系到被试测评结果的准确度高低。如果一个模型不能准确地描述被试在项目作答时的反应过程，模型就会对被试的属性掌握情况作出无效的推断。因此，被试拟合研究是至关重要的。

目前，在认知诊断理论下，被试拟合研究集中在评估被试的项目作答反应与给定模型的期望作答反应的匹配程度上。被试的作答反应数据与测量模型的不匹配可能是由于模型失效或考生的异常反应行为造成的。异常反应行为指作弊（抄更有能力的学生的答案）、创造性作答（高能力的被试因创造性的思维方式错误作答简单的题目；Meijer，1994）或者随机猜测作答等。被试异常反应会导致异常被试分类和估计不准确，导致无效的诊断，进而导致采取错误的补救措施，浪费教师和学生的努力，也会影响整个测验的精确度（Cui，Li，2015）。Drasgow和Guertler（1987）在有关人员选择决策的研究中提出，高估被试的能力可能会导致选择那些不能胜任工作的人。同理，若被试的能力被低估，会造成无效的选择决策，导致对被试的不公平以及造成不必要的浪费，例如补救成本、埋没胜任的人员、人员浪费、人员心理不平衡等。因此被试拟合检验对于认知诊断评估来说尤为重要，它能够充分、准确地挖掘被试对测验的反应中包含的丰富信息，让认知诊断评估结果信息最大化获益。基于此，Liu等人（2009）提出了基于边际似然比和联合似然比的被试拟合检验统计量；Cui和Leighton（2009）根据属性层级模型下被测属性之间的层级关系将被试观察反应模式和理想反应模式相比较，提出了层级一致性指标（HCI）；Cui和Li（2015）将

l_z 指标的应用扩展到认知诊断框架下,并开发了反应一致性指标(RCI);Santos 和 de la Torre 等人(2019)针对 l_z 指标,提出了三种偏度修正的方法。下面对在 CDM 框架中的几个被试拟合方法进行介绍。

9.1.7.1 似然比检验

似然比检验指标(Likelihood Ratio Test,LRT;Liu,2009)的基本思想为将正常反应模式的似然函数值和假设的异常反应模式似然函数值进行检验,检验"不合逻辑的高分"(Spuriously High Scores)和"不合逻辑的低分"(Spuriously Low Scores)两种失拟被试类型。引入衡量被试异常反应倾向概率的变量 ρ,ρ 值越大,异常作答倾向概率越大,异常作答类型用变量 A 表示,含有异常反应模式的诊断模型的项目反应函数如下:

$$P(Y_{ij}=1|\alpha_i,\rho_i)=(1-\rho_i)P_{ij}(\alpha_i)+\rho_i A_i \qquad \text{公式 } 9-4$$

其中:

P_{ij} 为被试 i 正确作答项目 j 的概率。

ρ_i 为被试 i 异常作答概率,$\rho_i=0$ 表示被试为正常被试。

A_i 表示异常作答类型,其中 $A_i=0$ 表示被试掌握了题目所考查的属性但是却做出了错误的反应;当 $A_i=1$ 时,说明被试没有掌握题目考查的全部属性却能正确作答;ρ 和 A 只存在被试间的差异。

被试作答反应模式的联合似然函数 l 和边际似然函数 L 如下:

$$l(\alpha_i,\rho_i;y_i)=\prod_{j=1}^{J}\left[P(Y_{ij}=1\mid\alpha_i,\rho_i)\right]^{y_{ij}}\times 1-(Y_{ij}=1\mid\alpha_i,\rho_i)^{1-y_{ij}}$$

$$=\prod_{j=1}^{J}\left[(1-\rho_i)P_{ij}(\alpha_i)+\rho_i A_i\right]^{y_{ij}}$$

$$\times\left\{(1-\rho_i)\left[1-P_{ij}(\alpha_i)\right]+\rho_i\left[1-A_i(\alpha_i,\lambda_i)\right]\right\}^{1-y_{ij}}$$

$$\text{公式 } 9-5$$

$$L(\rho_i;y_i)=\sum_{r=1}^{2^K}l(\alpha_r,\rho_i;y_i)\times h(\alpha_r) \qquad \text{公式 } 9-6$$

$h(\alpha_r)$ 是属性掌握模式 α_r 的概率密度。

基于两种似然 l 和 L 的似然比检验指标 T_1 和 T_2 的数学公式如下:

$$T_1=-2\log LR=-2\log\frac{l_0(\hat{\alpha}_i,0;y_i)}{l_A(\hat{\alpha}_i,\hat{\rho}_i;y_i)} \qquad \text{公式 } 9-7$$

$$T_2 = -2\log LR = -2\log \frac{L_0(0;y_i)}{L_A(\hat{\rho}_i;y_i)} \qquad 公式\ 9-8$$

其中 l_0 和 L_0 表示被试正常作答的似然函数; l_A 和 L_A 表示被试异常作答的似然函数。

Liu 等人(2009)通过模拟研究发现,当被试异常作答反应倾向较明显或测验长度较长时,似然比检验统计量对失拟被试的统计检验力较高。对异常被试类型的检验力依赖于项目区分度和被试属性掌握模式:如果测验中容易题较多或被试掌握较多属性,"不合逻辑的低分"则较容易被检测出来;如果测验中难题较多或被试掌握较少的属性,"不合逻辑的高分"则较容易被检测出。在 DINA 模型参数未知的情况下,基于边际似然的统计检验量 T_2 比基于联合似然的统计检验量 T_1 更可靠。Cui 和 Li(2015)研究发现,似然比检验统计指标在"不合逻辑的高分"和"不合逻辑的低分"情况下,无论题目质量如何,都具有较膨胀的一类错误率。似然比检验统计量的局限性在于通过引入变量 ρ_i 定义异常反应被试类型,但在实践中,异常反应被试类型难以被人为定义。

9.1.7.2 层级一致性指标

层级一致性指标(Cui,Leighton,2009)基于属性层级模型,即强调属性间的关系,适用于被试从简单到复杂逐步获得知识和技能的测试领域。其基本思想为:若被试能够在考查复杂属性的难题上正确作答,那么考查该题目属性子集的简单题目也理应答对。举个例子,在考查 3 个属性的测验中,假设属性1($k1$)是最基础和最容易的,它是属性3($k3$)的先决属性,并且属性 3 是最复杂的,则如果被试答对了考查属性 3 的题目,那么也应答对其他题目。层级一致性指标的逻辑是基于测试项目所考查属性的层级关系,检验被试的实际作答反应模式是否与期望作答反应模式相匹配。公式如下:

$$\mathrm{HCI}_i = 1 - \frac{2\sum_{j \in S_{correct_i}} \sum_{g \in S_j} X_{i_j}(1 - X_{i_g})}{N_{ci}} \qquad 公式\ 9-9$$

其中:

$S_{correct_i}$ 为被试 i 答对的所有项目 j 的集合;

X_{ij} 为被试 i 在项目 j 上的得分,为 0/1 二级计分,项目 j 属于集合 $S_{correct_i}$;

S_j 为项目 j 的子项目集合,其中子项目考查的属性是项目 j 考查属性的子集;

X_{i_g} 为被试 i 在项目 g 上的得分,为 0/1 二级计分,项目 g 属于集合 S_j;

N_{ci} 为被试 i 正确作答项目上子项目的总数。

HCI 统计量取值范围为 $[-1,1]$,正常情况下,被试正确作答项目 j 也能正确作答项目 j 子集合的所有项目。如被试正确作答项目 j,却错误作答项目 j 的所有子项目,则为完全失拟,此时 HCI $= -1$;如被试正确作答项目 j 及其所有子项目,此时 HCI $= 1$。Cui 和 Leighton(2009)通过模拟研究发现层级一致性指标检验效果和测验长度、项目区分度、失拟被试类型相关。随着测验长度的增加和项目区分度的提高,HCI 对异常被试统计检验力会增加,对创造性作答和随机作答的异常被试类型有较高的统计检验力。HCI 的使用具有一定的局限性。如正确界定测验中所考查属性的层级关系是使用 HCI 作为被试拟合指标的前提,但在实践中,由于界定所考查属性层级关系的专家的知识经验存在差异,因此不能保证所界定的考查属性的层级关系完全正确。而且,当测验所考查的属性之间只有部分属性具有层级关系或者属性之间没有层级关系时,HCI 就不适用。Akbay 和 Kilinc(2018)通过模拟研究指出 HCI 适用于被试掌握了大部分的考查属性。

9.1.7.3 完全层级一致性指标

完全层级一致性指标(FHCI;Akbay,Kilinc,2018)不仅受项目考查的属性模式的影响,也受被试异常反应项目的影响。Akbay 和 Kilinc(2018)发现,掌握了所考查全部属性的被试在考查容易属性的题目上产生的失误和在考查复杂属性的题目上产生的失误,对被试反应一致性的影响是不同的。在认知诊断模型下,猜测并不一定意味着随机猜测,而是使用了模型未指定的策略完成任务。因此,如果项目考查的属性复杂程度不同,被试的失误和猜测行为也会不同。就此而论,一致性指标不应该受到失拟项目属性难易程度的显著影响,而且层级一致性指标(HCI)只考虑基于正确作答的项目信息。因此,Akbay 和 Kilinc(2018)在层次一致性指标基础上将被试所有作答都纳入一致性指标计算,提出了完全层级一致性指标。完全层级一致性指标表达式如下:

$$\text{FHCI}_i = 1 - \frac{2\sum_j \sum_{j' \in S_{j\text{-}correct}} X_{ij}(1 - X_{ij'}) + \sum_j \sum_{j'' \in S_{j\text{-}incorrect}} (1 - X_{ij})X_{ij''}}{N_{ci}}$$

公式 9 - 10

其中:

X_{ij} 为被试 i 在项目 j 上的得分，$X_{ij}=0$ 代表错误作答，$X_{ij}=1$ 则表示正确作答；

$S_{j\text{-}correct}$ 为被试 i 答对的项目 j 考查的属性的子集的集合；

$S_{j\text{-}incorrect}$ 为被试 i 答错的项目 j 考查的属性的子集的集合；

$X_{ij'}$ 为被试 i 在 j' 上的得分，j' 属于 $S_{j\text{-}correct}$ 集合；

$X_{ij''}$ 为被试 i 在 j'' 上的得分，j'' 属于 $S_{j\text{-}incorrect}$ 集合；

N_{ci} 为被试 i 作答的所有题目的比较总数。

完全层级一致性指标不受被试属性掌握模式分布影响，被试完全掌握所有考查属性和完全没掌握所有考查属性不会影响指标精度。FHCI 取值范围为 $[-1,1]$，集中分布在 $[0,1]$ 范围内，只要 FHCI 为正数，也就是大于 0，则被试拟合是可接受的。

9.1.7.4 l_z 指数

l_z 指数（Drasgow 等，1985）是常见的项目反应理论下的被试拟合指标，源于似然函数 l_0（Levine，Rubin，1979），是 l_0 的标准化。l_0 是根据项目反应理论（IRT）模型计算的观察到的项目反应模式的对数似然值，表达式如下：

$$l_{0i} = \ln\left\{ \prod_{j=1}^{J} P_j(\theta_i)^{X_{ij}} [1-P_j(\theta_i)]^{1-X_{ij}} \right\} \qquad 公式9-11$$

其中，X_{ij} 是 0/1 二级计分，表示被试 i 在第 $j(j=1,2,\cdots,J)$ 个项目的观察反应；$P_j(\theta_i)$ 是能力为 θ 的被试 i 在项目 j 上的正确作答概率。l_{0i} 较小时，表示给定假设的 IRT 模型中，生成的被试反应模式概率较小。

标准化正态分布统计量 l_z 表示为：

$$l_z = \frac{l_0 - E(l_0)}{[Var(l_0)]^{1/2}} \qquad 公式9-12$$

其中：

$$E(l_0) = \sum_{j=1}^{J} \{P_j(\theta)\ln[P_j(\theta)] + [1-P_j(\theta)]\ln[1-P_j(\theta)]\}$$

$$公式9-13$$

$$Var(l_0) = \sum_{j=1}^{J} P_j(\theta)[1-P_j(\theta)]\left[\ln\frac{P_j(\theta)}{1-P_j(\theta)}\right]^2 \quad 公式9-14$$

Cui 和 Li（2015）在认知诊断框架中引入 l_z 指标，将 $P_j(\theta)$ 改为认知诊断模型中的 $P_j(\alpha)$，指标的其他计算方法不变。l_z 作为被试拟合指标，其值越大，说明被试作答反应拟合越好。在 IRT 框架下,一般认为 $l_z < -2$ 时,被试为不拟合,他们的研究结果表明 l_z 的分布呈现轻微的负偏态分布。因此,使用传统的标准正态分布假设会导致对异常反应模式的分类更保守。但当题目质量较高时,以及随着题目数量的增加,l_z 的分布则非常接近标准正态分布。

9.1.7.5 反应一致性指标

认知诊断测验中的测验蓝图用 Q 矩阵表示,开发 Q 矩阵时可能不能准确地描述每个被试在解决问题时所使用的知识和技能,这可能会导致被试出现异常作答反应,是实施诊断测验所面临的一个挑战。因此,从 Q 矩阵中检查学生的反应与期望的一致性是很重要的。反应一致性指标(RCI;Cui,Li,2015)通过比较 Q 矩阵的预测反应和被试观察到实际反应之间的一致性水平进行评估,其表达式如下:

$$\text{RCI}_i = \sum_{j=1}^{J} |\text{RCI}_{ij}| = \sum_{j=1}^{J} \left| \ln\left[-\frac{X_{ij} - P_j(\alpha_i)}{I_j(\alpha_i) - P_j(\alpha_i)} \right]^{X_{ij}+I_j(\alpha_i)} \right|$$

公式 9 – 15

其中:

α_i 为被试 i 的属性掌握模式;

$P_j(\alpha_i)$ 为属性掌握模式为 α_i 的被试正确作答项目 j 的概率;

$I_j(\alpha_i)$ 为属性掌握模式为 α_i 的被试对项目 j 的理想反应。

需要注意的是,在计算 RCI 时,理想作答的假设是掌握所有考查属性是正确作答项目的前提。也就是说,当被试掌握了项目考查的所有属性时,$I_j(\alpha_i) = 1$;如果缺少一个或多个属性,则该项的理想反应将为 0。

X_{ij} 为被试的实际作答,取值为 0 或 1。当 $X_{ij} = I_j(\alpha_i)$ 时,$\text{RCI}_i = 0$,说明被试拟合很好;当 $X_{ij} \neq I_j(\alpha_i)$ 时,被试拟合取决于 $X_{ij} - P_j(\alpha_i)$ 和 $I_j(\alpha_i) - P_j(\alpha_i)$ 的差异大小。如果 $X_{ij} - P_j(\alpha_i)$ 比 $I_j(\alpha_i) - P_j(\alpha_i)$ 大,表明被试对项目的作答是不符合期望的,便可能出现异常反应行为,如作弊、创造性作答,此时 RCI 为一个较大的正值。相反,如果 $I_j(\alpha_i) - P_j(\alpha_i)$ 比 $X_{ij} - P_j(\alpha_i)$ 大,可能的原因是题目质量较差,或被试作答时采用了非 Q 矩阵指定的策略,这种情况下,RCI 为一个较大的负值。

9.1.7.6 偏度修正指标

Santos、de la Torre 和 von Davier(2019)提出三种基于 l_z 指标的偏度修正指

标(The Skewness-corrected PF Statistics)。前两种在 IRT 框架下的 l_z 偏度校正方法分别基于 Cornish-Fisher 扩展和 χ^2 近似。在 Rasch 模型下,χ^2 近似方法的准确度高于原始 l_z 方法与 Cornish-Fisher 扩展方法(Molenaar,Hoijtink,1990)。另外一种方法是基于 Edgeworth 尾概率近似,尽管该方法可视为与 Cornish-Fisher 扩展中 p 值的线性近似,但这两种方法并不一定产生可比较的小样本结果(Bedrick,1997;McCullagh,1986)。

首先给出扩展至 CDM 的似然函数 l_0 表达式:

$$l_0 = \ln \left\{ \prod_{j=1}^{J} P_j(\hat{\alpha}_i)^{X_{ij}} \left[1 - P_j(\hat{\alpha}_i) \right]^{1-X_{ij}} \right\} \qquad 公式 9-16$$

其中,$\hat{\alpha}_i$ 为被试 i 的属性掌握模式;$P_j(\hat{\alpha}_i)$ 为属性掌握模式为 $\hat{\alpha}_i$ 的被试正确作答项目 j 的概率;X_{ij} 为被试 i 对项目 j 的实际作答。

假设 μ 和 σ^2 分别为 l_0 的均值和方差,则标准化正态分布统计量 l_z 表示为:

$$l_z = \frac{l_0 - \mu}{\sigma} \qquad 公式 9-17$$

$$\mu = E(l_0) = \sum_{j=1}^{J} \left\{ P_j(\hat{\alpha}_i) \ln \left[P_j(\hat{\alpha}_i) \right] + \left[1 - P_j(\hat{\alpha}_i) \right] \ln \left[1 - P_j(\hat{\alpha}_i) \right] \right\}$$

$$公式 9-18$$

$$\sigma^2 = Var(l_0) = \sum_{j=1}^{J} P_j(\hat{\alpha}_i) \left[1 - P_j(\hat{\alpha}_i) \right] \left[\ln \frac{P_j(\hat{\alpha}_i)}{1 - P_j(\hat{\alpha}_i)} \right]^2$$

$$公式 9-19$$

方法一,基于 Cornish-Fisher 扩展方法校正的 l_z(Molenaar,Hoijtink,1990),可表示为:

$$v = l_z - \frac{\gamma(l_z^2 - 1)}{12} \qquad 公式 9-20$$

其中 γ 表示 l_z 的偏度,由下式给出:

$$\gamma = \frac{1}{\sigma^3} \sum_{j=1}^{J} P_j(\hat{\alpha}_i) \left[1 - P_j(\hat{\alpha}_i) \right] \left[1 - 2P_j(\hat{\alpha}_i) \right] \left[\ln \frac{P_j(\hat{\alpha}_i)}{1 - P_j(\hat{\alpha}_i)} \right]^3$$

$$公式 9-21$$

方法二,对于 l_z 的零分布的高阶近似,采用比例缩放的 χ^2 分布计算偏度(Molenaar,Hoijtink,1990)。此时,采取 χ^2 近似的超出概率 $P(X \geq l_0) = P_{\chi^2}(l_0)$ 由下式给出:

$$P_{x^2}(l_0) = P\left(x_v^2 > \frac{l_0 + a}{b}\right) \qquad 公式9-22$$

其中，$v = \frac{8}{\gamma^2}$ 表示自由度，$b = \sqrt{\frac{\sigma^2}{2v}}$，$a = -bv - \mu$

方法三，利用 Edgeworth 扩展（Bedrick,1997；McCullagh,1986）来近似 l_z 的零分布，超出概率 $P_E(X \geq l_z) = P_E(l_z)$ 由下式给出：

$$P_E(l_z) = \Phi(l_z) - \varphi(l_z)(l_z^2 - 1)\frac{\gamma}{6} \qquad 公式9-23$$

其中，$\Phi(l_z)$ 和 $\varphi(l_z)$ 分别为标准正态分布和密度函数。

利用标准正态分布的反函数 $\Phi^{-1}(l_z)$ 可以推导出采用 χ^2 近似和 Edgeworth 扩展近似的标准化被试拟合指标，分别为 $Z_{x^2} = \Phi^{-1}[P_{x^2}(l_0)]$（$\chi^2$ 近似）和 $Z_E = \Phi^{-1}[P_E(l_z)]$（Edgeworth 扩展近似）。这两种关于 l_z 校正的方法于 2003 年被 von Davier 和 Molenaar 推广到多级 Rasch 模型、潜类别模型以及它们的混合模式，而前两者是认知诊断模型的基础。

研究结果表明，被试拟合指标（l_z 指标）的零分布调整是有效的。与未调整的 l_z 指标相比，在高质量或混合质量的题目中，偏度系数更接近于0。在这三种方法中，χ^2 近似方法修正负偏态的效果最好。采用 χ^2 近似法调整后的 l_z 指标具有良好的一类错误率，而采用 Cornish-Fisher 扩展法调整后的 l_z 指标倾向于有轻微膨胀的一类错误率。对于不同类型异常被试的四种指标值检出率的统计情况来看，未调整的 l_z 指标的检出率最高，采用 Edgeworth 扩展法调整后的 l_z 指标统计检验力最低。

9.2　问题提出和研究创新

9.2.1　以往研究不足

通过对国内外文献的分析，有关认知诊断理论和实践的研究一直在不断发展。但是，研究成果仍存在对认知诊断理论和被试拟合检验关系的不重视等不足之处。

第一，心理测量学理论，无论是 CTT、IRT、CDT 中的模型均有一定的适用范围和条件，都要进行模型—资料拟合检验。认知诊断理论是新一代的心理教育与测量理论，对认知诊断理论各个方面的探讨都还处于发展阶段。认知诊断评估因其能为教师和学生提供是否掌握所考查属性的诊断信息而备受关注,然而诊断信息只有在有效的情况下才有用,这可以通过被试拟合分析来评估。因此,被试拟合检验作为提供认知诊断评估效度证据的重要方面,更应置于重要的研究地位。但是,能检索到的认知诊断评估下的被试拟合检验的研究内容较少,大部分被试拟合分析文献的研究是基于项目反应理论开展的。基于此,本研究通过提出新的被试拟合研究,来进一步验证在认知诊断检验中采用被试拟合检验的合理性,充实认知诊断评估研究成果。

第二,心理测验主要用于实际工作中人才的选拔、安置、诊断和评价,可满足各类情境需求,具体包括可以诊断学生的学习障碍,对适龄学生因材施教;可以评价学生在知识结构、学习路径和认知发展状态的差异;可以识别员工对岗位的胜任度,提高用人单位的人岗匹配度;可以对军队的士兵按特长分配兵种,以做到人尽其才;可以诊断各种智力缺陷、精神疾病等。从实践来说,被试拟合检验可对心理测验结果的有效性进行检验,可以排除人才选拔中的无关因素,是十分有必要的。以往的研究关于指标的实践应用方面比较缺乏,本研究在提出新指标的基础上,运用实证数据来说明被试拟合指标在实际情境中的应用,为实践者提供参考。

9.2.2 研究设计

本研究具体包含以下三个方面的内容,如图 9 - 2 所示:

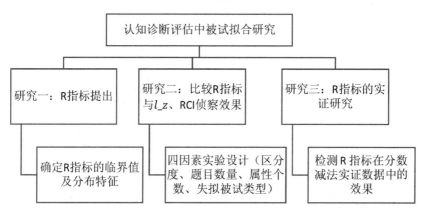

图 9 - 2 被试拟合研究总体设计图

具体而言,研究一和研究二均为模拟研究。在认知诊断测验中,项目数量、项目区分度是影响测量准确性的重要因素(Cui,Gierl,Chang,2012)。研究一提出了认知诊断评估下基于残差的被试拟合指标 R,确定 R 指标的临界值及分布特征。研究二探讨在不同题量、不同项目区分度、不同考查属性个数、不同异常被试类型下各个被试拟合指标的统计检验力。研究三是实证研究,检测 R 指标在分数减法的实证数据中的效果。

9.2.3 研究意义

9.2.3.1 理论意义

近年来,认知诊断评估(CDA)在教育评价中得到了广泛的应用,它对考生是否掌握知识点或技能进行分析,为进一步学习和教学提供了指导(Leighton,Gierl,2007;Tatsuoka,2009;Rupp,Templin,Henson,2010)。被试拟合检验可以有效验证被试个体诊断结果,但在认知诊断评估中,被试拟合检验在测验评价分析过程中较易被忽视,从而可能导致出现无效的诊断结果,进一步导致对被试能力的错误解释以及采取错误的补救措施。以往关于被试拟合的研究大多集中于项目反应理论(IRT),而在认知诊断理论框架下的被试拟合研究较少。目前已有的研究主要包括:Liu 等人(2009)提出的似然比检验统计量、Cui 和 Leighton(2009)提出的 HCI、Cui 和 Li(2015)提出的 RCI。本研究提出认知诊断测验被试拟合新的指标,为认知诊断模型应用的被试拟合检验提供了理论依据,具有一定的理论意义。

9.2.3.2 现实意义

第一,被试拟合检验主要应用于区分异常反应的被试与正常反应的被试。异常反应包括随机猜测作答、作弊、创造性作答、睡眠效应等,而这些异常反应模式都会对被试能力估计产生偏差。被试拟合检验可以帮助研究者更准确地鉴别出异常作答反应被试,从而删除异常作答反应被试的数据,提高测验效度。

第二,被试拟合检验能够有效检测出异常作答反应的被试,从而对正确估计被试能力提供更准确的信息,有助于保证教育测验的公平性。

第三,教育测评经历了从观察时代到测量时代,再到现在的评价时代的过程。评价时代的主要目的是利用测评数据去分析诊断,去做过程考查,去发现学生知识是如何发展形成的、能力是如何养成的。我国开启教育质量监控与综合评价的改革实验,目的是扭转应试教育,让教育走向多元、个性、全面综合发展。目前我国这一轮教育教学评价改革,也正是从经典测验理论转向项目反应理论和认知诊断理论,而公众教育则以认知诊断理论为主,为教育局的全日制学校提供中小学教学质量的综合评价和服务性评价。被试拟合检验研究可以提高认知诊断评估结果的有效性,减少无效教学,为教师和学生提供可靠、可信、有效的科学工具。这不仅促进了认知诊断理论应用的发展和完善,也契合了教育评价改革的趋势。

当今的教育教学评价和考试,已经进入了以"教育目标分类学""多元智能""认知建构"等理论为基础,以"认知诊断"等方法为主的时代。正是基于如上的考虑,本研究拟提出认知诊断测验新的被试拟合指标,拓宽了被试拟合检验的研究成果。因此,本研究在心理测量和教育测量方面具有重要的现实意义。

9.2.3.3　研究创新

本研究创新之处具体表现在以下三个方面:

第一,本研究提出了认知诊断测验中一种新的被试拟合指标,在一定程度上丰富了认知诊断的被试拟合检验研究成果。

第二,将不同被试拟合指标进行比较,探讨各指标的特点,为实践者对被试拟合检验指标的选择提供参考。

第三,本研究利用实证数据检验被试拟合指标 R 的有效性,为被试拟合指标在实证应用中提供借鉴。

9.3　R 指标及其临界值和分布特征

9.3.1　研究目的

在教育和心理测量中,许多被试拟合指标被提出来帮助识别观察到的作答反应模式与测量模型的预测反应模式之间的不一致。被试拟合研究在认知诊断评估中是至关重要的,因为它可以帮助我们验证单个被试的诊断结果。无效的属性掌握模式诊断可能导致对被试知识技能掌握情况的误判,从而导致错误或无效的补救决策。这不仅会浪费学生和老师的时间和精力,也会对学生的教育和未来的就业机会产生负面影响。本书通过借鉴反应一致性指标(RCI),基于残差统计量的方法,提出新的被试拟合指标 R 指标,确定 R 指标的临界值及分布特征。

9.3.2 R 指标

残差是回归分析中的重要概念,残差在数理分析统计中是指实际观察值与估计值(拟合值)之间的偏差,给定一个不可观测函数,它将自变量与因变量联系起来。如果对某些数据进行回归,则因变量的观测值与拟合函数之间的偏差为残差。残差应用其中蕴含的逻辑就是,通过对比理想情况与事实情况的差异而发现其中的异常情况。预期偏差会使残差统计量膨胀,这与被试拟合检验的思想一致。因此,我们提出基于残差的被试拟合统计量 R 指标,旨在检验被试实际观察作答和期望作答概率之间的差异。第 i 个被试的被试拟合指标 R_i 表达式如下:

$$R_i = \sum_{j=1}^{J} \log \left[\frac{X_{ij} - E(X_{ij} \mid \alpha_i)}{P(X_{ij} \mid \alpha_i)} \right]^2 \qquad \text{公式 } 9-24$$

其中 J 为项目个数,α_i 是被试 i 的属性掌握模式。在实际中,真实的被试属性掌握模式是无法得到的,因此本研究采用被试属性掌握模式估计值。被试属性掌握模式估计值借助 R 语言编程,在已知项目参数及被试作答数据的前提下,用期望后验估计方法得出。

上式中,X_{ij} 表示被试 i 在项目 j 上的作答,$X_{ij}=1$ 表示被试 i 正确作答项目 j,$X_{ij}=0$ 表示被试 i 错误作答项目 j,$E(X_{ij}|\alpha_i)$ 表示属性掌握模式为 α 的被试 i 在项目 j 上正确作答的期望概率。比如在 DINA 模型中,如果被试 i 掌握了项目 j 考查的所有属性,此时 $E(X_{ij}|\alpha_i) = 1 - s$;如果被试 i 至少有一个项目 j 考查的属性未掌握,此时 $E(X_{ij}|\alpha_i) = g$。分子 $X_{ij} - E(X_{ij}|\alpha_i)$ 表示观察作答与期望作答概率之间的差值。$P(X_{ij}|\alpha_i)$ 表示属性掌握模式为 α 的被试 i 在项目 j 上实际作答概率,当属性掌握模式为 α 的被试 i 掌握了项目 j 考查的属性并正确作答时,$P(X_{ij}=1|\alpha_i) = E(X_{ij}|\alpha_i)$。取 $P(X_{ij}|\alpha_i)$ 做分母,当 $P(X_{ij}|\alpha_i)$ 值越小时,分子观察作答反应和期望作答反应之间的差异被放大了,就意味着被试失拟程度越高。

以 DINA 模型为例,指标公式 $\frac{X_{ij} - E(X_{ij}|\alpha_i)}{P(X_{ij}|\alpha_i)}$ 计算方式可分为四类:被试掌握了所考查的属性并正确作答、被试掌握了所考查的属性但错误作答、被试未掌握考查的所有属性但正确作答、被试未掌握考查的所有属性并错误作答。具体计算方式如下表 9-1 所示。

表 9 - 1　指标公式在 DINA 模型中计算示例

	$X_{ij} = 1$（正确作答）	$X_{ij} = 0$（错误作答）
$\eta_{ij} = 1$ （掌握了所有考查属性）	$\dfrac{1 - (1 - s_j)}{1 - s_j}$	$\dfrac{0 - (1 - s_j)}{s_j}$
$\eta_{ij} = 0$ （至少有 1 个考查属性未掌握）	$\dfrac{1 - g_j}{g_j}$	$\dfrac{0 - g_j}{1 - g_j}$

以上四类情况中,我们将被试掌握了所有考查属性并正确作答和被试至少有 1 个考查属性未掌握并错误作答的情况,视为被试正常作答反应。另外两种情况视为异常作答反应。从表 9 - 1 可以看出,异常反应中,当被试出现掌握了所有考查属性但是错误作答时,其指标值为一个较大的负数;而当其未掌握所考查属性但正确作答时,其指标值为一个较大的正数。而两类正常反应的被试的指标值为较小的正值和负值。因此,我们考虑在公式 $\dfrac{X_{ij} - E(X_{ij} \mid \alpha_i)}{P(X_{ij} \mid \alpha_i)}$ 中加上平方,将其转化为正值,当出现异常反应时,指标值转换为一个较大的正值;再取对数,做对数变换;最后将被试 i 在所有项目上的 R 指标值求和,其值越大,表示被试越不拟合。

9.3.3　研究设计

为了设定指标的临界值,研究者们将观察到的被试反应模式分为正常或失拟。本研究使用被试拟合文献中常用的模拟方法,通过模拟数据寻找临界值(Seo,Weiss,2013;Krimpen-Stoop,Meijer,2002;Yu,Cheng,2020)。也就是说,在被试作答反应拟合的零假设下,模拟指标经验分布的数据。具体做法是:首先根据项目参数、被试作答反应来估计被试属性掌握模式,然后计算 R 指标值,并从最低值到最高值进行排序。这样,指标的临界值就可以在任何期望的显著性水平上得到确定。

(1)本研究中题目数量分别为 20 题和 40 题,考查属性为 3 个和 6 个,固定 Q 矩阵。其中,考查属性 $K = 3$ 的 Q 矩阵采用 Santos 和 de la Torre(2019)研究中的 Q 矩阵,具体见表 9 - 2;考查属性 $K = 6$ 的 Q 矩阵采用 Cui(2015)研究中的 Q 矩阵。

表 9 - 2　$K=3, J=20$ 条件下模拟数据对应的 Q 矩阵

题目编号	k_1	k_2	k_3	题目编号	k_1	k_2	k_3
1	1	0	0	11	1	0	1
2	0	1	0	12	0	1	1
3	0	0	1	13	1	1	0
4	1	0	0	14	1	0	1
5	0	1	0	15	0	1	1
6	0	0	1	16	1	0	1
7	1	0	0	17	0	1	1
8	0	1	0	18	1	1	0
9	0	0	1	19	1	1	1
10	1	1	0	20	1	1	1

注: $K=3, J=40$ 则将以上 Q 矩阵复制两份。

(2) 本研究根据 DINA 模型估计模型项目参数、生成作答数据以及计算被试拟合指标,采用很多研究者采用的均匀分布 $U(0.05, 0.25)$ 生成失误参数 s 和猜测参数 g。

(3) 假设被试的知识状态服从均匀分布,生成 10 000 个正常被试。

(4) 计算 DINA 模型中的 η_{ij},再基于 DINA 模型的项目反应函数以及以上步骤的 Q 矩阵、项目参数和被试知识状态,模拟被试作答概率,生成被试作答数据。

(5) 采用贝叶斯后验期望估计(Expected A Posteriori, EAP; de la Torre, 2009)对被试作答数据进行参数估计,估计出被试属性掌握模式。

(6) 计算 R 指标值,以被试为单位,对 R 指标值求和。通过分析指标值的均值、标准差、偏度和峰度,确定指标值的分布情况。

(7) 将指标值从低到高排序,规定检验水准 $\alpha = 0.05$,取值 95 分位数作为临界值,因为 R 指标值越大,说明被试失拟程度越高。

重复实验 100 次,模拟编程使用 R 语言中 CDM 包和 GDINA 包实现。

9.3.4　研究结果

本研究通过对每个模拟条件分别重复 100 次实验,得到 R 指标在 20 题和

40 题时,不同考查属性个数情况下的分布情况和临界值。表中的 95 分位数则为 R 指标在该实验条件下的临界值,其中 95 分位数的取值与 100 次实验结果的标准差为 0.20,这表明 R 统计量在每种条件下的临界值是比较稳定的。

表 9 – 3 中结果显示,R 指标偏度值介于 0.30 至 0.44,峰度值介于 – 0.06 至 0.18,偏度和峰度值均接近于 0。从图 9 – 3 和图 9 – 4 可以看出,在考查题目数量为 20 题时,R 指标的分布呈现略微的正偏态;从图 9 – 5 和图 9 – 6 看出,在 40 题时,R 指标的分布趋于正态分布。随着题目数量的增加,R 指标的临界值也会不同,出现较大的差异。临界值随着题目数量和属性个数的增加而减小。不同实验条件的临界值将应用到之后的研究二中。

表 9 – 3　R 指标分布情况及临界值结果

题目数量	考查属性个数	平均值	标准差	偏度	峰度	95 分位数
20 题	$K = 3$	– 48.11	10.30	0.37	– 0.06	– 30.06
	$K = 6$	– 49.10	9.62	0.44	0.18	– 32.13
40 题	$K = 3$	– 114.64	16.38	0.30	0.04	– 86.03
	$K = 6$	– 120.34	15.96	0.33	– 0.03	– 92.46

注:表中为保留两位小数后的结果。

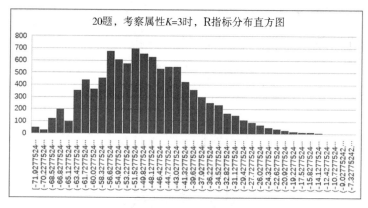

注:取值为 10 000 个被试基于一次实验的 R 值。

图 9 – 3　20 题,考查属性 $K = 3$ 时,R 指标分布直方图

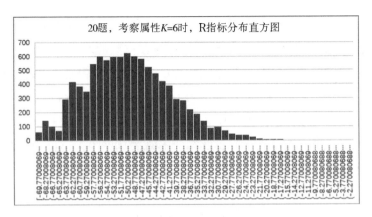

注：取值为 10 000 个被试基于一次实验的 R 值。

图 9-4　20 题,考查属性 K = 6 时,R 指标分布直方图

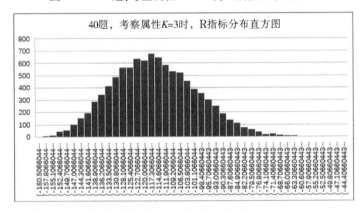

注：取值为 10 000 个被试基于一次实验的 R 值。

图 9-5　40 题,考查属性 K = 3 时,R 指标分布直方图

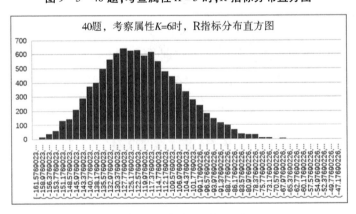

注：取值为 10 000 个被试基于一次实验的 R 值。

图 9-6　40 题,考查属性 K = 6 时,R 指标分布直方图

9.4　比较 R 指标与 l_z、RCI 侦察效果

9.4.1　研究目的

本研究基于研究一的基础上,对新提出的 R 指标在诊断测验中被试拟合的侦察效果进行探讨,期望丰富认知诊断中被试拟合研究方法。以往的研究发现,测验长度、考查属性个数以及题目质量三个因素在认知诊断评估中识别失拟被试方面发挥了重要作用(Cui,Li,2015;de la Torre,2009;Ma,2016)。例如,研究发现,较高的被试知识状态的分类一致性和准确性与更多的题目数量和较少的考查属性有关(Cui,2012),而较长的测验项目长度会产生较高的失拟被试检出率(Cui,Leighton,2009)。本研究检验 R 指标在认知诊断模型中不同项目长度、题目质量、考查属性个数下的一类错误率,以及对不同异常被试反应类型的统计检验力,并将其与 l_z、RCI 进行比较。选择 l_z、RCI 作为比较对象的原因是已有研究表明它们在诊断测验的被试拟合检验中有较好的表现(Cui,Li,2015;Santos,de la Torre,2019)。

9.4.2　研究设计

本研究采用 $2 \times 2 \times 2 \times 6$ 四因素完全随机实验设计,实验因素分别如下:

a. 项目区分度:分别取高、低共 2 个水平;

b. 项目数量:分别取 20 题、40 题共 2 个水平;

c. 考查属性个数:分别取 3 个和 6 个共 2 个水平;

d. 失拟被试类型:分别取创造性作答、随机作答、疲劳、睡眠、作弊、随机作弊共 6 个水平。

其中,项目数量和考查属性个数与研究一相同,采用研究一的 $\boldsymbol{Q}$ 矩阵和项目参数,基于 DINA 模型进行被试作答反应数据生成及被试拟合指标计算。

Cui 和 Li(2015)研究中将高质量项目设置为 $M_{P(1)} = 0.9$,$M_{P(0)} = 0.1$,$SD_{P(0,1)} = 0.02$;将低质量项目设置为 $M_{P(1)} = 0.75$,$SD_{P(1)} = 0.25$,$M_{P(0)} = 0.25$,$SD_{P(0)} = 0.05$。Santos 和 de la Torre(2019)研究中将高质量项目设置为 $P(0)$ 服从 $U(0,0.1)$ 均匀分布,$P(1)$ 服从 $U(0.9,1)$ 均匀分布;将低质量项目设置为 $P(0)$ 服从 $U(0.2,0.3)$ 均匀分布,$P(1)$ 服从 $U(0.7,0.8)$ 均匀分布。结合这两个研究,本研究将高区分度项目参数设置方式为:失误参数 s 和猜测参数 g 均服

从均匀分布 $U(0.05,0.25)$;将低区分度项目参数设置方式为:失误参数 s 和猜测参数 g 均服从均匀分布 $U(0.25,0.40)$。

评价指标为一类错误率和统计检验力,检验水准 $\alpha=0.05$,其中一类错误率指被试本身拟合但被错误判定为失拟的比例。本研究中一类错误率设置为不同实验条件下在 DINA 模型生成的 1000 个正常被试反应模式中,被 R 指标误判为失拟被试的比例。统计检验力指被试本身失拟被正确检测出来的比例,每种异常被试类型生成 1000 个失拟被试,被鉴别出的异常被试的比例则为统计检验力。

9.4.3　失拟被试类型

第一种异常被试类型为创造性作答,指的是由于被试以独特和具有创造性的方式解释这些题目,而错误地作答了简单的题目(Meijer,1994;Cui,Leighton,2009)。本研究实验设置为假设每个被试掌握每个属性的概率为80%,随机生成被试的属性掌握模式,被试在只测量一个属性的项目上答错(Cui,Li,2015)。

第二种异常被试类型为随机作答,涉及测验动机低下的被试凭猜测作出随机反应(Petridou,Williams,2007)。实验设置为假设每个被试掌握每个属性的概率为80%,随机生成被试的属性掌握模式,他们的项目作答是随机生成的,正确的作答概率为25%(Cui,Li,2015;Santos,de la Torre,2019)。

第三种异常被试类型为疲劳。Petridou 和 Williams(2007)讨论的外部因素如疲劳,可能影响被试的反应,从而导致被试在考试快结束时出现异常反应。实验设置为被试在测验中后 25% 的题目上答错(Cui,Li,2015;Santos,de la Torre,2019)。

第四种异常被试类型为睡眠。Wright(1977)认为,睡眠是指由于被试对考试形式的混淆而导致在考试开始时表现不佳,即考试中未能正确回答前几题。实验设置为被试在测验中前 25% 的题目上答错(Cui,Li,2015)。

第五种异常被试类型为作弊。作弊指低能力被试通过欺骗、抄袭等一系列手段使自己正确作答较难的题目。实验设置为假设每个被试掌握每个属性的概率为20%,随机生成被试的属性掌握模式,掌握 2 个属性以下的被试在考查 3 个属性以上的题目上正确作答。

第六种异常被试类型为随机作弊。之前对作弊偏差的操作性定义没有考虑到随机性,即被试得到正确答案的机会概率不是100%。实验设置为假设每个被试掌握每个属性的概率为20%,随机生成被试的属性掌握模式,被试在考查属性最多的10%的题目上的正确作答概率为90%(Santos,de la Torre,2019)。

9.4.4　模拟研究过程

本模拟研究代码用R语言编写,第一步确定不同条件下指标的临界值(采用研究一的临界值结果);第二步在不同条件下分别模拟1000名正常被试和1000名异常被试的作答反应数据,并计算R指标值;最后一步依据研究一所确定的临界值,计算异常被试的检出率作为统计检验力,计算正常被试的误判率作为一类错误率。重复实验30次,取均值为最终结果。

9.4.5　研究结果

从表9-4中结果可以看出,R指标的一类错误均为0.05,且重复实验30次后的标准差仅为0.01。l_z指标在高质量题目时,一类错误率出现略微膨胀;在项目质量较低时,l_z指标一类错误率呈现更多的膨胀。相反,当参数估计用于项目反应理论时,l_z指标具有较低的一类错误率(de la Torre,Deng,2008)。RCI在题目数为20的时候,也出现略微膨胀,但当题目数量为40题时,指标一类错误率趋于合理。这与Cui等人(2015)研究结果中指标一类错误率在正常范围内有些不一致,原因可能是本研究采用的认知诊断模式为DINA模型,而Cui等人(2015)研究中使用的是C-RUM。

表9-4　被试拟合指标一类错误率

考查属性个数	题目区分度	题目数量 $J=20$			题目数量 $J=40$		
		l_z	RCI	R	l_z	RCI	R
$K=3$	高	0.07 (0.01)	0.05 (0.01)	0.05 (0.01)	0.06 (0.01)	0.05 (0.01)	0.04 (0.01)
	低	0.08 (0.01)	0.06 (0.02)	0.05 (0.01)	0.06 (0.01)	0.05 (0.01)	0.05 (0.01)
$K=6$	高	0.06 (0.01)	0.06 (0.01)	0.05 (0.01)	0.05 (0.01)	0.05 (0.01)	0.05 (0.01)
	低	0.08 (0.01)	0.06 (0.01)	0.05 (0.01)	0.07 (0.01)	0.05 (0.01)	0.05 (0.01)

注:括号内数值表示重复实验30次的标准差。

图9-7、图9-8表明,随着题目数量从20增加到40,大部分统计检验力呈现上升趋势。图9-8显示,在考查属性个数为6时,l_z指标统计检验力均值随题目数量增加出现而略微下降。从表9-8看出,当考查属性个数为6个时,l_z指标在疲劳和睡眠两种异常被试类型下,随着题目数量的增加,统计检验力有略微下降。

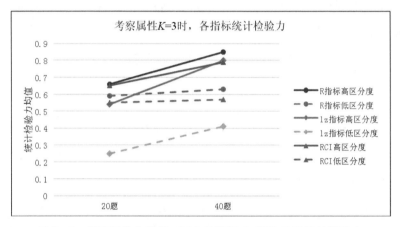

图9-7 考查属性个数 $K=3$ 时,R 指标、l_z 指标、RCI 统计检验力

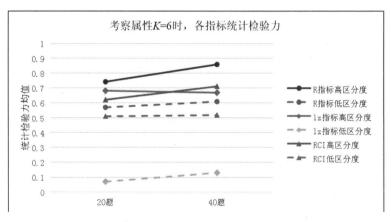

图9-8 考查属性个数 $K=6$ 时,R 指标、l_z 指标、RCI 统计检验力

表 9 - 7　考查属性个数 $K=3$ 时被试拟合指标统计检验力

题目数量	题目区分度	指标	统计检验力					
			疲劳	睡眠	创造性作答	随机作答	作弊	随机作弊
20题	高区分度	R	0.39 (0.01)	0.51 (0.02)	0.53 (0.03)	0.79 (0.01)	0.98 (0.01)	0.74 (0.01)
		l_z	0.52 (0.01)	0.76 (0.01)	0.81 (0.01)	0.32 (0.02)	0.78 (0)	0.07 (0.01)
		RCI	0.32 (0.02)	0.46 (0.02)	1 (0)	0.96 (0.02)	1 (0)	0.17 (0.01)
	低区分度	R	0.39 (0.01)	0.29 (0.02)	0.80 (0.03)	0.85 (0.01)	0.87 (0.01)	0.31 (0.02)
		l_z	0.18 (0)	0.27 (0.01)	0.62 (0)	0.13 (0.01)	0.26 (0.03)	0.01 (0)
		RCI	0.03 (0)	0.29 (0.02)	1 (0)	0.81 (0.04)	1 (0)	0.15 (0.01)
40题	高区分度	R	0.66 (0.01)	0.62 (0.02)	1 (0)	0.97 (0.01)	1 (0)	0.82 (0.02)
		l_z	0.70 (0.01)	0.92 (0.02)	1 (0)	0.45 (0.02)	0.98 (0.01)	0.77 (0.01)
		RCI	0.55 (0.01)	0.80 (0.02)	1 (0)	0.96 (0.01)	1 (0)	0.44 (0.01)
40题	低区分度	R	0.49 (0.01)	0.43 (0.01)	0.93 (0.01)	0.83 (0.01)	0.71 (0.01)	0.38 (0.02)
		l_z	0.53 (0.01)	0.47 (0.01)	0.84 (0.01)	0.19 (0.01)	0.18 (0)	0.22 (0)
		RCI	0.08 (0.01)	0.44 (0.02)	0.89 (0.02)	0.82 (0.04)	1 (0)	0.18 (0.01)

注:括号内数值表示重复实验30次的标准差。

表 9-8　考查属性个数 $K=6$ 时被试拟合指标统计检验力

题目数量	题目区分度	指标	统计检验力					
			疲劳	睡眠	创造性作答	随机作答	作弊	随机作弊
20题	高区分度	R	0.40 (0.01)	0.43 (0.02)	0.96 (0.01)	0.97 (0.01)	0.88 (0.01)	0.80 (0.02)
		l_z	0.85 (0.01)	0.81 (0.03)	1 (0)	0.62 (0.02)	0.11 (0)	0.66 (0.01)
		RCI	0.25 (0.01)	0.41 (0.05)	0.91 (0.01)	0.95 (0.02)	1 (0)	0.18 (0.01)
	低区分度	R	0.38 (0.02)	0.35 (0.01)	0.77 (0.03)	0.85 (0.01)	0.76 (0.02)	0.29 (0.01)
		l_z	0.09 (0)	0.03 (0.01)	0 (0)	0.29 (0.01)	0.01 (0)	0.01 (0)
		RCI	0.07 (0)	0.24 (0.03)	0.90 (0.02)	0.78 (0.03)	1 (0)	0.09 (0.01)
40题	高区分度	R	0.63 (0.01)	0.72 (0.01)	1 (0)	1 (0)	0.95 (0.01)	0.87 (0.02)
		l_z	0.78 (0.01)	0.74 (0.02)	1 (0)	0.68 (0.01)	0.10 (0.01)	0.72 (0.01)
		RCI	0.43 (0.02)	0.66 (0.01)	1 (0)	0.99 (0.01)	1 (0)	0.20 (0.01)
40题	低区分度	R	0.51 (0.01)	0.34 (0.02)	0.87 (0.03)	0.84 (0.01)	0.78 (0.02)	0.30 (0.02)
		l_z	0.07 (0.01)	0.07 (0.01)	0.02 (0.01)	0.60 (0.01)	0.01 (0)	0.01 (0)
		RCI	0.08 (0.01)	0.25 (0.01)	0.89 (0.02)	0.79 (0.03)	1 (0)	0.10 (0.01)

注:括号内数值表示重复实验 30 次的标准差。

对于不同的异常被试类型,在高区分度题目上,模拟研究结果显示在创造性作答、随机作答的情况下,三个指标的统计检验力都很高。在随机作答和随机作弊情况下,R 指标表现最好,l_z 指标表现欠佳,带有随机性的作弊行为在测验长度更长的测试中更容易被发现。在疲劳、睡眠情况下,l_z 指标则表现更优,而随着题量增加,R 指标在这两种情况下的统计检验力接近于 l_z 指标,这可以用模式判准率和属性判准率随着题量的增加而提高来解释。表 9 – 9 的结果也证实了这一点。

在低区分度题目上,在疲劳和睡眠的情况下,R 指标比 l_z 指标和 RCI 表现得更好。在作弊情况下,则是 RCI 表现最好且最稳定,l_z 指标表现不理想。

表 9 – 9　正常作答条件下模式判准率与属性判准率

题量	判准率	
	模式判准率(PCCR)	属性判准率(ACCR)
20 题	0.48	0.87
40 题	0.78	0.95

综上,随着测验长度和题目质量的增加,以及测验考查属性的减少,各个被试拟合指标对异常被试类型侦察度越好。这些结果表明,测验长度、测验考查属性数和题目质量是影响测验统计性能的主要驱动因素。创造性作答、随机作答的异常被试类型较容易被检测出来,RCI 适合检测作弊的异常被试类型。l_z 指标则更适合检测疲劳、睡眠的异常被试类型。R 指标对创造性作答、随机作答和随机作弊均有较好的统计检验力,且在低区分度的题目上,R 指标的表现也最稳健。

参 考 文 献

[1]SINHARAY S,ALMOND R G. Assessing fit of cognitive diagnostic models a case study[J]. Educational and psychological measurement,2007,2:239－257.

[2]LEIGHTON J P,GIERL M J. Cognitive diagnostic assessment for education theory and applications[M]. London:Cambridge University Press,2007.

[3]National Governor's Association. Educating america:state strategies for achieving the national education goals[M]. Washington,D. C. :[s. n.],1990.

[4]TATSUOKA K K. Rule space:an approach for dealing with misconceptions based on item response theory[J]. Journal of educational measurement,1983,20(4):345－354.

[5]LEIGHTON J P,GIERL M J,HUNKA S M. The attribute hierarchy method for cognitive assessment:a variation on Tatsuoka's rule space approach[J]. Journal of educational measurement,2004,41(3):205－237.

[6]朱云龙,南琳,王扶东. CRM 理念、方法与整体解决方案[M].北京:清华大学出版社. 2004.

[7]TATSUOKA K K. Architecture of knowledge structures and cognitive diagnosis:a statistical pattern recognition and classification approach[C]. Erlbaum:Hillsdale,1995:327－361.

[8]丁树良,祝玉芳,林海菁,等. Tatsuoka Q 矩阵理论的修正[J]. 心理学报,2009,41(2),101－112.

[9]MACREADY G B,DAYTON C M. The use of probabilistic models in the assessment of mastery[J]. Journal of education statistics,1977,33:379－416.

[10]JUNKER B W,SIJTSMA K. Cognitive assessment models with few assumptions,and connections with nonparametric item response theory[J]. Applied psychological measurement,2001,12:55－73.

[11]MARIS E. Estimating multiple classification latent class models[J]. Psy-

chometrika,1999,64:187 –212.

[12]GIERl M J. Making diagnostic inferences about cognitive attributes using the Rule-Space Model and Attribute Hierarchy Method[J]. Journal of educational measurement,2007,44(4):325 –340.

[13]陈德枝,戴海琦,赵顶位.规则空间方法与属性层次方法的诊断准确性比较[J].心理科学,2009(2).

[14]NICHOLS P D. A framework for developing cognitively diagnostic assessments[J]. Review of educational research,1994,64(4):575 –604.

[15]祝玉芳.RSM 改进及多级评分 AHM 的开发研究[D].南昌:江西师范大学,2008.

[16]祝玉芳,丁树良.基于等级反应模型的属性层级方法[J].心理学报,2009,41(3):201 –312.

[17]FISCHER G H. The linear logistic test model as an instrument in educational research[J]. Acta psychological,1973,37:359 –374.

[18]EMBRETSON S E. A general latent trait model for response processes[J]. Psychometrika,1984,49(2):175 –186.

[19]DE LA TORRE J,DOUGLAS J A. Higher-order latent trait models for cognitive diagnosis[J]. Psychometrika,2004,63(3):333 –353.

[20]TEMPLIN J L,HENSON R A. Measurement of psychological disorders using cognitive diagnosis models[J]. Psychol methods,2006,11(3):287 –305.

[21]HENSON R A,TEMPLIN J L,WILLSE J T. Defining a family of cognitive diagnosis models using log-linear models with latent variables[J]. Psychometrika,2009,74(2):191 –210.

[22]DE LA TORRE J. The generalized DINA model framework[J]. Psychometrika,2011,76(2):179 –199.

[23]涂冬波,漆书青,戴海琦,等.丁树良教育考试中的认知诊断评估[J].考试研究,2008(4).

[24]VON DAVIER M. A general diagnostic model applied to language testing data[J]. British journal of mathematical and statistical psychology,2008,61(2):287 –307.

[25]ALMOND R G,DIBELLO L V,MOULDER B,etal. Modeling diagnostic assessments with bayesian networks[J]. Journal of educational measurement,2007, 44(4):341－359.

[26]涂冬波.项目自动生成的小学儿童数学问题解决认知诊断 CAT 编制 [D].南昌:江西师范大学,2009.

[27]CHIU C Y,DOUGLAS J A,LI X. Cluster analysis for cognitive diagnosis: theory and applications[J].Psychometrika,2009,74(4):633－665.

[28]田伟,辛涛.基于等级反应模型的规则空间方法[J].心理学报,2012, 44(1):249－262.

[29]涂冬波,蔡艳,戴海琦,等.一种多级评分的认知诊断模型:P-DINA 模型的开发[J].心理学报,2010,42(10):1011－1020.

[30]CHEN J,DE LA TORRE J. A general cognitive diagnosis model for expert-defined polytomous attributes[J]. Applied psychological measurement,2013,37 (6):419－437.

[31]SUN J,XIN T,ZHANG S,etal. A polytomous extension of the generalized distance discriminating method[J]. Applied psychological measurement, 2013, 37 (7):503－521.

[32]康春花,任平,曾平飞.多级评分聚类诊断法的影响因素[J].心理学报,2016,48(7):891－902.

[33]蔡艳,苗莹,涂冬波.多级评分的认知诊断计算机化适应测验[J].心理学报,2016,48(10):1338－1346.

[34]MA W,DE LA TORRE J. A sequential cognitive diagnosis model for polytomous responses[J]. British journal of mathematical and statistical psychology, 2016,69(3):253－275.

[35]漆书青,戴海琦,丁树良.现代教育与心理测量学原理[M].北京:高等教育出版社,2002.

[36]ACKERMAN T A. Graphical representation of multidimensional item response theory analyses[J]. Applied psychological measurement, 1996, 20:311－329.

[37]雷新勇.用非参数项目反应理论模型研究大规模教育考试维度的问题

[J].华东师范大学学报(教育科学版),2007,25(3):57-64.

[38]TATSUOKA K K. Computerized cognitive diagnostic adaptive testing: effect on remedial instruction as empirical validation[J]. Journal of educational measurement,1997,34(1):3-20.

[39]TATSUOKA K K,TATSUOKA M M. Bug distribution and statistical pattern classification[J]. Psychometrika,1987,52(2):193-206.

[40]辛涛,焦丽亚.测量理论的新进展:规则空间模型[J].华东师范大学学报(教育科学版),2006(3):50-56,61.

[41]余嘉元.运用规则空间模型识别解题中的认知错误[J].心理学报,1995(2):196-203.

[42]LAM W,BACCHUS F. Learning bayesian belief networks:an approach based on the MDL principle[J]. Computational intelligence,1994(10):269-293.

[43]周颜军,王双成,王辉.基于贝叶斯网络的分类器研究[J].东北师范大学学报(自然科学版),2003,35(2):21-27.

[44]RAIFFA H,SCHLAIFER R. Applied statistical decision theory[M]. Boston:Harvard University,1961.

[45]SCHWARTZ G. Estimating the dimension of a model[J]. The annals of statistics,1978(2):461-464.

[46]张连文,郭海鹏.贝叶斯网引论[M].北京:科学出版社,2006.

[47]DE LA TORRE J. DINA model and parameter estimation:a didactic[J]. Journal of educational and behavioral statistics,2009,34(1):115-130.